難燃化技術の基礎と最新の開発動向

西澤 仁 著

シーエムシー出版

まえがき

　最近の高分子材料の発展は，その優れた加工性と物性，適正なコストによるところが大きく，各産業分野にその需要量を大きく伸ばし貢献してきている。一方，唯一といってもよい欠点といえば可燃性であることである。残念ながら火災事故の一要因となっていることも事実であり，難燃化技術が強く望まれている。

　現在の日本の年間火災事故は 44,189 件，死者 1,721 件（平成 24 年度）に上っており，最近，若干減少傾向が見られるものの未だ多くの損害と犠牲者を出しているのが現状である。

　火災対策は，古くから行われて来ているが，日本における高分子難燃化技術の動きが活発になったのは，ラジオ，TV 等の発展が目覚ましい 1950 年頃からであろう。それ以前から難燃製品は登場していたが，この電気製品の急速な発展は，消費者の安全性のためのさまざまな関連製品の安全規制の強化，規格の制定が国内外で進んだきっかけになったと言えよう。その後，原子力発電，高容量重電機器の進展等に伴う高度な耐熱性，難燃性製品の要求，更には情報産業の急速な発展に後押しされ，多くの難燃規格の制定，認定試験（UL，IEC，電気用品安全法，JIS，建築基準法，消防法，その他）が実施されてきた。また難燃化の動きは，難燃剤の環境問題，難燃材料のリサイクル問題にも波及して，エコラベル，RoHS 規制，REACH 規制等の各種環境安全規制にも繋がってきている。

　現在の難燃化技術は，ハロゲン，リン，窒素，ホウ素，ケイ素，アンチモン等の難燃元素を含む化合物を高分子に添加，分散したり，化学的に反応，結合させて難燃化を行っているが，最近は，環境問題もあり，水和金属化合物（水酸化 Mg，水酸化 Al），ナノコンポジット（MMT，CNT）等の無機化合物も注目されている。難燃剤としての消費量を推定してみると日本では年間 16 万トン位，世界では約 160 万トン位になろう。

難燃材料の需要分野は，広範囲の産業分野に及び，電気電子機器，OA機器，建築用，自動車用，鉄道車両用，繊維，紙，航空機，船舶等に各種規格が制定されており，規格に合格しないと製造販売ができないことになっている。

　現在の難燃化技術の研究は，難燃効率の高い難燃剤，難燃系の研究に注目しており，そのために特に難燃機構の研究，難燃性評価技術の研究例が多いように感じられる。このような基礎的な研究を進めてこそ，現在も研究半ばで難燃化が難しい課題として挙げられる透明性難燃性樹脂，極薄肉難燃性フィルムの開発，Liイオン2次電池電解液用難燃剤の開発，難燃性の高いナノコンポジット材料の開発，含水高分子の開発等の課題を解決できるものと考えられる。

　先にも触れたように最近の環境安全性に対する関心が高く，新しい難燃剤の開発に多大の時間と経費を投じる検証が必要となり，新規開発例は必ずしも多くはない。しかし，たゆみない努力こそが新しい道を開くことができると信じたい。今後，少しでも火災事故を減らすためには，地道な粘り強い研究が強く望まれている。そのために先輩たちが築き上げた実績の上に若い技術者，研究者の皆様の努力が積み重ねられて素晴らしい成果が得られることを期待したい。

　本書は，ここで引用させていただいた多くの先輩たちが積み重ねられた成果の一端を私が代表してまとめたものであり，少しでも今後のお役に立てればこの上ない幸せである。

　最後に，本書の出版に多大な尽力をいただいたシーエムシー出版社の辻賢司社長，栗原良平編集員に厚く感謝の意を表したい。

　2016年1月

西澤技術研究所

西澤　仁

目 次

第1章 燃焼反応と難燃機構 ·· 1

1 燃焼とは ·· 1
   1.1 引火点(flash ignition temperature)と発火点(ignition temperature) ···· 2
   1.2 燃焼範囲 ·· 3
   1.3 燃焼速度（熱分解速度）··· 5
   1.4 拡炎方向と燃焼性 ··· 6
   1.5 燃焼中の固体材料の表面付近の酸素濃度 ····························· 6
   1.6 燃焼中に生成する活性OHラジカル，Hラジカルと
       ラジカル発生反応 ··· 7
   1.7 燃焼の際に生成する煙，有害性ガス ···································· 9
2 難燃化とは ·· 12
3 難燃機構とその研究動向 ·· 13
   3.1 難燃機構の基本 ··· 13
   3.2 気相と固相の難燃機構の評価技術 ·· 26
   3.3 難燃機構に関する注目される最近の研究動向 ····················· 28

第2章 難燃剤の現状と最近の動向 ·· 37

1 難燃剤の種類と難燃効果 ·· 37
2 各種難燃剤の特性と特徴および効果的な使い方 ······················ 37
   2.1 難燃剤の具備すべき条件 ·· 37

I

2.2　ハロゲン系難燃剤 ……………………………………………… 39
　　2.3　リン系難燃剤 …………………………………………………… 53
　　2.4　窒素系難燃剤 …………………………………………………… 72
　　2.5　無機フィラー系難燃剤 ………………………………………… 72

第3章　材料別難燃化技術 ……………………………………… 99

　1　樹脂，ゴムの難燃化技術 …………………………………………… 99
　　1.1　難燃化の基本技術 ……………………………………………… 99
　　1.2　難燃化機構に準拠した実際技術 ……………………………… 100
　　1.3　樹脂，ゴムの難燃化技術 ……………………………………… 106
　2　熱硬化性樹脂の難燃化技術 ………………………………………… 145
　　2.1　ハロゲン化エポキシ樹脂を利用する難燃化技術 …………… 145
　　2.2　難燃剤配合による難燃化技術 ………………………………… 147
　　2.3　耐熱性，難燃性分子構造への修正による難燃化 …………… 148
　　2.4　難燃性元素を分子内に導入することによる難燃化 ………… 148
　　2.5　ナノフィラー，ナノコンポジット化による難燃化 ………… 151
　3　ナノコンポジットの難燃化技術 …………………………………… 153
　4　木材の難燃化 ………………………………………………………… 171
　　4.1　薬剤注入による難燃化 ………………………………………… 172
　　4.2　ホウ素系難燃薬剤 ……………………………………………… 172
　　4.3　リン酸系難燃薬剤 ……………………………………………… 173

第4章　応用分野別の難燃規制と要求特性 ……………… 179

　1　電気電子機器，OA機器 …………………………………………… 179
　　1.1　電気用品安全法（電安法） …………………………………… 179
　　1.2　UL94燃焼試験 ………………………………………………… 182
　2　電線およびケーブル ………………………………………………… 191

3	建築	196
4	自動車	202
5	鉄道車両	207
6	その他船舶，航空機，繊維	209
	6.1　船舶	210
	6.2　航空機	211
	6.3　繊維	212

第5章　難燃材料の加工技術 … 221

1	コンパウンディング，押出および射出加工における課題	221
2	コンパウンディング技術	221
	2.1　密閉式混練機によるコンパウンディング	222
	2.2　2軸押出機によるコンパウンディング	226
3	押出成形加工技術，射出成形加工技術	232
	3.1　難燃材料の材料設計から見た加工性の向上	232
	3.2　押出機および付帯設備から見た加工技術のポイントとトラブル対策	242
	3.3　射出成形機および付帯設備から見た加工技術のポイントとトラブル対策	251

第6章　難燃性評価技術の基本と進歩 … 259

1	燃焼試験の種類と燃焼条件	259
2	コーンカロリーメーターによる発熱量試験	259
3	酸素指数測定試験	266
4	発煙性試験，有害性ガス試験	266
5	電気エネルギーを利用した難燃試験	273
6	難燃性試験の精度を上げるためのポイント	277

6.1　試験試料の形状，重量等の影響 ································· 277
　　6.2　試験試料作製場所のコンディショニング，試料中の水分，
　　　　 試験温度の影響 ·· 277
　　6.3　熱源の選定と発熱エネルギーの確認 ································ 279
　　6.4　燃焼条件の標準化の必要性 ··· 279
　7　固相における燃焼残渣（バリヤー層）の試験 ······················ 282
　8　難燃性評価試験，評価指標の相関性 ······································· 286

第7章　難燃剤の環境問題 ··· 293

　1　難燃規制の進展と難燃剤の環境問題 ······································· 293
　2　リン化合物の環境安全性 ·· 298

第8章　難燃化技術に要求される今後の課題と将来展望 ········ 301

　1　難燃化技術に要求される今後の課題 ······································· 301
　2　難燃効率の高い難燃剤，難燃系の開発 ·································· 302
　　2.1　基礎的な難燃化の科学の再構築 ······································· 302
　　2.2　難燃剤開発に関する留意点 ··· 302
　3　難燃化技術の将来展望 ·· 306
　　3.1　透明性樹脂の難燃化技術 ·· 306
　　3.2　Liイオン2次電池用電解液の難燃化 ································ 308
　　3.3　薄厚フィルムの難燃化 ·· 309

第1章
燃焼反応と難燃機構

1 燃焼とは

　燃焼とは，分子構造が炭素，水素，酸素等からなる可燃性物質が一定の熱量を与えられ，酸素が共存する状態で，ある温度範囲での激しい酸化反応であり，多量の熱と光を発生する現象である。燃焼が起こるためには，可燃性物質，酸化剤（酸素や空気），エネルギー（熱）の3要素が存在しなければならない。この中の一つでも欠けると燃焼は起こらない。最近は，この3要素に，有機物が燃焼するときの燃焼拡大の牽引力となる分子鎖の連鎖反応（chain reaction of burning）を加えた燃焼の4要素を提唱する考え方も提案されている（図1-1）。

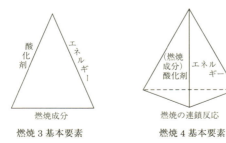

図1-1　燃焼の基本要素

第 1 章　燃焼反応と難燃機構

表 1-1　燃焼形態による分類

燃焼形態	特徴
拡散燃焼	水素，メタンガスのような可燃性ガスが，バーナー等から放出されて燃焼する場合のように，可燃性ガスと空気が相互に拡散によって混合しながら火炎を形成して燃焼する現象である。
蒸発燃焼	アルコール類のように引火性の液体，蒸発によって生じた蒸気が着火して燃焼し，その火炎の温度によってさらに蒸発が促進されて燃焼を継続する現象である。ナフタリン，硫黄のように昇華して燃焼する現象もこの中に分類される。
分解燃焼	木材，高分子材料等の固体可燃物や油，パラフィンのように液体軟質物質が熱分解して燃焼する現象であり，物質の熱分解を伴う燃焼である。高分子材料では，加熱，熱分解されて発生する可燃性ガスに着火して燃焼を開始し，さらに拡大延焼を継続する。
表面燃焼	木炭，コークスのように，熱分解の結果，炭化して生成する無定形炭素表面で空気と接触した部分で燃焼する現象である。Al，Mg のような箔状，粉末状の金属の燃焼もこれに相当する。表面燃焼では，一般に炎は形成しないが，わずかの青色の炎が発生する。これは，生成した一酸化炭素が空気中に拡散して燃焼する状態を示すものである。
自己燃焼	火薬のように，物質自身の中に酸素を有するために，空気中の酸素よりも自身に含まれる酸素によって燃焼する現象である。酸化反応が極めて速いので爆発的な燃焼を起こすことが特徴である。

　燃焼がいったん起こると，熱が発生し，可燃性物質の他の部分を加熱分解し，ガス化するため，これが空気と混合しさらに拡炎していくことになる。可燃性物質の燃焼形態は，固体，液体，気体によって異なる。また，酸素の供給形態によっても異なる（表 1-1）。

　燃焼現象については，優れた解説書が報告されているのでそれを参照されたいが[1~4]，燃焼を考えるときにいくつかのポイントを明確にしておく必要がある。

1. 1　引火点（flash ignition temperature）と発火点（ignition temperature）

　燃焼現象を理解するときに引火と発火の意味を理解しておかねばならない。間違いやすい表現なのであえて説明しておきたい。

　引火とは，可燃物を小さな口火を置いて状態で徐々に加熱した時に，可燃物から発生した蒸気が炎を発して燃焼し始める現象をいい，引火が起こる最低温

表1-2 各種ポリマーの熱的性質

種類	耐熱性(短時間)(℃)	耐熱性(長時間)(℃)	軟化点VcatB(℃)	分解温度範囲(℃)	引火温度(℃)	発火温度(℃)	比重
LDPE	100	80	—	340〜440	340	350	0.91
HDPE	125	100	75	340〜440	340	350	0.90
PP	140	100	145	330〜410	350〜360	390〜400	0.91
PS	90	80	88	300〜400	345〜360	490	1.05
ABS	95	80	110	—	390	480	1.06
SAN	95	85	100	—	370	455	1.08
PVC（硬）	95	60	70〜80	200〜300	390	455	1.40
PVdC	150	—	—	225〜275	>530	>530	1.87
PTFE	300	260	—	510〜540	560	580	2.20
PMMA	95	70	85〜100	170〜300	300	450	1.18
PA	150	80〜120	200	300〜350	420	450	1.13
PET	150	130	80	285〜305	440	480	1.34
PC	140	100	150〜155	350〜400	520	—	1.20
POM	140	80〜100	179	220	350〜400	400	1.42

度を引火点と呼ぶ。すなわち引火点とは，可燃物の蒸気や可燃性ガスの濃度が燃焼範囲に達する温度のことであり，燃焼範囲の下限界に対する温度を下限引火点，上限界に対応する温度を上限引火点と呼ぶ。一般的には，下限引火点を引火点と呼ぶ。これに対して，発火とは，可燃物を周囲から加熱して行き，炎や電気火花で点火しなくとも自ら燃焼し始める現象をいい，その時の温度を発火点と呼ぶ。発火点の測定は，加熱方法，加熱時間，試料の重量，形状等の影響を受けやすいので測定には注意したい。代表的な高分子材料の引火点，発火点を含む熱的性質を表1-2に示す。

1．2 燃焼範囲

発火して燃焼が起こるのは，可燃性成分と空気がある適当な割合の時である。可燃性ガスがメタンガスとすると，常温常圧の場合，燃焼範囲は5.3〜14.0％の間である。この低い方の値を燃焼下限界，高い方の値を燃焼上限界と呼び，この燃焼の起こる範囲を燃焼範囲と呼ぶ。代表的な可燃性物質の引火

第1章 燃焼反応と難燃機構

表1-3 代表的な可燃性物質の引火点,発火点,燃焼限界

可燃性物質	引火点 (℃)	発火点 (℃)	燃焼下限界 (vol%)	燃焼上限界 (vol%)	比重
エタン	—	515	3.0	12.5	—
エチレン	—	450.1	3.1	32	—
オクタン	15.6	232	1.0	3.2	0.700
水素	—	564.8	4.0	75	—
スチレン	30	468	1.1	6.1	0.907
トルエン	4.4	480	1.4	6.7	0.866
ブテン1	−80	383.7	1.6	9.3	0.601
ヘキサン正	−3.9	308.4	1.2	6.7	0.661
メタン	—	537	5.3	14.0	—

点,発火点,燃焼限界を表1-3に示す。

この燃焼下限界濃度 L(vol%)と燃焼熱 Q(kcal/mol)との間には,近似的に次の関係(Burgess-Wheelerの関係式)があることが知られている。$L \cdot Q =$ const. であり,炭化水素類ではこの値は 11,000 kcal/mol である。代表的な各種可燃性ガスの Q と L の関係を図1-2に示す。

高分子の燃焼は,熱分解によって生成する可燃性ガスと空気(酸素)との混合比が,ある範囲内でないと延焼しない。この比率が高すぎても低すぎても燃焼しない。

さらに,発火・燃焼段階で重要なのは,図1-3に示すように発熱と熱ロスのバランスであり,図1-3の熱の発生を示す(Ⅰ)の領域と熱ロスを示す(Ⅱ)の領域のバランスを取りながら燃焼に適した条件で進行することになる。A点(周囲温度),C点(安定した燃焼状態の温度)に対し,不安定なB点の状態が存在し,B点より左側は,熱ロスが発熱を上回り,右側は,熱の発生が熱ロスを上回る領域である。このB点が高分子材料の発火温度に相当し,この発火温度を保つだけの熱エネルギーが必要になる。

燃焼は,発火温度に到達することと,分解生成ガスと空気(酸素)の濃度が,燃焼下限界値に達することによって起こる。

1 燃焼とは

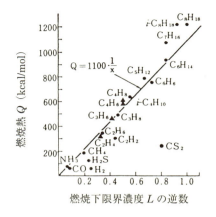

図 1-2 各種可燃性物質の燃焼下限界と燃焼熱の関係

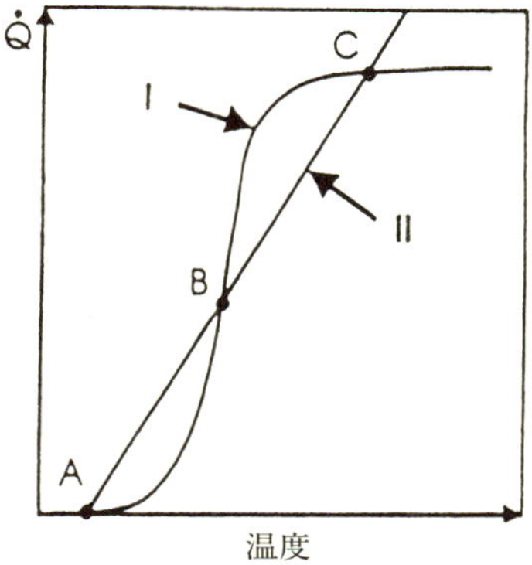

図 1-3 発火時, 燃焼時の熱エネルギー (Q) のバランス

1.3 燃焼速度 (熱分解速度)

　燃焼の速度は, 可燃性物質の種類, 形状, 発生ガスの種類, 酸素の供給条件, 温度, 圧力等に影響される。気体燃料の場合は, これらの条件が燃焼しやすい条件となり, 燃焼速度が速くなるが, 液体, 固体材料では熱分解による可燃性ガスの発生というステップを経過することや, 特に固体材料では表面の酸素濃度が極めて低くなり, 酸素不足の状態となるため, 燃焼速度は遅くなる。高分子材料では, 固体材料が多く, 液体でも粘度の高いものが多いため, 基本的に燃焼速度は遅い。特に燃焼初期において燃焼速度は遅く, 熱の発生速度も遅くなる。

　この燃焼速度は, 難燃効果に対して重要な意味を持つ。それは, ポリマーの燃焼速度と難燃剤の燃焼速度のバランスが難燃効率を大きく左右するためである。難燃剤の熱分解温度, 熱分解速度が, ポリマーの熱分解速度と適切なバランスを取ることで最も高い難燃性を示すことが実験的に検証されている。すなわち, 幅広い熱分解速度を示す難燃剤を選択できることは, 各種ポリマーの難燃化の選択肢が拡がることに繋がる。

第1章　燃焼反応と難燃機構

1.4　拡炎方向と燃焼性

　燃焼は，可燃性物質の形状，設置状態，炎の進展方向によって異なり，水平方向，垂直方向によって燃焼が異なる（図1-4，図1-5）。垂直方向は水平方向に比較して燃焼が速く，激しくなる。

1.5　燃焼中の固体材料の表面付近の酸素濃度

　固体表面の燃焼中の酸素濃度は極めて低く，炎先端の空気と接触する箇所と比較すると図1-6に示すようになり，酸素が少ないため不完全燃焼を示し，

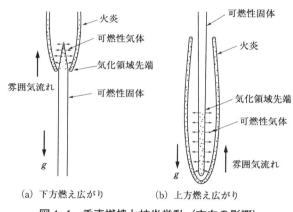

図1-4　垂直燃焼と拡炎挙動（方向の影響）

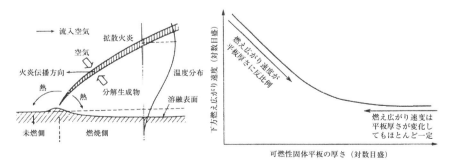

図1-5　水平燃焼と拡炎挙動（厚さの影響）

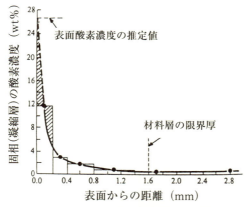

図 1-6　燃焼中の高分子表面の酸素濃度

ポリマー表面ではグラファイト状のカーボンチャーが生成しやすい状態となる。カーボンチャーは燃焼しにくく，固相における難燃化に大きく貢献する。

1.6　燃焼中に生成する活性 OH ラジカル，H ラジカルとラジカル発生反応

燃焼中には，気相において活性な OH ラジカル，H ラジカルが多く生成し，燃焼の推進役となり，急速に燃焼が進行する要因となる（図 1-7）。この活性ラジカルをトラップして安定化することが，気相における難燃化に大きく貢献する。

ポリマーが熱分解して発生する可燃性ガスは，ポリマーの分解が複雑な現象のため多種類のガスを生成するが，ここでは水素を例にしてこの OH ラジカル，H ラジカルの生成機構を示す。

水素が燃焼する時の反応式は，簡単で次の①～④式のようになる。H_2，O_2，H_2O は，それぞれ 2H・，OH・，H・に変化するように，それらの分子が衝突してまず原子状態に解離して，ラジカルを生成する。このラジカルが連鎖反応を引き起こす媒体となり，さらに反応が進行していく。

① 水素の燃焼の第 1 段階　　　H_2　→　2H・
② 安定な O_2 分子との結合　　H・ + O_2　→　HO_2

第1章 燃焼反応と難燃機構

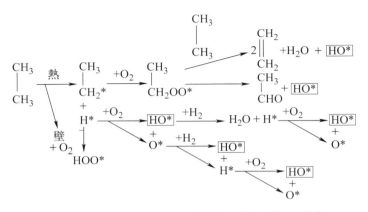

図 1-7 ポリマー燃焼時に生成する活性ラジカル生成

③ HO_2 は不安定のため未反応の H_2 分子と反応

$HO_2 + H_2 \rightarrow H_2O_2 + H\cdot$

$HO_2 + H_2 \rightarrow H_2O + OH\cdot$

$2H_2O_2 \rightarrow 2H_2O + O_2$

④ 生成した $OH\cdot$ は未反応の $H\cdot$ と反応して H_2O を生成し，$H\cdot$ を遊離する

$OH\cdot + H_2 \rightarrow H_2O + H\cdot$

このような反応が繰り返され，水素 H_2 が消費されるまで反応を繰り返す。最後に安定な H_2O と少量の H_2 および O_2 となり，次の反応によって遊離の $H\cdot$ および $OH\cdot$ はなくなる。

⑤ $H\cdot + OH\cdot \rightarrow H_2O$

⑥ $H\cdot + H\cdot \rightarrow H_2$

実際のポリマーは，複雑な熱分解過程を経て，多くの可燃性ガスを発生して燃焼するためその燃焼は複雑であるが，燃焼を推進する主反応は，この連鎖反応による活性ラジカルの生成である。そのため，ラジカルをトラップして安定化することが後述する気相における難燃化機構の中心となる。

1.7 燃焼の際に生成する煙，有害性ガス

　有機物質が燃焼する際には，煙と有害性ガスが発生する。一般に煙は，有害性ガスと液体の微粒子，水蒸気，ススと呼ばれる炭素微粒子，ごみ等が混ざり合ったものである。この煙の中の液体微粒子，固体微粒子（スス）を煙粒子と呼んでいる。ススは，通常 $0.02 \sim 0.5~\mu m$ の微粒子が集合した $0.5 \sim 1~\mu m$ の集合体である。$0.05~\mu m$ 以上になると肉眼で見ることができる。燃焼条件によって煙の人体有害性が異なる。それは主として炭素粒子表面の活性と低分子量化学成分の差によると推定され，特に呼吸器官に入ると危険である。これは既に触れたように，燃焼中に酸素濃度が低い雰囲気が発生して不完全燃焼が起こりやすいからである。

　煙の発生量はポリマーの分子構造によって異なる。PVC，CR，CSM のようなハロゲン含有ポリマー，PS，SBR，フェノール樹脂のようなベンゼン環を多く含む芳香族系ポリマー等は発生量が多く，PE，PP のような直鎖状ポリマーは発生量が少ない。代表的なデータを表 1-4 に示す。煙の発生量は，粒子径の測定，光の減光係数（Cs）で示される光学的濃度によって示される。

　ポリマー燃焼時に発生するガスは，炭酸ガス，一酸化炭素，水蒸気が主成分であるが，分子構造によってハロゲン系ガス（塩素，臭素，フッ素），二酸化窒素，亜硫酸ガス等が発生する。特に不完全燃焼の場合には，一酸化炭素，パラフィン系炭化水素，オレフィン系炭化水素，アンモニア，シアン化水素，硫化水素，特殊有機物（アクロレイン，アルデヒド，酸類等）が発生する。火災事故の場合は，ほとんどが不完全燃焼であり，多種類の生成ガスが同時に発生するため，単独の有害性だけではなく，各ガスの相互作用，相乗作用に注意する必要がある。各種高分子から発生するガスを表 1-5 に示す。

表 1-4 ポリマーの発煙性

	厚さ mils (1/1000インチ)	最大比光学密度 D_{max}		比光学密度 D_s = 16 に達するまでの時間（分）	
		無炎	有炎	無炎	有炎
PE					
UCC DXM-100[1]	250	526		4.52	
UCC DFDA-6311[1]	125	719	387	2.74	1.09
UCC DHDA-1811[1]	125	739	375	3.76	1.09
UCC DMDA-7075[1]	125	357	280	3.32	1.09
一般用 PE（1）		468	150	5.5	3
一般用 PE（2）	125		68		3.2
PP					
UCC JMD-8500[1]	250	780	119	3.00	4.18
40％ガラス繊維入り	100	691	428	2.13	1.57
敷物	180	456	110	2.3	1.7
敷物（麻裏打ち）	220	621	292		
PTFE		0	53	NR	11
PTFE-VdF 共重合体	71	75	109	2.5	1.2
PVF	2	1	4	NR	NR
PVC					
UCC QCA-2460[1]	15	11	98	NR	0.45
	20	23	153	2.66	0.28
	40	139	326	1.16	0.40
UCC QYTO[1]	250	315	780	3.25	0.49
硬質（充填剤入）	250	490	530	1.6	0.5
硬質（充填剤なし）	125	270	525	2.1	0.5
	250	470	535	2.1	0.6

注1）UCC 社のグレード名

1 燃焼とは

表1-5 ポリマー燃焼時の発生ガス

区分	種類	主な燃焼生成ガス	
		燃焼時（O_2, 11.7%）	燃焼時（O_2, 21%）
熱硬化性樹脂	フェノール	CO_2, CO, トルエン, ベンゼン, ホルムアルデヒド	CO_2, CO, ホルムアルデヒド
	ユリア	CO_2, CO, HCN, ホルムアルデヒド	CO_2, CO, HCN, ホルムアルデヒド
	メラミン	CO_2, CO, HCN, ホルムアルデヒド	CO_2, CO, HCN, ホルムアルデヒド
	不飽和ポリエステル	CO_2, CO, 蟻酸, 安息香酸	CO_2, CO
	エポキシ	CO_2, CO, ベンゼン	CO_2, CO
熱可塑性樹脂	ポリエチレン	CO_2, CO	CO_2, CO, アルデヒド
	ポリ塩化ビニル	CO_2, CO, HCl	CO_2, CO, HCl, $COCl_2$
	ポリ酢酸ビニル	CO_2, CO, トルエン, ベンゼン	CO_2, CO
	ポリビニルアルコール	CO_2, CO, アルデヒド	CO_2, CO, アルデヒド
	ポリビニルブチラール	CO_2, CO, アルデヒド	CO_2, CO, アルデヒド
	塩化ビニリデン	CO_2, CO, HCl	CO_2, CO, HCl
	ポリ四フッ化エチレン	CO_2, CO, 四フッ化ケイ素	CO_2, CO, 四フッ化ケイ素
	ポリ三フッ化エチレン	CO_2, CO, HF, HCl	CO_2, CO, HF, HCl
	ポリメチルメタクリレート	CO_2, CO	CO_2, CO
	ポリアクリロニトリル	CO_2, CO, NH_3, HCN	CO_2, CO, NH_3, HCN
	ポリスチレン	CO_2, CO, トルエン, アルデヒド	CO_2, CO
	ABS樹脂	CO_2, CO, HCN	CO_2, CO, HCN
	ポリプロピレン	CO_2, CO	CO_2, CO, アルデヒド
	ポリウレタン	CO_2, CO, HCN, NO_2, アルデヒド, トルエン	CO_2, CO, HCN, NO_2, アルデヒド
	ポリアミド	CO_2, CO, NH_3, HCN, アルデヒド	CO_2, CO, NH_3, HCN, アルデヒド
	ポリカーボネート	CO_2, CO	CO_2, CO
	飽和ポリエステル	CO_2, CO	CO_2, CO

東京法令出版：火と火災と有毒ガス（平成2年）

2 難燃化とは

燃焼を考える上で注意すべきいくつかのコンセプトを述べてきたが，ここでは高分子材料の燃焼挙動をまとめて，難燃化の考え方を整理しておきたい。

高分子材料は，図1-8に示すように，空気中で加熱により溶融，熱分解，可燃性ガスの生成が起こり，ある一定の温度で着火して燃焼を開始する。さらに発熱による温度上昇に伴う熱分解，拡炎現象が進行して，最後に燃え尽きて消炎していく。この過程で高分子材料の燃焼性を左右する要因が基本的に難燃化の考え方に繋がる。この難燃化の概念は次のように分類できる。

① 熱伝導，熱伝達の制御（気相と固相の界面）
② 着火，拡炎の制御（気相，固相）
③ 熱分解，分解速度の制御（固相）
④ 分解生成物（煙，有害性ガス，燃焼残渣，チャー）の制御（固相，気相）

①は，高分子表面への熱の伝導と伝達を防ぐための塗布，被覆による難燃化である。②と③は，高分子の分解を制御したり，燃焼系に対して不燃性のガスを送り燃焼系の酸素を希釈，遮断したり，活性なOHラジカル，Hラジカル

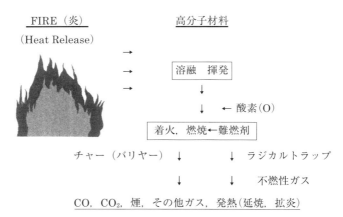

図1-8 高分子材料の燃焼と難燃化の概念

を安定化する技術が含まれている。④は高分子の表面に難燃性に優れたグラファイト状のチャーや無機酸化物，無機化合物層を生成させ，高分子を炎から遮断させる技術であり，チャー生成量を制御して煙の生成量を制御する技術等が含まれる。

　高分子の難燃化とは，このような考え方を最大限に発揮して実際の火災時において燃焼の拡大を防ぎ，被害を最低限に食い止められる難燃材料を作ることである。

3　難燃機構とその研究動向

3.1　難燃機構の基本

　高分子の燃焼反応は，少し見方を変えて燃焼中の内部状況と燃焼サイクルから見ると図1-9に示すように5つの素反応が直列に繋がった状態で示すことができる[5]。その1つでも反応を抑制すれば，燃焼を遅らせ，停止させることができる。難燃機構を解明するためには，このような気相，固相および気相-固相界面が関係する燃焼サイクルの中断を考察する方法が適している。

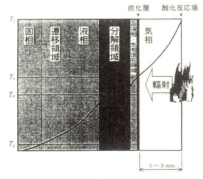
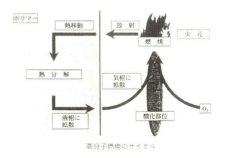

燃焼中の高分子の内部状況
T_c：燃焼温度，T_s：表面温度，T_d：分解温度，T_g：ガラス転移点

図1-9　高分子燃焼中の内部状況と燃焼サイクル[5]

3. 1. 1　気相での難燃機構

気相での難燃機構は，ラジカルトラップ効果，難燃性不活性ガスの生成による酸素希釈効果，酸素遮断効果，脱水吸熱反応に分類できる（表1-6，表1-7）[6,7]。

（ⅰ）　ラジカルトラップ効果

前述したように高分子が燃焼する際に生成する活性OHラジカル，Hラジカルをトラップして安定化することが，燃焼抑制に効果的である。このラジカルトラップ効果を示す難燃剤は，ハロゲン化合物（臭素，塩素），リン化合物（リン酸エステル等），ヒンダートアミン化合物，アゾアルカン化合物等である。最近の研究では，硫黄化合物についても指摘されているが，難燃機構の詳細は報告されていない。

（ⅱ）　難燃性ガスの生成による酸素希釈効果，酸素遮断効果

燃焼系に高難燃性ガス，不燃性ガスを供給して酸素の希釈，酸素の遮断効果を示すのは，よく知られている三酸化アンチモンとハロゲン化合物の併用系である。これは，三酸化アンチモンとハロゲン化合物の反応によって生成するハロゲン化アンチモンが比重の重い難燃性の高いガスであり，もう一つ生成するオキシハロゲン化アンチモンも同じく比重が重く，難燃性の高いガスであるため，高い酸素希釈効果，酸素遮断効果を示す。後者のオキシハロゲン化アンチモンは，ラジカルトラップ効果も示すことが検証されている。その他では，窒素化合物より生成する窒素系ガスにもこの効果が期待できる。

（ⅲ）　脱水吸熱反応，分解吸熱反応

脱水反応は，水和金属化合物（水酸化Al，水酸化Mg），ホウ酸亜鉛，錫酸亜鉛等による効果がよく知られており，分解吸熱反応は，窒素系のメラミン化合物において見られる。

このように，気相における難燃機構は，燃焼中の生成ラジカルの安定化，高難燃性，不燃性ガスの酸素遮断効果，酸素希釈効果，さらには吸熱反応によるエネルギーレベルの低下によって行われている。

3. 1. 2　固相での難燃機構

固相における難燃機構は，燃焼中の高分子表面に生成するグラファイト状の

3 難燃機構とその研究動向

表 1-6 気相における難燃機構と最近の進歩[3,4]
—ラジカルトラップ効果と酸素希釈,遮断効果,相乗効果—

難燃効果	難燃機構
ラジカルトラップ効果（OH・, H・）および酸素,遮断希釈効果 ハロゲン化合物（Sb_2O_3併用）相乗効果を示す。	(1) ハロゲン化合物 ・OH + HX → HOH + ・X,　　・X + RH → HX + ・R (2) ハロゲン化合物 + SbO_3 RHX → R + HX　　HX + Sb_2O_3 → $Sb_xO_yZ_z$ + H_2O $Sb_xO_yX_z$ → SbX_z + Sb_2O_3 特に SbX_z は高難燃性,高比重のガスで酸素遮断効果が高い。 $SbOX_z$ は,脱水炭化作用,ラジカルトラップ効果も示す。
ラジカルトラップ効果（OH・, H・）ハロゲン化合物（錫酸亜鉛併用）相乗効果を示す。	ハロゲン化合物 + $ZnSn(OH)_3$ R-Br + $ZnSn(OH)_3$ → $ZnSnO_3$ + H_2O → $ZnSnO_6$ + SnBr $SnBr_2$ + H_2O → SnO + 2HBr　　SnO + ・H → SnOH SnO + ・OH → SnOH　　SnOH + ・H → SnO + H_2 SnO_2 + H_2 → SnO + H_2
ラジカルトラップ効果（・OH, ・H）リン化合物	リン化合物 HPO_3 → HPO_2 + PO + etc　　H + PO → HPO H + HPO → H_2 + PO　　・OH + PO → HPO + O
ラジカルトラップ効果（・OH, ・H）ハロゲン化合物	ヒンダートアミン化合物 ＞NOR → NOR・+ R　　＞NOR + N・+ ・OR 熱分解によって発生するラジカルは,臭素化合物と反応して臭素の放出を助け,アルコキシラジカルは,分子鎖の分裂,架橋反応を助ける。
ラジカルトラップ効果（・OH, ・H）アゾアルカン化合物 相乗効果を示す。	分子構造とラジカル発生挙動による難燃効果。分子構造に依存。 〈アゾアルカン化合物分子構造〉 　　R-N＝N-R,　R-N＝N-R′ (1)分子構造が対称的な場合のラジカル分裂反応 　　R-N＝N-R　→　2R・+ N≡N (2)分子構造が非対称の場合のラジカル分裂反応 　　R-N＝N-R′　→　R・+ ・N＝N-R′ 　　・N＝N-R・　→　R・+ N≡N 水酸化Al,ヒンダートアミン化合物との併用で高い効果を示す。
酸素希釈効果 酸素遮断効果 窒素化合物 昇華,分解吸熱効果との併用	窒素化合物（メラミンシアヌレート,その他窒素化合物） 不活性窒素系ガスの生成と難燃効果,昇華,分解吸熱効果との併用効果。 （例）メラミン化合物（2,4,6-トリアミノ-1,3,5-トリアジン） 200℃以上で昇華して可燃物表面の酸素の希釈効果を示し,29 kcal/mol,470 kcal/mol の昇華吸熱並びに分解吸熱反応を示す。

第1章　燃焼反応と難燃機構

表1-7　気相における難燃機構とその進歩
—吸熱反応（燃焼残渣による酸素遮断，断熱効果，相乗効果も寄与）—

難燃効果	難燃機構
<u>吸熱反応</u> <u>および酸素遮断，</u> <u>断熱効果</u> 水和金属化合物＋ 難燃助剤	(1)<u>水和金属化合物</u>（水酸化Al，水酸化Mg） 　$Al(OH)_3 \rightarrow Al_2O_3 + H_2O \uparrow$　（1.17 kJ/g　吸熱）（250℃） 　$Mg(OH)_2 \rightarrow MgO + H_2O \uparrow$　（1.368 kJ/g　吸熱）（350℃） (2)<u>難燃助剤の効果</u> 　水和金属化合物単独では，添加量に対する難燃性向上効果が低いので，UL94，V0を合格するのに160部程度の添加量を要する。そのため，①分散改良のための表面処理，②効率向上のための多種類の助剤が，研究され，現在は，<u>赤リン，シリコーン化合物，ナノフィラー，芳香族系特殊樹脂，ホウ酸亜鉛等の併用（ベース樹脂の極性調整）</u>によるラジカルトラップ効果の強化，固相での燃焼残渣（チャー層）による酸素遮断，断熱効果による強化が適用されている。 (3)<u>微粒子タイプの開発</u> 　難燃効率向上のため，ナノフィラー技術を適用した新規タイプの開発が進められている（例：Magnifin）。
<u>吸熱反応</u> <u>酸素遮断，断熱効</u> <u>果</u> ホウ酸亜鉛 ホウ素化合物	(1)ホウ酸亜鉛 　$2ZnO_4 \cdot 3B_2O_3 \cdot 3.5H_2O \rightarrow H_2O + ZnO \cdot B_2O_3$　（260℃） 　$2H_3BO_4 \rightarrow 2HBO_2 \rightarrow B_2O_3$ 　　（130〜200℃）（260〜270℃） (2)<u>酸素遮断，断熱効果</u> 　ガラス状の燃焼残渣とグラファイト状のチャー複合層が効果を発揮する。ホウ酸塩単独では，比較的破壊しやすいためチャーおよびその他芳香族系樹脂，エンプラの併用で強化できる。
<u>吸熱効果</u> <u>酸素遮断，断熱効</u> <u>果</u> 錫酸亜鉛 相乗効果（ハロゲン併用）を示す。	(1)錫酸亜鉛 　$ZnSn(OH)_2 \rightarrow ZnSnO_3 + H_2O \uparrow \rightarrow ZnSnO_4 \rightarrow SnO_2$ (2)<u>相乗効果</u> 　ハロゲン化合物との併用で相乗効果を示す（表1-6参照）。相乗効果は，酸化錫も効果を示す。
<u>分解吸熱反応</u>	メラミン化合物（2,4,6-トリアミノ-1,3,5-トリアジン） 　200℃以上で昇華し，29 kcal/molの吸熱と470 kcal/molの分解熱による吸熱反応を示す。

チャー，添加剤の燃焼残渣として生成する金属酸化物，無機化合物が複合されて形成される，燃焼を抑えるバリヤー層の形成である。バリヤー層は，酸素からの遮断，断熱効果を発揮する。このバリヤー層の形成は，図1-8[8)]に示すよ

うに燃焼中の高分子表面近くの酸素濃度が極めて低く，そのため不完全燃焼による炭化反応が促進されるためと推定されている。図1-6は，高分子の燃焼中の炎の先端から高分子表面に向かった距離と酸素濃度の関係を示したものであり，炎先端の酸素濃度は高いが，炎の内部から高分子表面近くでは急速に低下することを示している。この固相での難燃効果を上げるには，次のようなバリヤー層の生成挙動が望ましいことになる。

① 燃焼開始からできるだけ早く生成し始める
② 生成量が多く，しかも緻密である
③ 強度や靭性が高く，破壊しにくい
④ ポリマー成分，難燃剤，その他配合剤同士が相互に影響して生成するバリヤー層を破壊，消滅させないこと（拮抗作用のある配合剤を避ける）

バリヤー層の生成のタイミングは，気相における反応と比べると遅れる。消火は，初期消火が最も効果が高い。バリヤー層の生成に時間がかかる場合，高分子の物性に影響のない程度にバリヤー層に相当するグラファイトやカーボンを予め添加したり，早期に溶融ガラス層を形成しやすいホウ酸化合物を添加したりする方法もある。また，無機粒子の表面処理により，燃焼初期に処理剤が容易に反応して相互に結合し，無機粒子バリヤー層を形成する考え方もある。特殊な有機化合物を併用してバリヤー層を増やすチャー生成促進剤の研究も進められている。

一方，拮抗作用にも注意したい。例えばリン化合物とタルク，炭酸Caの併用系では，リン化合物から生成するリン酸とタルク，炭酸Caが反応してバリヤー層が壊れやすくなり，減少することが報告されている。

このように固相における難燃化の研究は，多くのアイデアが提案されていて，研究例も多い。固相における難燃機構の代表例を表1-8に示す。最近は，気相における難燃機構の研究より固相における研究例の方が多いことは，気相における研究の難しさを示しているのではないかと考えられる。

表 1-8　固相における難燃機構とその特徴

項目	難燃機構に貢献するバリヤー層生成とその特徴
生成するバリヤー層の種類と特徴	(1)　グラファイト状チャー層の生成 ①高温でのリン化合物からの酸の生成→ポリリン酸生成 $$R-OP- \xrightarrow{\Delta} \text{アルケン} + HO-P-$$ $$HO-P-OH \xrightarrow{\Delta} HO-P-O-P-\cdots-O-P-OH + H_2O\,(g)$$ ②強酸（ポリリン酸）によるエステル化反応，カルボニウムイオン生成等の経路をたどって高分子の脱水炭化反応が進み炭化を促進する。一般に，セルロース，PU，PET 等の酸素含有高分子に効果が高い。 $$RCH_2-CH_2OH + POPOH \longrightarrow RCH_2CH_2OPO_3H_2 + -P-OH$$ $$\xrightarrow{\Delta} RCH=CH_2 + H_3PO_4$$ $$RCH_2-CH_2OH \xrightarrow[\Delta]{H^+} (RCH_2CH_2OH_2^+) \longrightarrow RCH=CH_2 + H_2O$$ (2)　水和金属化合物のチャー＋金属酸化物複合層の生成 (3)　リン化合物，水和金属化合物等とシリコーン化合物の併用によるチャー＋セラミック複合層，チャー＋セラミック層＋酸化金属複合層の生成 （シルセスキオキサン様構造図）＋チャー＋金属酸化物複合層

（つづく）

3　難燃機構とその研究動向

表1-8　固相における難燃機構とその特徴（つづき①）

項目	難燃機構に貢献するバリヤー層生成とその特徴
生成するバリヤー層の種類と特徴	(4) IFR系（APP＋発泡剤＋炭素供給剤）による発泡バリヤー層の生成 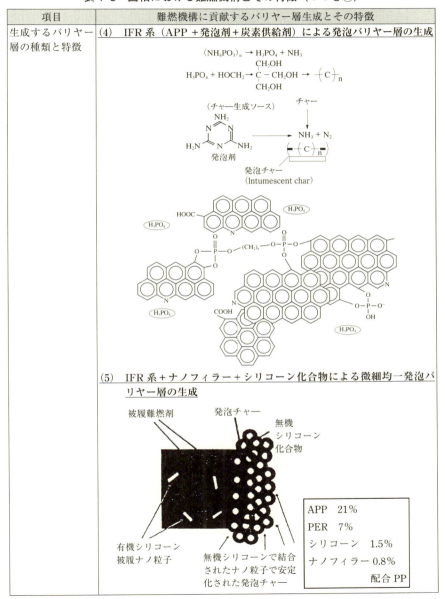(5) IFR系＋ナノフィラー＋シリコーン化合物による微細均一発泡バリヤー層の生成

（つづく）

第 1 章　燃焼反応と難燃機構

表 1-8　固相における難燃機構とその特徴（つづき②）

項目	難燃機構に貢献するバリヤー層生成とその特徴
生成するバリヤー層の種類と特徴	(6)　IFR 系（リン酸メラミン + PER）に対する金属酸化物のチャー生成促進効果[6] リン酸メラミンを使用した難燃 PP は，酸化 Zr，酸化 Cr，酸化 Mo，酸化 Mn 等の微量添加（1〜2 部）によりチャー生成量が増加して高い難燃助剤効果を発揮する。 (7)　100％固相での難燃機構を発揮するナノコンポジットバリヤー層 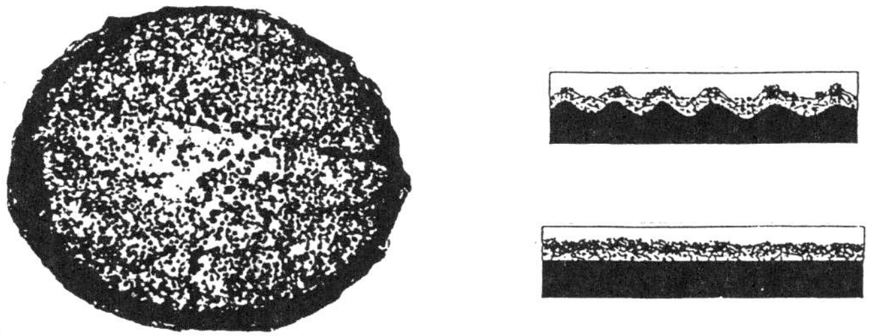 上 – 分散不良，下 – 分散良 PP + CNT 系の燃焼後のバリヤー層，PMMA + CNT 系のバリヤー層 (8)　活性ナノシリカのシリカ表面活性とバリヤー層の優れた難燃効果 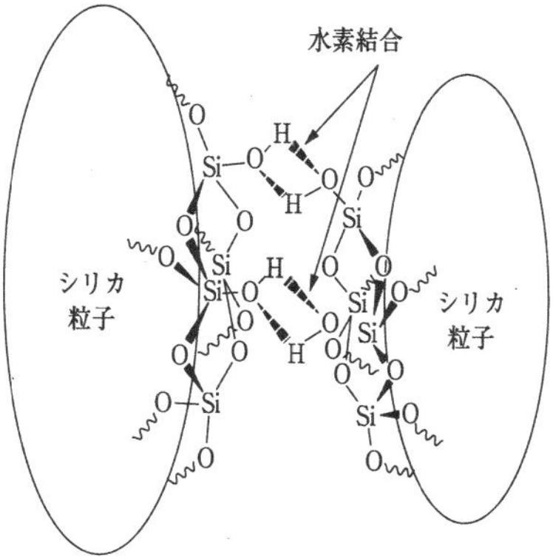 溶融シリカ＜表面処理溶融シリカ＜活性ナノシリカ＜シリカゲルの順にバリヤー層が増加し，難燃性が向上する。

（つづく）

3 難燃機構とその研究動向

表1-8 固相における難燃機構とその特徴（つづき③）

項目	難燃機構に貢献するバリヤー層生成とその特徴
生成するバリヤー層の種類と特徴	(9) PC＋シリコーン＋芳香族環状化合物の燃焼バリヤー層の難燃性向上効果[7] シリコーン添加による酸素指数の上昇効果 FT－IR分析 （＋他，C/H分析など） 新シリコーン／ポリカ ｝着火 → 縮合芳香環，多芳香環化合物＋シロキサンの複合物の生成 → 耐熱分解性

（つづく）

表 1-8 固相における難燃機構とその特徴（つづき④）

項目	難燃機構に貢献するバリヤー層生成とその特徴
バリヤー層の断熱効果	IFR難燃系（APP＋窒素化合物＋PER）の発泡断熱層は，高い断熱効果を示す。下のデータは，各厚さのIFR発泡断熱層を有する高分子が燃焼を継続するための外部温度である。 発泡層の厚さ（mm）　外部温度（℃） 　　　0.1　　　　　　　347 　　　1.0　　　　　　　747 　　　2.7　　　　　　 1,500 　　　10.0　　　　　　4,500 高分子の平均着火温度は，370℃前後であることから，各外部温度から370℃を差し引いた温度差の断熱効果を有すると考えられる。2.7mm厚さでは1,130℃位の温度差の断熱効果を示すと考えられる。
バリヤー層の成分，安定性評価技術	①バリヤー層のS-S曲線からの破壊強度 ②発熱量曲線の急速な立上がり時間からのバリヤー皮膜破壊時間 ③TGA, DTC, DSC測定から生成量の経時変化を評価 ④バリヤー層のFT-IR, X線マイクロアナライザーによる成分分析 ⑤電子顕微鏡による組織分析

3.1.3　相乗効果

　難燃機構の中で，相乗効果を示す難燃系は実用上重要な意味を持っている。その代表的な難燃系が，ハロゲン化合物と三酸化アンチモン併用系である。この難燃系が開発されてから相当の年月が経過しているが，いまだ最も優れた効果を示す難燃系の一つとして使用されている。最近の研究では他にもいくつかの研究例が報告されているので，その代表的例を表1-9～表1-11にまとめて示す。ここでは，相乗効果のポイントのみを示しているので，さらなる詳細は文献を参照されたい。

　先にも触れたように相乗効果を含めて最近の難燃機構の研究は，圧倒的に固相での難燃機構の研究が多い。それは，気相での難燃効果の新しいアイデアが不足しているからだと考えられる。固相での難燃機構の研究は，チャーの生成量，安定性，性状，成分分析によって評価されるが，最近の機器分析技術の進歩や三次元電子顕微鏡，X線マイクロアナライザー，ESCA，NMR等の大幅な進歩により解析が容易となっていることが，大きな支えになっている。

3 難燃機構とその研究動向

表 1-9 相乗効果による難燃機構の実用例と代表的な最近の研究 (1)

項目	難燃機構
ハロゲン化合物と Sb_2O_3 併用	ハロゲンと Sb_2O_3 の反応により生成する HX と HX と Sb_2O_3 の反応により生成する SbOX, SbX_3 には優れた難燃効果がある。 　　RHX　→　HX + R 　　Sb_2O_3 + HX　→　SbOX　→　$SbOX_3$ 難燃効果の高い理由 ① SbOCl は 170℃ 分解温度を持つ固体，高難燃性，高比重，脱水炭化作用，ラジカルトラップ効果を示す。 ② $SbCl_3$ は，分解温度が 223℃ で高温で気体，高難燃性，高比重，ラジカルトラップ効果を示す。 ③ HX はラジカルトラップ効果を示す。 ④ 250℃～660℃で，5段階に分かれて分解し，高難燃性物質を生成する。
ハロゲン化合物とリン化合物併用	気相と固相の両相で効果を示す。リン元素とハロゲン元素を同一分子内に含む化合物が，リン，ハロゲン元素を単独に含む化合物併用より効果が高い。 難燃効果の高い理由 ①ハロゲンと Sb_2O_3 の効果と同様の効果を示す。オキシハロゲン化リンを生成し，気相における難燃効果を示す。$POCl_3$, $POBr_3$ は分解温度 105℃, 190℃ と低く，気化しやすい。 ②リン化合物から生成するリン酸 HOP がハロゲン化アルキル HX と反応し，ハロゲン酸を作り，ハロゲンの気相への供給を助ける。 　　HOP^- + HX　→　HOP^- + HX
リン化合物と窒素との併用	リン化合物と窒素化合物の併用は，相乗効果があると言われている。特に PU，エポキシ樹脂のように酸素含有化合物は，PA，AN 系高分子より効果が高い。リンの効果と窒素化合物の高難燃性ガスの生成，分解吸熱反応の効果が相乗的に作用すると推定される。最近は IFR 系に見られる発泡チャーの高難燃効果が，その一つと言われているが，未だ明確ではない。
アゾアルカン化合物と水酸化Al, 臭素化合物との併用[7]	アゾアルカン化合物の R-N = N-R{4,4′-bis(cyclohexylozo-cyclohexyl)methane} は，わずか 0.5% の配合量で，水酸化 Al 25% との併用により，UL94, V0 を合格する結果が得られており，相乗効果と推定されている。臭素系の TBBPP, DecaPBDE とも同じ効果を示すことが報告されている。

第1章 燃焼反応と難燃機構

表 1-10 相乗効果による難燃機構の実用例と代表的な最近の研究（2）

項目	難燃機構
PE の耐熱性，難燃性に対するチャー生成促進剤 CA による相乗効果[9]	新しいチャー生成促進剤 CA（2-アミノ-4,6-ジシクロ-S-トリアジン）の PE に対する相乗効果による難燃性向上効果。 CA 分子構造（トリアジン環に NH_2 と $NHC_2H_4NHC_2H_4HN$ 基を有するポリマー） 【表】APP量(%) / CA量(%) / N/P比 / LOI / UL94 0 / 30 / — / 19.0 / V2 10 / 20 / 8.13/1 / 24.0 / V1 20 / 10 / 2.70/1 / 27.0 / V0 22 / 8 / 2.31/1 / 31.2 / V0 25 / 5 / 1.7/1 / 29.5 / V0 30 / 0 / — / 22.6 / V2
PP への $Mg(OH)_2$ とホウ酸亜鉛の相乗効果[10]	EPDM に水酸化 Mg とホウ酸亜鉛を併用し，吸熱反応と燃焼残渣に新しい Mg octaborate 結晶性残渣を生成することにより，高い相乗効果，難燃性を示す。
PP のナノフィラー Sepiolite とホウ酸塩との相乗効果[11]	PP へ Cetyltrimethylammonnium bromide で有機化したナノフィラー Sepiolite とホウ酸亜鉛を配合すると難燃効果が大きく，燃焼残渣は 0.6% から 12.19% に上昇し，相乗効果を示す。
PP-(MAPP) 難燃系へのチャー生成促進剤（CFA）の相乗効果[12]	CFA/MAPP = 1.2 で難燃効果が高く，THR は 96 → 16 mJ/m^2，ΔW 100 → 40% へ向上。UL94，V0 に合格する相乗効果を示す。 CFA 分子構造（トリアジン環に $NHCH_2CH_2OH$ と $NHCH_2CH_2NH$ 基を有する構造）
APP 配合 ABS の難燃，耐薬品性に対するチャー生成促進剤の相乗効果[13]	チャー促進剤 PPTA（ポリ-1,3-プロピレンテレフタルイミド）は，ABS の IFR 難燃系としての難燃効果，ドリップ防止効果を示す。特にチャー生成効果が高い。APP と PPTA が架橋反応を示してチャーの安定性を上げ，ドリップ性も改良する。 【表】ABS / APP / PPTA / APP/PPTA / LOI / UL94 100 / 0 / 0 / — / 18.2 / Fail 70 / 30 / 0 / — / 25.6 / Fail 70 / 25 / 5 / 5:1 / 30.5 / V1 70 / 24 / 6 / 4:1 / 31.2 / V0 70 / 22.5 / 7.5 / 3:1 / 32.4 / V0 70 / 20 / 10 / 2:1 / 32.2 / V1 PPTA 分子構造：$-[NHCH_2CH_2CH_2NHC(O)-C_6H_4-C(O)]_n-$

3 難燃機構とその研究動向

表1-11 相乗効果による難燃機構の実用例と代表的な最近の研究(3)

項目	難燃機構
PPのAPP難燃系に対する相乗効果を示す難燃剤SiE[14]	PP/APP難燃系に対して相乗効果を示すSiE難燃系を合成し,耐衝撃性と高難燃性を確認した。 (構造式) (Si-E)
TPPの難燃化に対する窒素化合物の相乗効果(相乗効果)[15]	TPPの綿,セルロースの難燃化に尿素,炭酸グアニジン,メラミンホルムアルデヒド等の窒素化合物は,チャー表面に保護層を形成しチャーの安定化による相乗効果を示す。 (反応スキーム図) Endothermic reaction / Urea, Guanidine Carbonate, Melamine formaldehyde / Protective coating made up of P, N, O elements like Phosphorus oxynitride, phosphoramide, phosphazene
PP/IFR難燃系への水酸化シリコーン油の相乗効果[16]	PP/IFR(APP+メラミン+PER)系に対して水酸化シリコーン(HSO)を適正量加えると,均一で緻密なチャーを形成し,高難燃性と相乗効果を示す。
PP/IFR難燃系に対するピロリン酸鉄(FePP)の相乗効果[17]	PP/IFR(255添加)系に対して,FePPは添加量0.5~2%の範囲で,相乗効果を発揮して難燃性を向上する。安定性の高い緻密なチャー形成効果を発揮するが,2.8%以上では,チャーの安定性を阻害し,難燃性が次第に低下する傾向を示す。
PP/IFR難燃系への4Aゼオライトの相乗効果[18]	PP/IFR系に4Aゼオライトを約1%添加することにより難燃性を向上する。生成するチャー層は,連続的に均一で,強固で破壊されにくく,チャーの表面層が固く安定である。 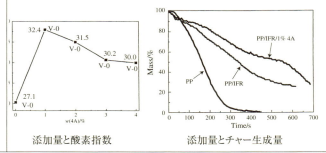 添加量と酸素指数 　　　　添加量とチャー生成量

3.2 気相と固相の難燃機構の評価技術

気相と固相のどちらの難燃機構かを評価する方法は，次の3種類が挙げられる。

① COガス発生量の測定（発生量の多いものが気相，少ないものが固相）
② ラジカル発生量の測定
③ 酸素指数法を使用し，酸素の代わりに他のガス（例：N_2O）を使用して燃焼させ，そのガス指数を測定し，指数値の変化の大小で気相か固相かを判断する。

3.2.1 COガス発生量の測定

気相と固相での燃焼の特徴から発生ガス量，チャー生成量を測定すれば，どちらの難燃機構が主に関係しているか識別できるが，現在では，比較的容易な方法が提案されている。それは，図1-10に示すようにコーンカロリーメーターによって測定されるCOガス発生量の比較である[19]。図1-10は，PC/ABS樹脂に臭素系難燃剤（デカブロミジフェニルエーテル）と縮合型リン酸エステル（RDP）を配合した試料のCOガス発生量の比較である。臭素系難燃剤は，リン系難燃剤に比較してCOガス発生量が多く，気相での難燃機構を示し，リン系難燃剤は，炭素成分がチャーとして燃焼残渣の中に残り，COガス発生量が低く，固相での難燃機構が主となることが推定できる。

3.2.2 発生ラジカルの測定方法（ESRによるスピットラッピング法）[20]

ESRによるスピットラッピング法は，図1-11に示すように，石英管燃焼チューブで試験試料を燃焼させ，ラジカルトラップ用PBN（α-フェニル-N-t-ブチルニトロン）をベンゼンに溶解したラジカルトラップ液に燃焼ガスを吸収させて補足し，これを溶媒中に保存して，真空ポンプによる脱気後，ESRによりスペクトルを測定する。ESR解析は，ESRシミュレーションソフトを使用する。ここでは0.1 mol/LのPBN-ベンゼン溶液を使用する。次にPBNのラジカルトラップ反応を示す。

$$R\cdot + PhCH = NO\text{-}C_4H_9 \rightarrow PhCRH\text{-}NO\text{-}C_4H_9$$

3 難燃機構とその研究動向

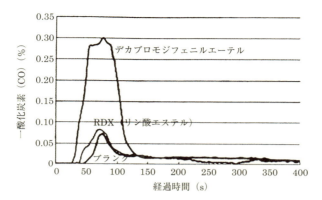

図 1-10 燃焼時の CO ガス濃度の比較

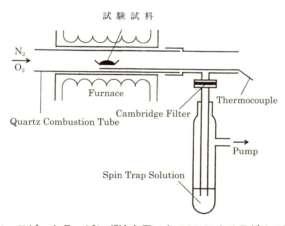

図 1-11 スピットラッピング法を用いた ESR によるラジカル測定法

3. 2. 3 酸素指数法による燃焼雰囲気ガスを変えてその指数値を比較して判定する方法

　この方法は、酸素指数法による酸素指数を測定し、燃焼雰囲気ガスを酸素以外の酸化剤に変えて（例：N_2O ガス）その指数値を測定、比較して判定する。

もし固相での難燃機構が主であれば，燃焼雰囲気ガスを変更しても，変化が小さいことになり，気相の場合は，逆にその変化が大きいことになる。この方法でハロゲン系難燃剤の塩素系と臭素系の難燃機構を研究した例が報告されている。臭素系は，ほとんど気相で難燃効果を示すが，塩素系は気相と固相の両方で効果を示すことが指摘されている[21]。

3.3　難燃機構に関する注目される最近の研究動向

難燃機構の研究は，難燃化技術で最も重要な技術として注目されており，多くの研究者が研究している。最近の研究の中から主な研究内容をいくつか紹介しておきたい。

3.3.1　アゾアルカン化合物によるラジカルトラップ効果による難燃機構[4]

表1-6，表1-9にも示したアゾアルカン化合物（R-N＝N-R）は，ポリオレフィンの難燃化の場合，臭素化合物（TBBPP，DecaBDE）5～14％と0.5％の配合量で併用すると，UL94，V2～V0の難燃化を示す。また，水酸化Al25％と1％の配合量で併用するとUL94，V2を達成できる。その効果は，環状アゾアルカン化合物のR基の種類によって異なり，次のような順序で効果が変わることが示されている。

R = Cyclohexyl ＞ Cyclopentyl ＞ Cyclobutyl ＞ Cyclooctyl ＞ Cyclododecyl

脂肪族アゾアルカン化合物では，Rの種類によって，次のような順序で効果が変わる。

R = n-alkyl ＞ $tert$-butyl ＞ $tert$-octyl

さらに，アゾオキシ，アジン，ヒドラジンの誘導体は，わずか0.25％～1％の配合量でPPフィルムへの難燃効果を示す。特に4,4′-bis(cyclohexyl-azocyclohexyl)methaneは，水酸化Alとの相乗効果を示し，水酸化Al65％だけでUL94，V2を達成できるのに対し，わずか0.5％の添加量で水酸化Al25％でも同じUL94，V2に合格することが示されている。DecaBDE，TBBPPの低配合でも同じく相乗効果を示す。

3　難燃機構とその研究動向

3.3.2　気相で難燃効果の高い環状リン化合物[22]

リン化合物は，主として固相における難燃効果が高いことが知られているが，図 1-12 に示す環状化合物は，図 1-12 と表 1-12 に示す UL 試験の難燃性試験の結果から見て，チャー生成量が極めて低いにもかかわらず，高い難燃性と耐ドリップ性を示している。このことから，気相での難燃効果が高い系であることが推察できる。リン化合物はもともと気相と固相の両方の効果を示すが，気相でのこのような高い難燃効果を示すことは極めて興味深い。

3.3.3　反応型難燃剤と添加型難燃剤の難燃効果の比較[23]

難燃剤の効果の比較として，反応型と添加型ではどちらの効果が高いのかという疑問に答える研究がなされている。ここでは，ホスホネート系リン化合物 $(O=P(OR)_3)$ とホスフェート系リン化合物 $(O=PH(OR)_2)$ を MMA と共重合した反応型と PMMA に添加した添加型の両方の難燃効果を比較する。

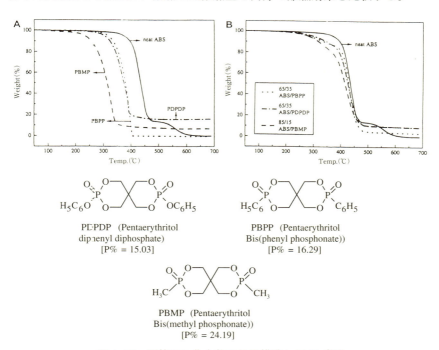

図 1-12　環状リン化合物の分子構造と TGA 挙動

第 1 章　燃焼反応と難燃機構

表 1-12　環状リン化合物配合 ABS の難燃性

化合物	リン含有率（％）	ABS／難燃剤	UL94 試験	ドリップ性
PBMP	24.19	90／10	一次燃焼 1 秒	なし
			二次燃焼	なし
		85／15	V～0	なし
		80／20	V-0	なし
PBBP	18.20	80／20	NR	あり
		75／25	V-1	あり
		30／70	V-0	なし
		65／35	V-0	なし
PBPP	18.28	80／20	NR	なし
		70／30	一次燃焼 4 秒	なし
			二次燃焼	なし
		65／35	V-0	なし
PDPDP	15.03	70／30	NR	なし
		65／35	－	－

① 　ホスホネート系難燃剤

添加型難燃材料　PMMA + DEEP（ジエチルエチルホスホネート）

反応型難燃材料　MMA + DEMMP（ジメチル(メタアクリロイルオキシエチルホスフェート)）

　　　　　　　　MMA + DEAMP（ジエチル-2-(アクリロイルオキシ)エチル)エチルホスフェート）

② 　ホスフェート系難燃剤

添加型難燃剤　PMMA + TEP（トリエチルホスフェート）

反応型難燃剤　MMA + DFMEP（ジエチル-2-(メタアクリロイルエチル)ホスフェート

　　　　　　　MMA + DEEAP（ジエチル-2-(ジエチル-2-(メタアクリロイルオキシ)エチルホスフェート）

　ここで，試験試料中のリン含有量は，すべて 3.5％になるように調整している。この試験結果を表 1-13 に示すが，結果は次のようにまとめられる。

　　① 　添加型より反応型の方が高い難燃効果を示す。

3 難燃機構とその研究動向

表1-13 添加型難燃剤と反応型（共重合型）難燃剤の難燃効果の比較

試料	酸素指数	着火時間 Tg（秒）	チャー量（%）	チャー中リン量（%）
PMMA	17.2	53	1.4	なし
PMMA + DEEP	22.4	63	2.8	検出限界以下
MMA + DEMMF	23.4	60	6.5	1.0
MMA + DEAMP	25.8	82	9.2	2.5
PMMA + TEP	22.7	51	2.5	検出限界以下
MMA + DEMEP	25.0	62	8.2	9.8
MMA + DEAEP	28.1	88	10.8	11.3

② 反応型はチャー生成量が多く，固相での難燃効果が高い。これは，チャー中のリン含有量が反応型の方が多いことによるものと考えられる。

③ ホスフェート系の方が，ホスホネート系よりは難燃効果が高い。

この結果は，今後の難燃化技術の研究には重要な知見となる。

3.3.4 リン化合物のリン含有量と $CH_3(PO)$ の側鎖と難燃性の関係[24]

ABSとEVAに対してリン化合物のリン含有量と CH_3PO の側鎖と難燃性の関係を調べている。自己消炎性に必要なリン含有量は，最低4%であり，難燃効率の高い側鎖は CH_3 であり，その順番は $-CH_3 > -C_2H_5 > -OH > -H$ である。

3.3.5 IFR難燃系の難燃効果を促進する難燃助剤

最近，難燃性を発揮するIFR系難燃系の研究が盛んに行われている。その難燃効果を促進する難燃助剤としてナノ酸化Al，ナノフィラー（MMT, CNT），メラミン処理MMT，活性ナノシリカ，シリコーン化合物，フェノールノボラック樹脂，4Aゼオライト，MgO，CaO，Ni_2O_3，DOPO（ホスファフェナンスレン化合物），Si-E（P, Si含有化合物）等の研究がなされている。

これらの難燃機構は，全てチャー生成量の増加と安定性の向上による固相での難燃機構の強化である。

3.3.6 水和金属化合物の難燃助剤の研究

難燃効率が低く，UL94，V0 を合格するポリオレフィンを作るためには，150 部の配合量が必要である。無機粉末を多量に配合することは，コンパウンドの硬さ，粘度を高めるため，成形加工性が低下する。そのため添加量を下げる助剤の研究は重要である。現在，効果の高い助剤としては，赤リン，ナノフィラー，シリコーン化合物，芳香族樹脂（フェノールホルムアルデヒド樹脂）等があり，さらに既に紹介したアゾアルカン化合物が挙げられる。

3.3.7 固相における難燃機構に依存するナノコンポジット難燃材料

ナノコンポジット難燃材料の難燃機構は 100％固相における難燃機構である。生成チャーとナノフィラー成分の無機複合バリヤー層による酸素遮断効果，断熱効果によると考えられる。ナノコンポジットの難燃性を左右する要因は，次のように考えられる。

① ナノフィラーの分散性
② ナノフィラーとベース樹脂の親和性（表面結合力）

ナノコンポジットの問題点として挙げられるのが，UL94 燃焼試験のように垂直燃焼試験の場合に，燃焼時に生成するバリヤー層が落下してバリヤー層としての役割を果たさなくなることである。コーンカロリーメーターのように試験試料が水平に設置される場合は，バリヤー層の落下はなく，優れた発熱量の抑制効果が得られるが，垂直燃焼の UL94 燃焼試験では合格しない結果がしばしば観察される。燃焼時のポリマーの種類あるいは他の添加剤の効果によりバリヤー層が壊れ難い状態になればこのような現象は避けられる。現在，ナノコンポジットの研究は，従来難燃系との併用系の研究が多く，実用化例は少ないが今後が期待される。単独で実用化された例もまだ少ない。

3.3.8 難燃触媒による難燃化技術

難燃機構として金属化合物により燃焼挙動を変え，可燃性ガスの発生挙動を変えようとする試みである。基本的な考え方は，難燃触媒の存在下で燃焼を行うと，熱分解による可燃性ガスの発生が促進され，着火される時点では，可燃性ガスの量が減少し燃焼を抑制できることに着目している。

表 1-14 非臭素系難燃材料（金属化合物併用）の難燃性
—5％以下の配合量で UL94, V0 合格—

Polymer	Flame Reterdant	Content (wt%)	Ave.
PE	APP/PPFBS	4.1	1.7
PP	V_2O_5	5	5.5
PS	Cu-EDTA/SiO_2	5	7.9
ABS	TCP/Fe(acac)$_3$	5	5.9
PA	Melamine/Fe(acac)$_3$	5	0.0
PC	PPFBS	0.1	0.9
PBT	Tri(dibenzoylmethanate)/SiO_2	5	14.3
PPE	(BBC)	5	0.7
合成ゴム	Red P/Carbon Black	5	33.8

（注）添加量が 5％以下で臭素系化合物を含まない材料に限定。

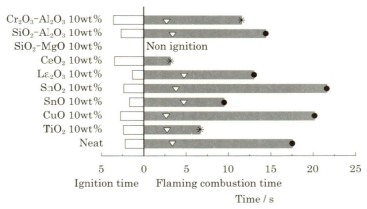

● Burn out, ▽ Initial drip, ＊ Extinction with drip

図 1-13 金属酸化物配合 PLA の小型 UL 燃焼試験結果

　武田らは，ノンハロゲン系難燃剤と金属化合物の併用，あるいは金属化合物のみで，少量配合で（5 部以下）UL94, V0 に合格する難燃系の開発を目指し，表 1-14 に示す結果を報告している[25]。

　山下は，金属酸化物系難燃触媒を使用して PLA の難燃化の研究を行っている[26]。その結果を図 1-13 に示す。酸化物の種類による差が大きいが，UL94 試験に合格するものが得られている。

3.3.9　IFR系難燃剤によるPPの難燃化におけるバリヤー層の損傷[27]

　IFR難燃剤から生成するリン酸によって補強のために配合したタルクが損傷することによりバリヤー層の効果が低下して難燃性が低下することが報告されている。リン化合物のように燃焼時に酸化分解して強酸を生成する場合，バリヤー層の成分によってはこのような現象が起こる。この現象は，リン化合物，硫黄化合物，窒素化合物，ハロゲン化合物を難燃剤として使用する場合には注意したい。

3.3.10　ドリップ性，残じん性

　ドリップ性は，熱可塑性樹脂のポリオレフィンが燃焼する時に，燃焼過程で燃焼片落下による延焼を防ぐために設けられた難燃材料の要求特性の一つである。よく知られているUL94垂直燃焼試験では，燃焼架台にセットされた短冊状の試料の真下に外科用の脱脂綿を一定の厚さに敷き，落下する燃焼片によりその脱脂綿が燃えないことが規定されている。さらなる詳細は，試験法の項で示す。

　残じん性は，燃焼が終了した時点で燃焼残渣の中が赤い灯火として内部に残る状態を指しているが，通常は10秒以内で消滅する現象である。この要求特性は，本来全ての難燃材料に要求されるが，繊維製品規格，鉄道車両規格で主として規定されている。目的は延焼を防ぐためである。例えば繊維製品の規格値を見ると，最も厳しくとも数秒以内で消える規格が多いようである。鉄道車両用では，消えるという表現になっているので少し厳しい。

　ドリップ性は，燃焼温度での材料の粘度が低いと落下しやすいので，材料の粘度を上げるために次のような方策を利用している。

　①　微量のPTFE繊維の絡み合いと微量のHFガスの共存による架橋反応の利用
　②　ポリマーブレンドによる燃焼時の粘度の上昇
　③　シリコーン系ポリマー，シリコーン化合物の添加による燃焼時のセラミック化による硬化
　④　官能基含有化合物表面処理水和金属化合物の燃焼時表面結合作用による落下防止

残じんは，燃焼が終了した直後に残った灯り火であるため確認に若干苦労するが，よく観察すると制御できる。この現象は，生成チャー量が多くなると消えにくくなる傾向があり，無機酸化物成分が多いと放熱性が良くなり早く消える傾向を示す。難燃剤，その他の配合剤の種類も関係する。チャーの緻密性も影響するので制御が難しい。実際の難燃材料のチャーの生成量，熱伝導性，密度との関係と消火速度の関係を調べながら経験的な対応をしているのが現状である。

文　　献

1) V.N. Reinhold & F.L. Fire, Combustion of Plastics (1991)
2) 新岡嵩ほか，燃焼現象の基礎，オーム社 (2011)
3) 東京消防庁消防科学研究所，火と煙と有害性ガス，東京連合防火協会 (1990)
4) 西澤仁，マテリアルライフ学会誌，**10**，260 (1998)
5) 武田邦彦，第18回難燃材料研究会講演資料 (2008)
6) 西澤仁，これでわかる難燃化技術，工業調査会 (2006)
7) M. Aubert et al., Polym. Adv. Tech., **22**, 1929 (2011)
8) C.F. Cullis & M.M. Hirscher, The Combustion of Polymers (1981)
9) X.P. Hu et al., Macromol. Mater. Eng., **289**, 208 (2004)
10) A. Genovese et al., Polym. Degr. Stab., **92**, 2 (2007)
11) M. He et al., Polym. Adv. Tech., **24**, 1081 (2013)
12) S. Nie et al., Polym. Adv. Tech., **19**, 1077 (2008)
13) J. Wang et al., Polym. Int., **61**, 702 (2012)
14) C. Wang et al., Polym. Adv. Tech., **22**, 1108 (2011)
15) S. Gaun et al., Polym. Degr. Stab., **93**, 99 (2008)
16) X. Che et al., J. Polym. Sci., **16**, 537 (2009)
17) S. Nie et al., Polym. Adv. Tech., **22**, 870 (2011)
18) C. Feng et al., Polym. Adv. Tech., **24**, 478 (2013)

19) 宮野信孝, ペトロテック, **36**, 432（2013）
20) 田村昌三ほか, 旭硝子財団研究報告, **60**, 221（1992）
21) C.F. Fenimore & G.W. Jones, *Comb. Flame*, **10**, 295（1966）
22) D. Hoang *et al., Polym. Degr. Stab.*, **93**, 2042（2008）
23) D. Price *et al., Polym. Adv. Tech.*, **18**, 710（2008）
24) C. Nguyen *et al., Polym. Adv. Tech.*, **23**, 512（2011）
25) 武田邦彦, 非臭素系難燃材料データブック, NEDO, 芝浦工業大学（2003）
26) 山下武彦, 第21回難燃材料研究会講演資料, 難燃材料研究会（2012）
27) S. Dequence *et al., Polym. Adv. Tech.*, **19**, 620（2008）

第2章
難燃剤の現状と最近の動向

1 難燃剤の種類と難燃効果

　難燃剤は，高分子に添加または反応して分子を複合化したり，化学的に結合して燃焼時に気相，固相における燃焼を遅らせ消炎させる効果を持つ化学物質である。難燃剤は，主として分子内に難燃性元素を含み，熱分解時に燃焼を遅らせる反応を引き起こす。ここでいう難燃性元素は，ハロゲン（臭素，塩素），リン，窒素，珪素，ホウ素等を指しているが，難燃剤のほとんどが分子中にこの難燃性元素を含んでいる。最近は，1つの元素ではなく2つ3つの元素を分子中に含む多元素導入型難燃剤の開発も試みられている。

2 各種難燃剤の特性と特徴および効果的な使い方

2.1 難燃剤の具備すべき条件

　高分子に対して効果的な難燃性を与え，なおかつコンパウンドが作りやすく，作業性に優れ，トラブルの少ない難燃剤として具備すべき条件をここで整理しておきたい。

　①高分子の熱分解温度，分解速度とできるだけマッチしている。
　②気相，固相で優れた難燃効果を発揮する。
　③微粒子であり，ベース樹脂への分散性に優れる。

第2章　難燃剤の現状と最近の動向

④可能であれば，加工時に溶融しているか，液状であり，高分子への分散性に優れる。

⑤高分子の加工温度，加工時間内で熱分解せず，燃焼温度（約370～380℃）で効果的に分解する。

⑥高分子との相溶性に優れ，ブルーム，ブリード，析出が少ない。

⑦高分子の物性，耐久性への影響が小さい。

⑧リサイクル性，環境安全性に優れる。

⑨取扱い，包装，運搬に支障がない。

⑩有効貯蔵期間が長い。

⑪適正コストである。

---

(1)　ハロゲン系難燃剤
　　塩素化合物（塩パラ，環状塩素化合物-デクロラン）
　　臭素系化合物（脂肪族臭素化合物，芳香族臭素化合物）
(2)　リン系難燃剤
　　リン酸エステル（モノマー型，縮合型）
　　ハロゲン含有リン酸エステル
　　反応型リン酸エステル（HCA等）
　　ホスフィン酸金属塩
　　赤リン，APP（ポリリン酸アンモン）
(3)　無機系難燃剤
　　水和金属化合物（水酸化Al，水酸化Mg）
　　アンチモン化合物（Sb_2O_3，Sb_2O_5，STOX501）
　　ホウ酸亜鉛
　　スズ酸亜鉛
　　ナノフィラー（MMT，CNT，活性シリカ）
　　モリブデン化合物
(4)　窒素系難燃剤
　　メラミン化合物，グアニジン化合物
(5)　その他
　　シリコーン化合物，ヒンダートアミン化合物，アゾアルカン化合物
　　PTFE（ドリップ防止剤）

図 2-1　難燃剤の分類

2.2 ハロゲン系難燃剤
2.2.1 臭素系難燃剤[1〜9]

臭素系難燃剤は，化学構造的に脂肪族，芳香族に分類できるが，最近はポリマー型を分類に入れることもある。表2-1〜表2-3にその代表例を示す。

脂肪族系は，比較的熱分解温度が低く，芳香族系，ポリマー型は，熱分解温度が高い。また新しいタイプは，分子構造が発表されていないものが多く，ここに含まれていないものもある。臭素系難燃剤の特徴をまとめて次に示す。

(1) 臭素系難燃剤の特徴
① **分子内に含まれる難燃性元素の臭素の含有率が高い。**

表2-1に見られるように臭素系難燃剤の臭素の含有率は，50〜80％を示し，他のリン酸エステル類の8〜17％，リン系反応型の8〜20％，APPの最高46％，ホスフィン酸金属塩の23％，赤リンの97％と比較して，赤リンを除いた中ではかなり高い。

② **熱分解温度範囲が広い。**

熱分解温度が広いことは，広範囲の熱分解温度のベース樹脂用難燃剤として選択肢が拡がる。

③ **熱分解温度の範囲が広い。**

これは，難燃機構の項でも述べたように，ベース樹脂の熱分解挙動と難燃剤の熱分解挙動のマッチングが効率的な難燃化を行うために最も重要なことであり，各種ベース樹脂に適合した難燃剤を選択しやすいためである。

④ **一般に分散しやすい。**

臭素系難燃剤は，極性が高く，高分子との相溶性に優れているものが多く，分散性に優れている。一部ポレフィンのような非極性高分子に対しては，EVA，EEAのような極性高分子をブレンドすると分散性が改良される。

⑤ **三酸化アンチモン，錫酸亜鉛，ホウ酸亜鉛と相乗効果を示す。**

臭素化合物と三酸化アンチモン等の相乗効果は，第1章の難燃機構の項を参照されたいが，この効果により，難燃効果が最も高い難燃系として広く使用されている。

第2章　難燃剤の現状と最近の動向

表2-1　脂肪族系臭素系難燃剤の種類と性状

名称と分子構造	臭素含量(%)	軟化点(℃)	5%分解温度(℃)
DBP-TBBA，ビス(ジブロモプロピル)テトラブロモビスフェノールA 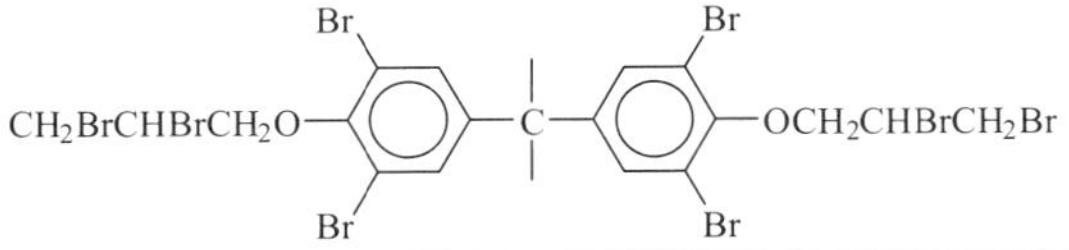	68	108	290
DBP-TBBS，ビス(ジブロモプロピル)テトラブロモビスフェノールS 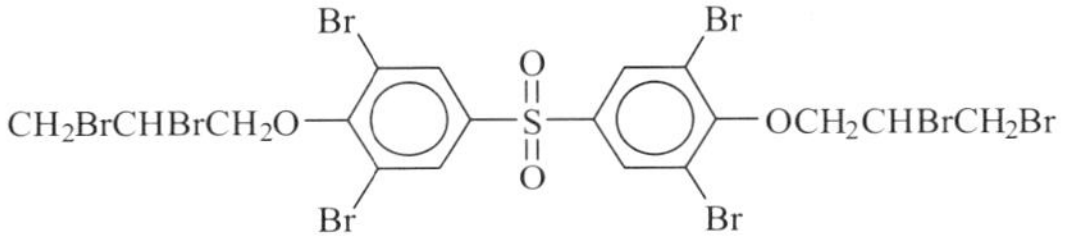	66	100	300
TDBPIC，トリス(ジブロモプロピル)イソシアヌレート 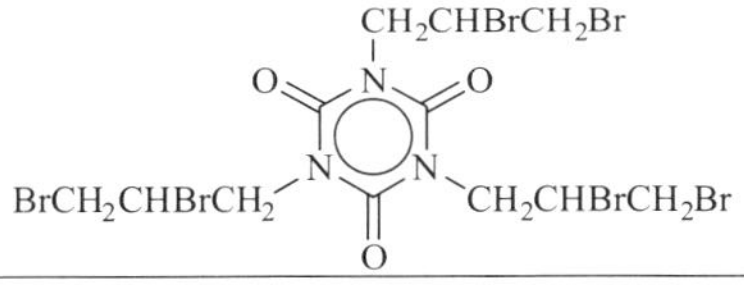	70	115	290
TTBNPP，トリス(トリブロモネオペンチル)ホスフェート 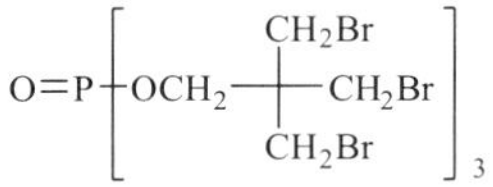	70	183	310

⑥　臭素系難燃剤の加工時の課題

　混練り，射出成形，押出成形等，難燃材料の加工工程においては，ブリード，ブルーム，変色，粘着等の問題が発生しやすい。それは，臭素系難燃剤の一部がわずかに分解して金属への影響を与えることが原因と考えられる。温度条件の適正化を図り，材料へ過剰な熱負荷を与えないようにする必要がある。加工安定剤の添加による安定化が望まれる。

2 各種難燃剤の特性と特徴および効果的な使い方

表2-2 芳香族系臭素系難燃剤の種類と性状

名称と分子構造	臭素含量 (%)	軟化点 (℃)	5%分解温度 (℃)
TBBA, エポキシ, 臭素化エポキシ樹脂	52 (R：末端グリシジル)	76	363
	58 (R：末端TBP封止)	75	358
BPBPE, ビス(ペンタブロモフェニル)エタン	82	354	390
TTBPTA, トリス(トリブロモフェノオキシ)トリアジン	67	230	380
EBTBPI, エチレンビス(テトラブロムフタル)イミド	67	300＜	440
PBPI, ポリブロモフェニルインダン	74	235〜255	344

第２章　難燃剤の現状と最近の動向

表 2-3　高分子量型（ポリマー型）臭素系難燃剤の種類と性状

名称と分子構造	臭素含量 (%)	軟化点 (℃)	5%分解温度 (℃)
BPs，臭素化ポリスチレン　m = 2　m = 3	61 (m = 2)　70 (m = 3)	185〜195　225〜250	365　353
TBBA-PC，PBBA ポリカーボネート	55	160〜200	330〜350
BrPPO，臭素化ポリフェニレンオキサイド	64	200〜240	380
PPBBA，ポリペンタブロモベンジルアクリレート	70	205〜215	333

　続いて，日本国内の代表的なメーカーとその製品をまとめて表 2-4 に示す。また表 2-5 には，代表的な臭素系難燃剤の特性と特徴を示す。

　最近の臭素系難燃剤の傾向を見ると RoHS 規制の運用以来，デカブロ系の一部のタイプが製造中止となり，その後 HBCD がほぼ使用禁止となり，問題となる難燃剤の種類は，一部であることが認識されてきている。しかし，最近は採用される難燃剤の種類が耐熱性，高分子量タイプへシフトしていく傾向にある。これは長期的に見て，より環境安全性を考慮する使用者の考え方が反映さているものと推測される。実際に，需要を伸ばしているのは，臭素化 PS や耐熱性の優れたタイプであり，また最近メーカーが開発しているものも高分子

2 各種難燃剤の特性と特徴および効果的な使い方

表2-4 日本の代表的な臭素系難燃剤メーカーと代表的な製品

製造者	代表的な製品と性状			
	品名	化学名	融点（℃）	臭素含有量（％）
アルベマール	Saytex2000	TBBA	181	58
	〃 8010	エチレンビス(ペンタブロモフェニル)	350	82
	〃 BT93	エチレンビステトラブロモフタルイミド	450	67
	〃 BTHP900	ヘキサブロモシクロデカン	180	75
	〃 HP7010	臭素化ポリスチレン	180（Tg）	68
	〃 RB49	テトラブロモ無水フタール酸	280	69
ケムチュラ	Eneraldo1000.3000（ポリマー型難燃剤）			
	FR2（ビスペンタブロモフェニール）エタン			
	FR4（ビストリブロモフェノオキシ)エタン			
	FR5（テトラブロモビスフェノールA）			
阪本薬品	オリゴマー型	TBBA		
	T1000		130	51
	T2000		160	52
	変性型	TBBA		
	T3040		170	54
	T7040		200	53
	高分子量型	TBBA		
	T5000		190	52
	T20000		＞200	52
第一工業製薬	SR102	臭素化脂肪族	192	74
	SR245	臭素化芳香族	232	68
	SR460B	臭素化芳香族（ポリマー系）	225	62
	SR600A	臭素化芳香族	286	81
	SR720	臭素化脂肪族芳香族	115	67
DIC	EC14	エポキシ樹脂系	99	90
	EC20	EC末端封止	115	67
	EP16	EP末端エポキシ基	116	50
	EP20		125	61
	EP100		189	62
	EP200		206	52
帝人	FG8000	TBAカーボネートオリゴマー	215	58
	FG3600	TBAビスエポキシレート	115	—
	FG3200	TBAビスアクリレート	115	51.2

（つづく）

第2章 難燃剤の現状と最近の動向

表2-4 日本の代表的な臭素系難燃剤メーカーと代表的な製品（つづき）

製造者	代表的な製品と性状			
	品名	化学名	融点（℃）	臭素含有量（%）
東ソー	120G	TBA	182	58
	122K	TBA ビスアリルエーテル	118	50.3
	150R	トリブロモフェノール	90	72.5
東都化成	YDR400	臭素化エポキシ樹脂	70	48
	YPB43C		＞200	52
	TB60		97	58
日宝化学	FR-B	ヘキサブロモベンゼン	＞315	86.9
	FR-T	ペンタブロモベンゼン	288	82.1
マナック	プラセフテイ200	臭素化 PS	180 (Tg)	66
	〃 900/600	臭素化 PS（高流動）	—	66
	TBP	トリブロモフェノール	92	72
丸菱油化	ノンネン PR2（臭素系）			
	ノンネン DP10（臭素系）			
ICL-IP ジャパン	P2200	TBA エポキシオリゴマー	55（軟化）	48
	P2001		65	50
	P2000		120	51
	P2300		125	51
	P2300H		150	52
	P2400		140	53
	P2400H		150	52
	P3020		122	56
	P3516		116	54
日華化学	ニッカファイノン NB730（臭素系）			

2 各種難燃剤の特性と特徴および効果的な使い方

表 2-5 主要臭素系難燃剤の特性と特徴

名称	特性と特徴	商品名およびメーカー
エチレンビスペンタブロモフェノール, EBPBP	特性は, DBDPO に類似しており耐候性, 耐光性, 耐熱安定性に優れ, コストメリットも大きい。用途としては ABS, HIPS, PA, PET, PBT, PC, PO および広範のポリマーに使用できる。合成ゴム, 塗料にも使用可能。	アルベマール Saytex8010
エチレン(テトラブロモフタール)イミド, EBTBPI	イミド結合を有し, 融点の高い非溶融性, 耐候性, 耐光性, 電気特性に優れ, 耐熱性電気絶縁材料への使用に最適。それ自身やや褐色を帯びているがコンパウンドの着色性は低い。非溶融性であるため, 粒子径の変動, 分散性に注意したい。PO, PS, 各種エンプラに使用可能。	アルベマール SaytexBT93
臭素化エポキシ樹脂, TBBPA	ビスフェノールを臭素化して作られ, その性状は白色結晶性粉末, 融点 181℃, 臭素含有量 58%である。側鎖末端にアリル基, エポキシ基を付けたビスフェノール系タイプと, オリゴマー, ポリマータイプとして分子量を上げた種々のエポキシタイプが市販されている。 ・ビスフェノール系（例） ・エポキシ系（例）	SRT シリーズ, プラサーム, ファイヤーガード等
トリブロモフェノキシトリアジン, TBPTA	融点 230℃の添加型で, スチレン系樹脂用としてよく使われ, 耐候性, 耐衝撃性, 加工性のバランスに優れている。酸化チタンとの併用で耐光性に優れた材料を作ることができる。	ヒシガード 245
TBA-ビス(2,3ジブロモプロピールエーテル)	融点 105〜120℃, 比重 2.2, 水, メタノールに難溶で, PP, PO 繊維類の難燃化に使用される。東ソー, 帝人, その他海外メーカーで製造されている。	フレームカット 121K
TBA, カーボネートオリゴマー	このタイプはオリゴマータイプのため樹脂の物性低下が小さく, ブルームし難い特徴を有し, PET, PC, 耐熱スチレン等に有効である。帝人, ケムチュラから販売されている。	帝人 ケムチュラ

(つづく)

第 2 章　難燃剤の現状と最近の動向

表 2-5　主要臭素系難燃剤の特性と特徴（つづき①）

名称	特性と特徴	商品名およびメーカー
TBA, エポキシオリゴマー	このタイプは，次に示すように両末端エポキシタイプ，末端変性タイプがあり，前者は，用途に応じて低分子量から高分子量まで使い分けられ，対象樹脂によって種々のグレードがある。後者は，比較的低分子量の難燃剤が多く，主として ABS に多く使われる。用途は，PS，ポリマーアロイ PET 用として電気電子機器，OA 機器のハウジング材料として用い，PET 用としてはコネクター，リレイスイッチ，コイルボビンに使われる。 (1) 末端封止 (2) 片端封止 (3) 両末端封止	阪本薬品 DTC マナック
トリブロモフェニルアリルエーテル	外観は淡黄色のフレーク状で，比重 2.1，融点 74〜77℃，カサ比重 1.19 である。PE，PP，PS 用として多く使用され，接着剤，繊維，塗料等にも多く使用される。	ケムチュラ，ICL-IP ジャパン，マナック

（つづく）

表 2-5　主要臭素系難燃剤の特性と特徴（つづき②）

名称	特性と特徴	商品名およびメーカー
ポリブロモベンチルアルコール	外観は白色フレーク状，融点 62～67℃，比重 2.26，用途は，不飽和 PET，PU 用が多い。難燃剤の中間体の製造にも使用される。	ICL-IP ジャパン
臭素化 PS	最近耐熱タイプとして使用され，需要量が増加してきている。臭素の含有量を増加すると難燃効率が高まるが，Tg が変化して溶融特性に影響するため臭素含有量は，60～66％程度に調整されている。また，分子量の調整で流動性，軟化点，混練性が変化するので適正な値に調整している。外観は液状，水に難溶で，トルエン，MEK に溶解する。用途としては，ABS，HIPS，TPV，エポキシ樹脂，PRT，軟質 PU，接着剤，塗料がある。	アルベマール，ICL-IP ジャパン，マナック
ヘキサブロモベンゼン	難燃効率が高く，耐熱性が優れ，ポリマーとの相溶性が優れている。白色粉末，融点＞150℃，臭素含有量 83～85％，急性経口毒性ラット LD_{50} 14.28 g/kg である。用途は，ほとんどの樹脂に使用可能，特に PO，PS，AS，ABS，エポキシ樹脂，フェノール樹脂 PC，各種合成ゴムに使用される。	日宝化学 マナック 旭硝子
ジブロモスチレン	性状は液状，比重 1.8，臭素含有量 59.0％，5％分解温度 170℃，用途としては，ABS，HIPS，TPV，エポキシ樹脂，不飽和 PET，軟質 PU，接着剤，塗料，繊維がある。	ケムチュラ (DBS)
テトラブロモフタレートエステル	性状は液状，比重 1.5，臭素含有量 45.0％，粘度 1800 cps (25℃)，5％分解温度 138℃，用途は，PVC，TPV 接着剤，塗料に使用される。	ケムチュラ (DP45)
トリブロモフェノール	これは難燃剤としてよりも，トリブロモフェノールエポキシオリゴマー等の製造用として使用されることが多い。エポキシオリゴマーは末端封止用として使用されている。性状は，白色フレーク状，比重 2.5，融点 89～92℃，臭素含有量 72.5％である。	東ソー マナック ICL-IP ジャパン

タイプが多い。

(2) 臭素系難燃剤による難燃化技術の留意点

現在上市されている臭素系難燃剤は全ての樹脂に使用できるが，次の点に注意して使用する必要がある。

　① ベース樹脂の熱分解温度を確認した後，それに最も近い熱分解挙動を示す難燃剤を選択する。可能であれば，ベース樹脂の熱分解曲線より高い分解温度の難燃剤と低い分解温度の難燃剤の 2 種類を併用すると良い。温度差は

第2章　難燃剤の現状と最近の動向

15℃位が良い。

② ほとんどが粉末状であり，凝集粉末が固まり大きな粒子となっている可能性が高い。粉末の最小粒子であることを確認して混練を行い，分散を確認する。難燃効果に大きな影響が出るので注意が必要である。

③ 主として気相における難燃効果を発揮するので，固相における難燃効果の高い難燃剤，難燃系との併用のほうが高い難燃効果が得られる。例としてナノフィラー，リン化合物，シリコーン化合物，チャー生成促進剤との併用等がある。

④ 三酸化アンチモン，錫酸亜鉛，ホウ酸亜鉛等との併用等，必ず相乗効果系を採用する。ヒンダートアミン系，アゾアルカン系も併用できる。

先に触れたように臭素系難燃剤は，ほとんどの高分子に使用できるが，難燃剤の種類によって推奨される高分子が異なるので，まとめたものを表2-6に示す。

現在，臭素系難燃剤は，主として高難燃性材料を中心に使用されているが，難燃効果を理解するために，代表的な3種類の臭素系難燃剤を耐衝撃性PSに

表2-6　難燃剤の樹脂別適用例

難燃剤	熱可塑性樹脂	熱硬化性樹脂	その他応用例
TBBA（テトラブロモビスフェノールA）	ABS	エポキシ樹脂，不飽和PET，フェノール樹脂	接着剤，難燃原料
トリブロモフェノール	—	エポキシ樹脂	接着剤
エチレンビステトラブロモフタルイミド	PS，PO，PET	—	—
TBBA，カーボネートオリゴマー	PC，PET	—	—
TBBA，エポキシオリゴマー	ABS，PS	—	—
臭素化PS	PA，PET	—	—
ビス(ペンタブロモフェニル)エタン	PS，PO，PA	—	—
TBBA，ビス(ジブロモプロピルエーテル)	PS，PO	—	—
ポリ(ジブロモフェノール)	PA	—	—
ヘキサブロモベンゼン	—	PU，エポキシ樹脂	—

2 各種難燃剤の特性と特徴および効果的な使い方

配合した時の難燃効果を示しておきたい。採用した難燃剤は，UL94，V2 用として TBA-2,3 ジブロモプロピルエーテル (DBP-TBA)，V0 用としては，臭素化エポキシ樹脂，5V 用としてはエチレンビステトラブロモフタルイミド (EBTBPI) である。その難燃性試験結果を図 2-2，表 2-7 に示す。この耐衝撃性 PS に対する難燃効果は，気相における難燃効果の指標となる難燃剤と樹

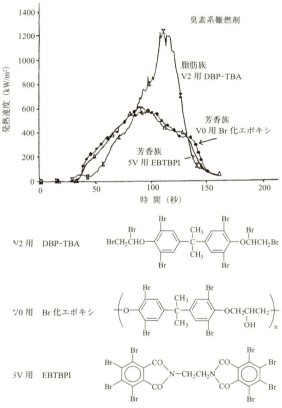

図 2-2 耐衝撃性 PS の各種難燃系と難燃効果の比較
―難燃化機構のバランスによる難燃化効果の差―

第2章 難燃剤の現状と最近の動向

表2-7 耐衝撃性PSの各種難燃系と難燃効果の比較
—コーンカロリーメーターによる発熱量，チャー生成量の比較—

難燃系(5%分解温度)	平均発熱速度 (kW/m²)	平均燃焼熱 (mJ/kg)	平均CO_2量 (kg/kg)	燃焼残差 ((チャー) %)
HIPS	924	48	2.26	極少量
V2難燃系 DBP-TBA　　（290℃）	687	23	0.88	少量
V0難燃系臭素化エポキシ樹脂　　（350℃）	385	19	0.64	多い(固い)
5V難燃系 EBTBPI　　（450℃）	355	18	0.59	多い(固い)

難燃剤配合量：HIPS100部，難燃剤の臭素原子10／三酸化アンチモン5

脂の熱分解速度のバランスと，固相における難燃効果の指標となる燃焼残差量，およびUL94のような垂直燃焼性に重要なドリップ性発現等のバランスが取れることが重要で，そうした難燃効果を示す難燃剤，難燃系の選択が重要である。

2．2．2　塩素系難燃剤

　塩素系難燃剤は，塩素化パラフィン，環状脂肪族塩素化合物（デクロランプラス），クロレンド酸，無水クロレンド酸，塩素化PEに分類できる。塩素化PEは，ポリマーブレンド用として樹脂の難燃化に使用されるが一般的には難燃剤として分類されていない。

(1) 塩素化パラフィン

　塩素化パラフィンは，パラフィンを塩素化したもので，原料としてパラフィンワックスとノルマルパラフィンがある。塩素化の度合いによって表2-8に示すように種々のタイプが上市されており，難燃剤と可塑剤に使用されている。メーカーは，東ソー，味の素ファインテクノ，ADEKAの3社である。塩素化パラフィンの製造方法は，液状パラフィンに塩素ガスを通して作るが，メーカーによって塩素ガスを流す量が異なる。反応は，発熱反応であり，温度は，90～100℃に保持される。70タイプの塩素化反応は溶剤を使用する。通常は，最後に安定剤を添加してから保存する。

　PVCの他に，合成ゴム，PS，ABS，ポリオレフィン，塗料，繊維等幅広い応用面がある。塩パラ70は難燃剤としての用途が多く，少量の添加量で難燃

2 各種難燃剤の特性と特徴および効果的な使い方

表2-8 塩素化パラフィンの種類と性状

性状	塩パラ40	塩パラ70	塩パラ50	塩パラ500
外観	高粘度黄色液体	白色粉末	高粘性液体	低粘性液体
色相（APHA）	150℃以下	—	120℃以下	120℃以下
化学式（ベースパラフィン）	$C_{20}H_{40.9}O_{71}$	$C_{26}H_{13.9}O_{29}$	$C_{14}H_{24}O_6$	$C_{14}H_{24}O_6$
（平均分子量）	(611)	(115.6)	(405)	(405)
塩素含有量（％）	40.42	68.72	50.52	2
比重	1.14〜1.17	1.60〜1.70	1.23〜1.26	1.23〜1.27
粘度（PA-5）	15〜30	—	0.53〜1.50	0.53〜1.50
流動点（℃）	−20	軟化点100	−20	−20
酸価（mgKOH/g）	0.10	0.008	0.10	0.008
ρ, Ω-cm	1×10^{11}	1×10^{16}	1×10^{11}	—
原料	パラフィンW	パラフィンW	n-パラフィン	n-パラフィン
既存化学物質 No.	2-71	2-71	2-68	2-68
CAS No.	63449-34-8	〃	〃	〃

注）その他，塩パラ43，45，47がある。

効果が高い。また相溶性が高く，コスト安が特徴である。

(2) 環状脂肪族塩素化合物（デクロランプラス）

デクロランは，パークロロシクロペンタデカンと1,5-シクロオクタジエンのDiels-Alder反応によって作られる。メーカーは，ソマール（オキシデンタルケミカル社）である。国内の消費量は年間600 t程度と少ないが，安定した需要量を維持している。デクロランの一般的な性状を次に示す。分子構造は，図2-3に示す。

①塩素含有量　約65％
②分解温度　350℃
③比重　1.8〜2.0
④蒸気圧　206 mmHg（200℃）
⑤嵩比重　3.8〜4.2

現在は，＃515，＃25，＃36が上市されている。この3種類の性状を表2-9に示す。特徴としては，耐熱性，電気特性に優れ，低発煙性，ノンドリップ性に優れた材料を作ることができる。実際には，電気絶縁材料の難燃化を中

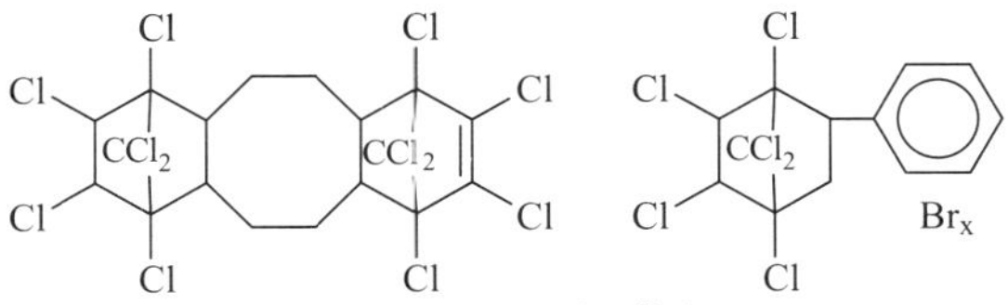

第 2 章　難燃剤の現状と最近の動向

デクロランプラスの分子構造

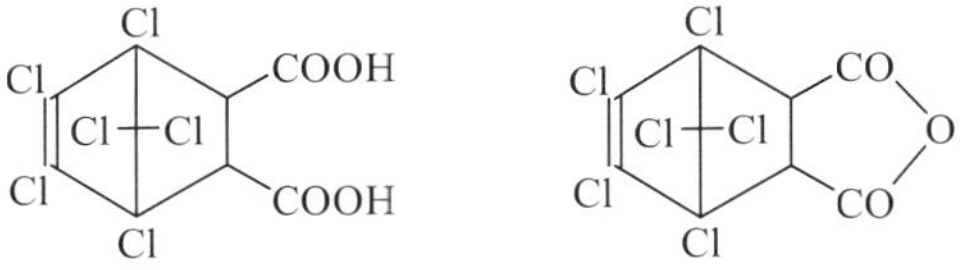

クロレンド酸　　　　無水クロレンド酸

図 2-3　塩素系難熱剤のデクロランプラスとクロレンド酸の分子構造

表 2-9　デクロランの種類と品質仕様

規格	デクロランプラス #515	デクロランプラス #25	デクロランプラス #35
外観	白色粉末	白色粉末	白色粉末
平均粒径（μm）	15 以下	5 以下	2 以下
pH 値	6.0〜8.0	6.0〜8.0	6.0〜8.0
揮発分（%） (100℃ × 4hr, 5 mmHg)	0.15 以下	0.15 以下	0.15 以下
色（Rd）	89 以上	93 以上	93 以上
荷姿（Lbs）	50	50	20

心に使用されている。

　対象樹脂は，ナイロン，PE，PP，ABS，HIPS，PET，エポキシ樹脂等広範囲に及び，その中でもナイロン，PET，PP への利用が主である。代表的な製品は，コネクター，電線，ケーブル，TV，偏向ヨーク，ソケット，OA 機器用ハウジング，TV ハウジング，ボビン，ケース等が挙げられる。

(3) クロレンド酸（ヘット酸），無水クロレンド酸（無水ヘット酸）

　クロレンド酸は，オキシデンタルケミカル社からソマールが輸入して販売し

ている。年間約 200 t を輸入していると推定される。白色流動性粉末で有機溶媒に溶解する。現在は，塩素系反応型難燃剤として PET 樹脂に使用されている。その他難燃性可塑剤，接着剤として使用される。無水クロレンド酸は，日本化薬でカヤハート CA として生産しており，年間 100 t 程度の需要がある。塩素含有量の多い二塩基性無水物であり，熱硬化性樹脂の難燃剤，硬化剤として使用される。エポキシ樹脂，PET 等への用途もある。その特性を次に示す。また化学式は図 2-3 に示す。

① 外観：白色粉末
② 色相（APHA）：＜ 100
③ 融点（℃）：230〜290
④ 塩素含有量（％）：55.2〜59.2
⑤ 遊離酸分（％）：1.0
⑥ 溶剤：アセトン，ベンゼン，トルエンに溶解，水，n-ヘキサンに微溶

2.3 リン系難燃剤

リン系難燃剤は，次のように分類できる。

① リン酸エステル
モノマー型リン酸エステル（TPP，TCP，TXP，TEP 等），縮合型リン酸エステル（BDP，RDP，等），ハロゲン含有リン酸エステル（TCEP，TCPP，TDCCP，TTBPP）

② ホスフィン酸金属塩

③ 反応型リン系難燃剤（HCA 等）

④ 無機リン化合物
赤リン，APP（ポリリン酸アンモン）等

⑤ リン-窒素化合物
リン酸メラミン

⑥ 複合難燃剤
IFR（Intumescent 系）

第2章　難燃剤の現状と最近の動向

2.3.1　リン酸エステル

　リン酸エステル系難燃剤は，リン系難燃剤の中の主要な難燃剤として使われており，日本では，年間約2万tの需要量がある。リン酸エステルは，大きく分けてモノマー型リン酸エステルと縮合型リン酸エステルに分類される。分子構造的に分類すると表2-10に示すように3価と5価の原子価を持つ種類に分類できるが，3価のリン化合物は不安定のため酸化防止剤や反応触媒として使用され，難燃剤としては使用されない。5価のリン化合物は構造中のホスフェートとホスホネートが難燃剤として使用されている。

　リン系難燃剤の難燃機構は，燃焼時のリンの酸化反応により生成するポリリン酸，ポリメタリン酸のような強酸による固相での炭化促進反応によるバリヤー層の生成と気相おけるラジカルトラップ効果によるが，単位モルあたりの難燃効果は，ハロゲン系難燃剤と比較すると必ずしも高くない。最近は，難燃効率が期待される発泡チャーの生成で知られるIFR系の使用，さらには，IFR系難燃効率を上げる金属酸化物（ナノ酸化Al等），難燃助剤の研究も行われている。

表2-10　リン酸エステルの種類と分子構造

名　称	構　造	名　称	構　造
3価		5価	
ホスファイト (Phosphite)	P(OR)(OR)(OR)	ホスフェート (Phosphate)	O=P(OR)(OR)(OR)
ホスホナイト (Phosphonite)	P(OR)(OR)(R)	ホスホネート (Phosphonate)	O=P(OR)(OR)(R)
ホスフィナイト (Phosphinite)	P(OR)(R)(R)	ホスフィネート (Phosphinate)	O=P(OR)(R)(R)
ホスフィン (Phosphine)	P(R)(R)(R)	ホスフィンオキシド (Phosphine Oxide)	O=P(R)(R)(R)

リン酸エステルは，ほとんどが液状であり，難燃材料のベース樹脂は比較的極性の高いものが多いので相溶性，分散性はよく，コンパウンデングや成型加工では，材料の粘度を下げ，加工しやすくなるので，分散性，ブルーム等に注意すれば使いやすい。ただポリオレフィンのように非極性高分子の場合は，相溶性に注意が必要である。

次に代表的なリン酸エステルを取り上げて，粘度，リン含有量，引火点を表2-11に，さらに日本において市販されているリン酸エステルの種類，メーカー，特徴を表2-12に示す。また，代表的なリン酸エステルの中のいくつかを取り上げてその概要を説明したのが表2-13である。ここでは，モノマー型，縮合型，含ハロゲンリン酸エステルの代表的なものを取り上げて説明している。

リン酸エステル系難燃剤の環境安全性については，約6～7年前，北欧においてパソコンのハウジング材料からリン酸エステルが，室内において安全性が懸念される濃度で揮発するとの報告があり，日本国内においても問題となった。難燃剤協会が中心となり種々の検討が行われたが，東京都内での衛生研究所による空気中の濃度の測定データをもとに検証が行われ，問題のないことが報告された。しかしながら，最近の機器メーカーの動きを見るとリン酸エステルの選択について変化が出てきており，揮発しやすいモノマー型よりは，分子量の高い耐加水分解性の高い縮合型の方にシフトしているようである。もちろん，自動車用難燃製品に要求されるホッギング試験に合格するための対策も含まれているが，今後長期的に見た環境安全性の先取りが考慮されていくだろう。

2．3．2 ホスフィン酸金属塩

ホスフィン酸金属塩は，2004年にClariant社から発売されたホスフィン酸金属塩を分子構造とした熱分解温度の高い，耐加水分解性，電気特性に優れ，低比重の難燃材料を作ることのできるリン系難燃剤である。現在ExolitOPシリーズとして上市されている。現在上市されているOP1312，OP1230，OP1240，OP930，OP935の特性データを表2-17，表2-18に示す。またホスフィン酸金属塩の分子構造を図2-5に示す。なお，OP930，OP935は，

表2-11 リン酸エステル系難燃剤の種類と性状

名　　称	粘性 cP (25℃)	リン含有量 (%)	引火点 (℃)
非ハロゲンリン酸エステル単量体			
トリフェニールホスフェート(TCP)	固体 (融点 49℃)	9.5	220
トリクレジールホスフェート(CP)	58	8.4	234
トリキシリニールホスフェート(TXP)	172	7.6	253
トリエチールホスフェート(TEP)	1.6	17.0	111
クレジルジフェニールホスフェート	36	9.1	240
キシレニールジフェニールホスフェート	60	8.8	244
クレジールビス(ジ-2,6-キシレニール)ホスフェート	1,500	7.8	256
2-エチールヘキシールジフェニールホスフェート	18	8.5	224
ジメチールメチールホスフェート	30	25.0	93
非ハロゲンリン酸エステル縮合体			
レゾルシノールビス(ジフェニール)ホスフェート (RDP)	600	10.2	302
ビスフェノールAビス(ジフェニール)ホスフェート (BPA-DP)	1,800 〔40℃〕	8.8	334
ビスフェノールAビス(ジクレジール)ホスフェート (BPA-DC)	1,800	8.8	334
レゾルシノールビス(ジ-2,6-キシレニール)ホスフェート	固体 (融点 95℃)	10.2	302
含ハロゲンリン酸エステル単量体			
トリス(クロロエチル)ホスフェート(TCEP)	35	10.8	222
トリス(クロロプロピール)ホスフェート(TCPP)	68	9.3	210
トリス(ジクロロプロピール)ホスフェート(TDCPP)	1,600	7.1	249
トリス(トリブロモプロピール)ホスフェート(TTBPP)	固体 (融点 181℃)	3.0	なし
ホスフォネート			
ジエチール-N-N-ビス(2-ヒドロキシエチール)アミノメチールホスフェート	195	12.2～12.6	170

2 各種難燃剤の特性と特徴および効果的な使い方

表2-12 代表的なリン酸エステルメーカーと用途

種類	商品名とメーカー	主な用途
TPP, トリフェニルホスフェート	大八化学（TPP），味の素ファインテクノ（レオフォス），アクゾノーベル（フォスフレクス）	フェノール樹脂，m-PPE, PC, ABS, PC/ABS 等
TCP, トリクレジルホスフェート	アクゾノーベル（フォスフレックス，リンドールXPlus），味の素ファインテクノ（クロニテックスTCP），大八化学（TCP）	PVC, PU
TXP, トリキシレニルホスフェート	アクゾノーベル（フォスフレックスTXP），味の素ファインテクノ（クロエテックスTXP），大八化学（TXP）	PVC, PU
RDP, 1,3-フェニレン，ビス(ジフェニルホスフェート)	アクゾノーベル（ファイロールフレックス），味の素ファインテクノ（エオフォスRDP），大八化学（CR733S）	PC, ABS, PC/ABS, PET, PBT, m-PPE
1,3-フェニレンビス(ジキシレニルホスフェート)	大八化学（PX200）	PC, ABS, PC/ABS, PET, PBT, m-PPE
BDP, ビスフェノールAビス(ジフェニルフォスエート)	ADEKA（アデカスタップFP600, FP700），アクゾノーベル（ファイロールフレックスBDP），味の素ファインテクノ（レオフォスBAPP），アルベマール（エクセンデックスP-30），大八化学（CR741）	PC, ABS, PC/ABS, PET, PBT
CRP, トリス(ジクロロプロピル)ホスフェート	アクゾノーベル（ファイロールFR-2）アルベマール（アンチブレーズ195）大八化学（CRP）	発泡PU
TMCPP, トリス(βクロロプロピル)ホスフェート	アクゾノーベル（ファイロールPCP）アルバマール（アンチブレーズ80）大八化学（TMCPP）	発泡PU
2,2-ビス(クロロメチル)トリメチレン，ビス(2クロロエチル)ホスフェート	アルベマール（アンチブレーズV6）	発泡PU

第 2 章　難燃剤の現状と最近の動向

表 2-13　代表的なリン酸エステルの概要

種類	性状，特徴，使用方法
TPP，トリフェニルフォスフェート	適正なコストと難燃効果のバランスの取れた難燃剤であり，需要量が多い。耐水性，耐油性に優れ，揮発性が低い。白色フレーク状固体（溶融液体），色相 80 以下（APHA），比重 1.185，引火点 230℃，凝固点 48.4～49℃，沸点 370℃，5％分解温度 208℃，水分 < 0.1%，溶解性は，水に不溶，有機溶剤に可溶。用途はフェノール樹脂積層板の難燃性可塑剤，エンプラ用難燃剤，可塑剤，塗料用難燃剤，ニトロセルロース用難燃剤，可塑剤。メーカーは大八化学，アクゾノーベル，味の素ファインケミカル。
TCP，トリクレジルフォスフェート	可塑剤としての用途が多いが，フェノール樹脂，エポキシ樹脂，各種エンプラの難燃性可塑剤，不燃性作動油，極圧添加剤に使われる。PVC 可塑剤として耐熱性，電気絶縁性，難燃性に優れた性能を付与する。極圧性，潤滑性に優れ，性状は，凝固点 −35℃，粘度 58 cP（25℃），引火点 234℃，リン含有量 8.4%，比重 1.17，5％分解温度 222℃である。メーカーは TPP と同じ。
TXP，トリキシレニルフォスフェート	比較的沸点が低く，水に完全に溶解し，粘度が低く，各種樹脂との相溶性が高い。性状として，凝固点 −15℃，粘度 185cP，（APHA）< 200，比重 1.12，酸価 < 0.10（KOHmg/g），5％分解温度 232℃である。メーカーはケムチュラの他は，TPP と同じ。
TMP，トリメチルフォスフェート	比較的沸点が低く，粘度が低い。リン含有量が高く，樹脂との相溶性が高い。性状は，色相（APHA）< 30，リン含有量 22.4%，比重 1.21，引火点非危険物，酸価（KOHmg/g）< 0.2，凝固点 −70℃，粘度 2cP（25℃）。用途は硬質 PU フォーム用，不飽和 PET 用で，メーカーは大八化学。
TEP，トリエチルフォスエート	水溶性で有機溶媒にも溶解する低粘性難燃剤である。性状は，色相（APHA）< 20，比重 1.07，引火点 111℃，用途は，硬質フォーム，不飽和 PET 等，熱硬化性樹脂用が主である。メーカーは大八化学，アクゾノーベル。
CDP，クレジルフェニルフォスフェート	PVC のゲル化防止効果に優れており，耐寒性，耐汚染性に優れる。TCP よりはリン含有量が高く，低粘度で難燃効果が高い。性状は，無色透明の液体で，粘度は，37 cP（25℃），比重 1.20～1.21，リン含有量は 9%，沸点 245℃（74 mmHg），引火点 217℃。用途は難燃性可塑剤であり PVC，フェノール樹脂，エポキシ樹脂，各種エンプラに使用される。メーカーは，大八化学，アクゾノーベル，ケムチュラ。
XDP，キシリニールジフェニルフォスフェート	難燃性，PVC ゲル化防止に優れる。性状は，色相（APHA）< 80，比重 1.19，酸価（KOHmg/g < 0.05，凝固点 −35℃，リン含有量 8.8%，粘度 60cP（20℃）），引火点 244℃，メーカーは TEP と同じ。

（つづく）

2 各種難燃剤の特性と特徴および効果的な使い方

表 2-13 代表的なリン酸エステルの概要（つづき①）

種類	性状，特徴，使用方法
トリアリルフォスフェート	味の素ファインケミカルがチバガイギー社から技術導入したリン酸エステルで難燃性可塑剤である。イソプロピルを原料とするトリアリルリン酸エステルであり，現在レオフォス 30, 50, 65, 95, 110 の 5 種類が上市されている。この難燃剤の特徴は，高い難燃効果，優れた耐光性，防黴性を有することである。経口毒性は，マウス LD50, 23.6 g/kg 体重と高い値を示すが，活性汚泥処理により容易に生分解される。樹脂との相溶性が高く，リン酸エステルに見られる特異臭がないことも特徴の一つである。用途は，PVC，フェノール樹脂，変性 PPO，合成ゴム，PU，エポキシ樹脂等の難燃剤として最適である。具体的な性状を表 2-14 に示しておきたい。
縮合リン酸エステル	縮合リン酸エステルは，非ハロゲン型とハロゲン含有型が有り，大八化学，アクゾノーベル，ケムチュラ，味の素ファインケミカルから市販されている。表 2-15，図 2-4，表 2-16 にこの 2 種類の分子構造，種類，特性を示した。 縮合型は，耐熱性，耐加水分解性に優れ，低揮発性であり，最近はモノマー型と比較して需要量が伸びてきている。RDP，BDP，PX200 は共に環境安全性にも優れているとされており，今後のリン酸エステルの主要な位置を示すと期待されている。最近，大八化学から PX200 の改良型の PX202 が開発され，耐熱性，耐加水分解性のさらなる改良がなされている。 含ハロゲン型は，DAIGUARD540 に代表されるように耐熱性，耐フォギング性に優れており，自動車用 PU への使用が期待されている。アクゾノーベルのホスフィン酸エステル（ファイロール 51），三井化学ファインのポリ塩素化フォスフィネート（プラネロン 630）も注目されている。 ホスフォン酸エステル（ファイロール 51）は，水溶性，高リン含有型であり，セルロース，繊維，アクリル系樹脂，酢酸ビニール系樹脂に効果を示すものとして注目されている。
トリス（トリブロモペンチル）フォスフェート	高融点，高臭素含有量のリン酸エステルであり，耐熱性，耐光性難燃性に優れる。性状は，白色粉末，融点 181℃，リン含有量 30%，臭素含有量 70.3% である。大八化学より上市されている。用途はポリスチレン，ポリエチレンが主体である。
ジエチル N,N' ビス（ヒドロオキシエチル）アミノメチルフォスフェート	低粘度で注入加工性に優れている。透明性を必要とする製品に適している。性状は，黄色透明液体，比重 1.15，融点 125℃，粘度 195 cps リン含有量 12.1～12.6%，酸価（KOHmg/g）< 180。アクゾノーベルより上市されている。用途は，エポキシ樹脂，PET が主体である。

（つづく）

第2章 難燃剤の現状と最近の動向

表2-13 代表的なリン酸エステルの概要（つづき②）

種類	性状，特徴，使用方法
反応型リン酸エステル	DAIGUARD580, 610は，リン含有率12.1, 11.1％で水酸基を有する反応型リン酸エステルである。ノンハロゲンであってもハロゲン系難燃剤以上の難燃効果を示す。揮発性が低く，反応型であるため耐熱劣化性に優れている。両者の代表的な特性を次に示す。 | 特性 | DAIGUARD580 | DAIGUARD610 | |---|---|---| | 外観 | 黄褐色液体 | 黄褐色液体 | | 比重（20℃） | 1.23 | 1.29 | | 粘度（25℃，MPa·s） | 3,500 | 1,200 | | リン含有量（％） | 12.1 | 11.1 | | 酸価（KOHmg/g） | < 0.2 | < 0.2 | | 水分（％） | < 0.1 | < 0.1 | | 水酸基値（KOHg/g） | 144 | 14 | | 引火点（℃） | 193 | 217 |

表2-14 トリアリルフォスフェートの性状の詳細

種類	外観	色相（APHA）	比重（20℃）	全酸価 KOH（mg/g）	加熱減量（％）（100℃, 5 hr）
レオフォス35	透明液体	< 80	1.178	< 0.1	< 0.1
レオフォス50	〃	< 100	1.171	〃	〃
レオフォス65	〃	< 80	1.166	〃	〃
レオフォス95	〃	< 100	1.134	〃	〃
レオフォス110	〃	< 80	1.130	〃	〃

2 各種難燃剤の特性と特徴および効果的な使い方

表2-15 縮合リン酸エステル RDP, BDP, PX200 の特性

特性	RDP	BDP	PX200
化学名	レゾルシノールビスジフェニルホスフェート	ビスフェノールAビスフェニルホスフェート	1,3-フェニレンビスジキシレニルホスフェート
相当品	CR733s, PFR	CR741, FP600, FP700	FP500
外観	無色, 淡黄色	無色, 黄色, 淡黄色	白色粉末, 粒状
比重	1.306 ± 0.010	1.260 ± 0.01	—
酸価	< 0.5	< 0/2	< 1.0
粘度 mPs（25℃）	500〜800	—	—
リン含有量（％）	10.5	8.9	9.0
融点/軟化点（℃）	－13	＞92	96〜97
MW	574	530	
特徴	耐熱性低揮発性	耐加水分解性耐熱性	耐加水分解性耐熱性

PFR（RDP, CR733s） 高リン含有量, 低粘度

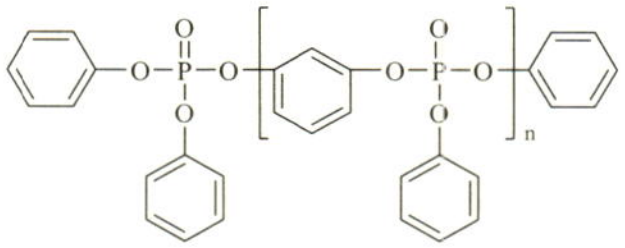

FF600, 700（BDP, CR741） 耐加水分解性, 熱変形性良

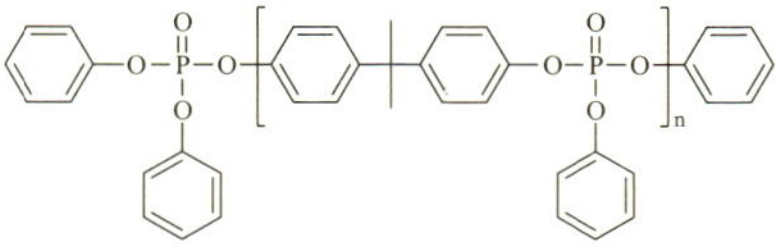

PX200（FP500） 耐加水分解性, 熱変形性良

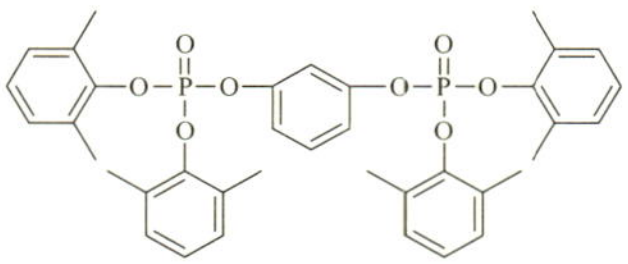

図2-4 縮合リン酸エステル RDP, BDP, PX200 の分子構造

第2章 難燃剤の現状と最近の動向

表2-16 含ハロゲンリン酸エステルの種類と特性

商品名	化学名	凝固点(℃)	リン含有量(%)	ハロゲン(%)	引火点(℃)(消防法)
CR500	含ハロゲン縮合リン酸エステル	-10	10.0	塩素 23.0	236
CR570	含ハロゲン縮合リン酸エステル	—	12.5	塩素 26.1	214
DAIGUARD 540	含ハロゲン縮合リン酸エステル	粘度(25℃, mPa) 330〜730	10.7	塩素 24.7	227

注) 大八化学技術資料

表2-17 OP1312, 1230, 1240の特性

製品仕様	OP1312	OP1230	OP1240
リン含有量(%)	約19	約23	約23
窒素含有量(%)	約13	—	—
水分(%, 130℃)	約0.1	約0.2	約0.2
密度	約1.5	約1.35	約1.35
嵩比重	0.4	0.4〜0.6	約0.4〜0.6
分解温度(℃)	>300	>300	>300
主用途	PA6, PA66	芳香族PA	PET, PBT

注) Clariant社技術資料より引用

表2-18 OP930, OP935の特性

製品仕様	OP930	OP935
リン含有量(%)	約23	約23
窒素含有量(%)	—	—
水分(%, 130℃)	0.2以下	0.2以下
密度(20℃)	約1.35	約1.35
嵩比重	0.3〜0.5	0.3〜0.5
分解温度(℃)	>300	>300
粒子径($\mu m D_{50}$) (D_{95})	3〜5 20	2〜3 10

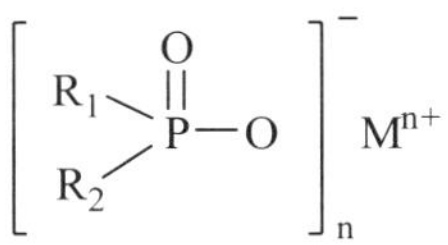

図2-5 ホスフィン酸金属塩の分子構造

$$\left[\begin{array}{c} R_1 \\ \diagdown \\ P-O \\ \diagup \\ R_2 \end{array} \begin{array}{c} O \\ \| \\ \end{array}\right]_n^- M^{n+}$$

注) Clariant社技術資料より引用

OP1230 の粒子径を細かくして物性の向上を図ったグレードである。UL94, V0 グレードの難燃性を得るためには，約 20％程度の配合量が必要である。

　ホスフィン酸金属塩は，熱分解温度が高く，PA6, PA66 のような耐熱エンプラの難燃化に適し，耐熱加水分解性に優れていることから PET, PBT のような樹脂に特に適している。また，臭素系難燃剤配合と比較してコンパウンドの比重が小さいことから単位容積当たりのコストが安いメリットがある。

　最近，OP1312 の PA 配合でのコンパウンディング時のガスの発生，金型加工時のモールドデポジット等の不良問題を改良した OP1400 の開発，PET の OP1240 配合での機械的物性の低下等のトラブルを改良した OP1230 が開発されている。

2.3.3　リン系反応型難燃剤

　反応型難燃剤は，-OH，-COOH のような官能基を分子内に有し，エポキシ樹脂，ウレタン樹脂等と反応して共有結合するので，耐抽出性，耐熱性に優れた難燃材料を作ることができる。代表的な反応型難燃剤として図 2-6 に示したような構造の難燃剤がある。

　DAIGUARD580，610 は，代表的な反応型難燃剤の一つである。その特性を表 2-19 に示すが，リン含有率 12.1％，11.1％の水酸基を分子内に有するタイプで，耐ホッギング性，耐熱性に優れている。

　環状リン系化合物の HCA（9,10-デヒドロオキシ-10-フォスファフェナンスレン-10-オキサイド）は，図 2-6 に示す分子構造を有し，オレフィン，ケトン，エポキシ等と反応して種々の樹脂の難燃剤として使用でき，また難燃剤の原料ともなる。

　TPP-OH は，分子内に -OH 基を有し，難燃性，可塑性，耐熱性のバランスの取れた性能を付与することができる。また，難燃助剤としても効果を示すメラミンシアヌレートの添加によって耐衝撃性の低下を抑制する効果も示す。

　その他，いくつかの反応型難燃剤が開発，実用化されてきたが，その中には製造中止されたものもあるので注意したい。

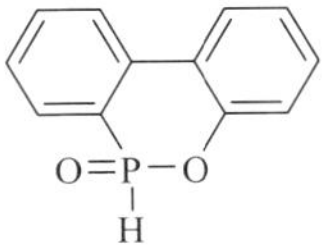

第 2 章　難燃剤の現状と最近の動向

9,10-Dihydro-9-oxa-10-phosphaphenanthrene-10-oxide.

環状有機リン化合物 HCA 分子構造

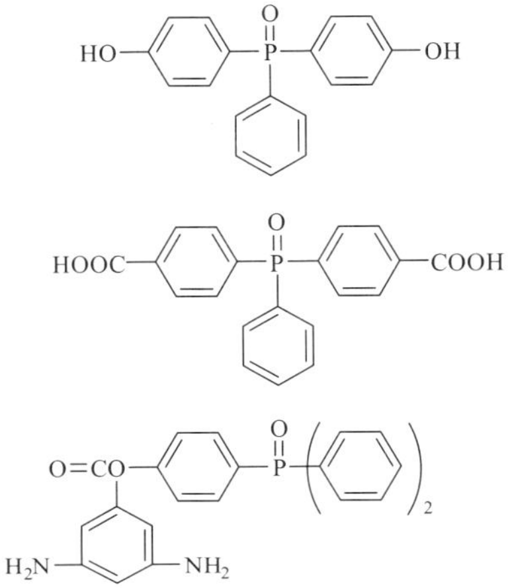

ホスフィンオキサイド系反応型難燃剤の分子構造

図 2-6　代表的な反応型リン系難燃剤の分子構造
（三光㈱，大八化学技術資料）

表 2-19　反応型リン系難燃剤 DAIGUARD580，610 の特性

製品仕様	DAIGUARD580	DAIGUARD610
外観	黄褐色液体	黄褐色液体
比重	1.23	1.29
粘度（20℃）	3,500	1,200
リン含有量（％）	12.1	11.1
酸化（KOHmg/g）	< 0.2	< 0.2
水分（％）	< 0.1	< 0.1
水酸基価（KOHmg/g）	144	45
引火点（℃）	193	217

注）大八化学技術資料より引用

2.3.4　ポリリン酸塩系，IFR（Intumescent）系難燃剤，窒素-リン含有化合物系難燃剤

(1)　ポリリン酸アンモン（APP）

　APP はリン酸塩系の代表的な難燃剤であるが，最近は窒素化合物，炭素供

2 各種難燃剤の特性と特徴および効果的な使い方

表 2-20 APP の種類と特性

特性	スミセーフ P	スミセーフ PM	スミセーフ L
外観	白色粉末	白色粉末	淡黄色水溶液
P_2O_6 含有量（%）	71〜73	44〜47	20〜22
窒素含有量（%）	14〜16	32〜35	7〜9
pH	7.5 ± 0.5	7.0〜8.5	6.5〜7.5
水可溶性	水不溶分 85%	水不溶分 98%	固形分 > 35%

注）住友化学技術資料より引用

給ポリマー（PER，澱粉等）との併用で発泡チャーの生成による高難燃効果を示す Intumescent 系難燃剤としてよく知られている。APP の特性を表 2-20 に示す。

APP 自身の難燃機構は，次の反応のように 200℃ から分解して，290〜300℃ で急激にアンモニウムとリン酸が発生し，脱水炭化作用によるチャー生成反応であると考えられている。

$NH_4H_2PO_4 \rightarrow NH_3 + H_3PO_4$

$C_5H_8(OH)_4 + H_3PO_4 \rightarrow C_5H_8(OH)_4 \cdot H_3PO_4$

$\rightarrow H_3PO_4 + H_2 + C$（チャー）

(2) IFR（Intumescent）系難燃剤

IFR 系難燃剤での難燃機構は，少し複雑で，図 2-7 に示した機構に従って発泡チャーを生成することが知られている。IFR 系は，難燃効率が比較的高いと言われており，難燃剤メーカー各社から新製品が上市されている。それらを図 2-8 に示す。

最近の研究の中で，この IFR 系難燃剤の難燃効率を向上する難燃助剤の研究も多く報告されており，その代表例がナノ酸化 Al の少量配合である。

(3) リン酸エステルアミド系難燃剤

リン酸エステルアミドは，燃焼時のチャー生成率が高く，難燃効率が高い難燃剤として知られており，耐加水分解性が高く，電気特性の優れた難燃材料を作ることができる。現在 SP703，670 の 2 種類が上市されている。その特性と分子構造を表 2-21 に示す。

第 2 章　難燃剤の現状と最近の動向

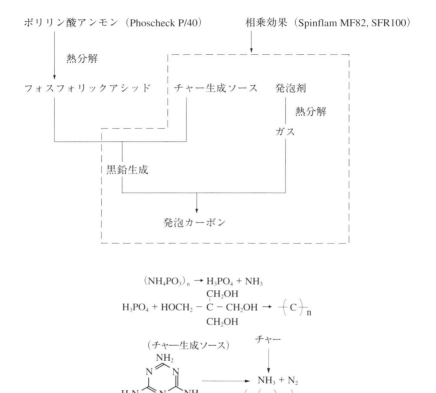

図 2-7　Intumescent 系（APP ＋発泡剤＋炭素供給剤（PER 等）の難燃機構）

2 各種難燃剤の特性と特徴および効果的な使い方

クラリアント AP750

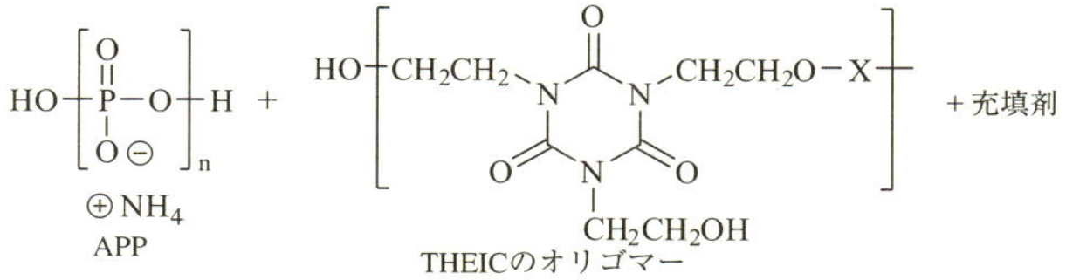

$$\left[HO-\underset{\underset{O^{\ominus}}{\overset{O}{\|}}}{P}-O-H \right]_n \quad + \quad HO-CH_2CH_2-N\underset{\text{THEICのオリゴマー}}{\overset{\text{(triazine ring)}}{\cdots}}CH_2CH_2-O-X \quad +充填剤$$

$\oplus NH_4$
APP

鈴裕化学 FC730

$$\left[HO-\underset{\underset{O^{\ominus}}{\overset{O}{\|}}}{P}-O-H \right]_n \quad + \quad HOCH_2CH_2-N\underset{\text{THEIC}}{\overset{\text{(triazine ring)}}{\cdots}}CH_2CH_2OH \quad \begin{array}{l}+相乗化剤 \\ +ブリード防止剤\end{array}$$

$\oplus NH_4$
APP

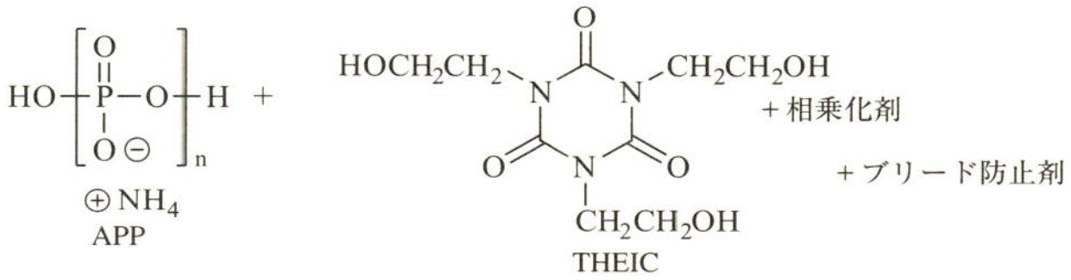

Budenheim BUDIT3167

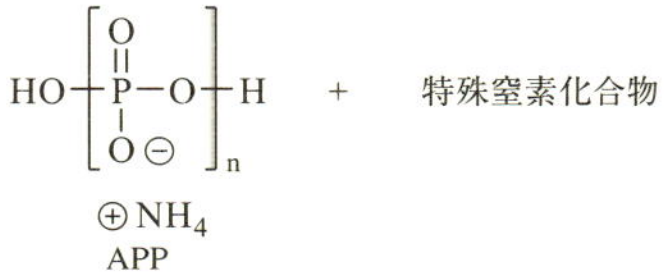

$$\left[HO-\underset{\underset{O^{\ominus}}{\overset{O}{\|}}}{P}-O-H \right]_n \quad + \quad 特殊窒素化合物$$

$\oplus NH_4$
APP

日本化学工業 N-6ME

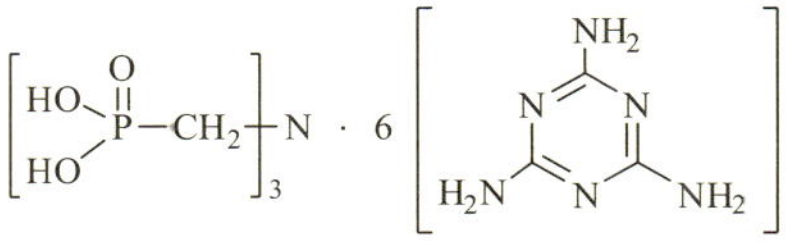

$$\left[\underset{HO}{\overset{HO}{\diagdown}}\underset{\|}{\overset{O}{P}}-CH_2 \right]_3 N \cdot 6 \begin{bmatrix} \text{メラミン} \end{bmatrix}$$

ニトリロトリス（メチレン）ホスホン酸6メラミン塩

アデカ，FP2100, 2200　　　　　ケムチュラ，レオガード2000

リン酸アミン塩，リン酸金属塩　　PER+オキシ塩化燐+N化合物+クレイ

図 2-8　難燃剤メーカー各社から上市されている IFR 難燃剤

第2章　難燃剤の現状と最近の動向

表2-21　リン酸エステルアミドの性状と分子構造

特性	SP703	SP670
外観	白色粉末	白色粉末
融点（℃）	180～185	130～133
熱分解温度（℃）（5%分解）	330	262
リン含有量（%）	11.0	9.5
溶解性	メタノール，MEKに溶解，水に不溶	メタノール，MEKに難溶，水に不溶
化審法	登録済	登録済

注）分子構造（四国化成技術資料より引用），(A)：SP703，(B)：SP670

(4) リン酸メラミン化合物

　リン酸メラミンは，モノ，ピロ，ポリの3種類があり，代表的な銘柄は，アクゾノーベルのPyrol MP，三井化学のプラネロンNP，DSM社のMelapur，Clariant社のAP462である（表2-22）。リン酸メラミンは，メラミンとリン酸が1：1の塩類であり，200℃で脱水してメラミンピロフォスフェートを生成する。この時に脱水吸熱反応を示し，300℃を超えると熱分解を始めてリン酸が生成し，チャー表面を覆いながら脱水炭化作用を発揮する。メラミンの効果は，炭化層の発泡断熱効果，酸素遮断効果による。

2.3.5　赤リン

　赤リンは，リン元素の重合体と考えられている。リン元素の同素体は黄リン，赤リン，黒リンの3種類があり，黄リンは毒性が強く，しかも空気中で燃焼しやすい。黒リンは安定であり，赤リンは，その中間に属し，黄リンと比較すると極めて安定である。赤リンはリン元素がほぼ100%であるため少量の添加量で高い難燃性が得られる。しかしながら，赤リン自身は空気中で不安定で，徐々に分解して発火する心配がある。そのため市販されている難燃剤は全

2 各種難燃剤の特性と特徴および効果的な使い方

表 2-22 代表的なリン酸メラミンの特性と分子構造

項目	Pyrol MP	プラネロン NP
メーカー	アクゾノーベル	三井化学ファイン
化学名	リン酸メラミン, 1,3,6-トリアジン, 2,4,6-トリアミンフォスフェート	ピロリン酸メラミン
リン含有量 (%)	13.3	14
窒素含有量 (%)	38	38
分解温度 (℃)	>250	310
平均粒子径 (μm)	10	—
外観	白色粉末	白色粉末
水溶性 (g/100 g 水)	0.55 (20℃), 2.9 (100℃)	—

注）各製造メーカー技術資料より引用

分子構造

$n=1$ モノ・$n=2$ ピロ・$n>2$ ポリ

て表面を樹脂や水酸化 Mg 等によって処理されている。処理方法はメーカー独自のノウハウとなっている。メーカーは，日本では燐化学工業，日本化学工業の 2 社，海外では，Clariant 社（ドイツ），Italiamecch 社（イタリア）の 2 社がある。

　赤リンは，難燃効率が高いが，貯蔵時，混練時の安定性，着色性にやや心配がある。着色については，白色タイプが開発され対応している。貯蔵時，混練時の安全性については，メーカーが詳細な実験を行い検証されているので，メーカーの技術資料を参照されたい。

　赤リン系難燃剤の代表的な種類と特性を表 2-23，表 2-24 に，熱分解挙動，ホスフィンガス発生挙動を図 2-9，図 2-10 に示す。

第2章 難燃剤の現状と最近の動向

表 2-23 赤リン系難燃剤,ノーバレット,ノーバエクセルの種類,特徴,特性

品名	外観	平均粒径 (μm)	赤リン含有量 (%)	特徴
ノーバレッド各種	赤紫色	種類により異なる	種類により異なる	樹脂とのMB,発火性改善
ノーバレッド120径	赤褐色粉末	10〜25	85〜90	少量で高難燃性 低発煙,低有害性
ノーバエクセル140	赤褐色粉末	30	94	少量で高難燃性 高電気特性,高耐湿性
ノーバエクセルF5	鮮赤色	1	93	少量で高難燃性 物性低下小 フィルム,成形品に好適
ノーバエクセルST,FST	赤白色粉末	種類により異なる	種類により異なる	衝撃による発火性改善
ノーバエクセルRX	赤白色粉末	種類により異なる	種類により異なる	無機物との混合品 衝撃による発火性改善

注）燐化学工業技術資料より引用

表 2-24 赤リン（ヒシガード）の種類,特徴,特性

種類	特徴	平均粒子径 (μm)	赤リン含有率 (%)
CPA-15	汎用品	15	85
TP10	高級品	20	90
ファイン	微細品	5	85〜90
ホワイト	灰白色	10〜20	33
セーフ	高ハンドリング性	—	33
FP	高ハンドリング性	—	30〜50
マスター	高ハンドリング性	—	15〜0

注）日本化学工業技術資料より引用

2 各種難燃剤の特性と特徴および効果的な使い方

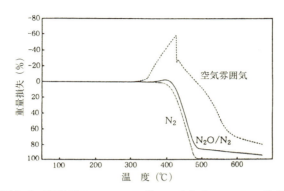

図2-9 窒素ガス，N_2/N_2O ガス，空気中でのTGA挙動

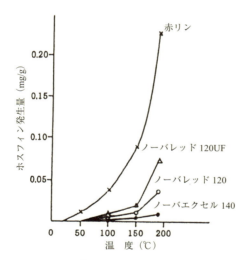

図2-10 赤リンのホスフィン発生量
(燐化学工業技術資料)

2.4 窒素系難燃剤

　窒素系難燃剤は，メラミン化合物，メラミン誘導体，リン酸メラミン，グアニジン化合物に分類できる。リン酸メラミンは，リン系難燃剤に分類される場合があり，既にリン系難燃剤の項で説明したのでここでは省略する。これら代表的な窒素系難燃剤を表 2-25 に示す。

　メラミン化合物が初めて使用され始めたのは，1970 年代 PP や耐火塗料としてである。1980 年代には，PU の難燃剤としても使われ始め，さらにメラミンシアヌレートは，PA 用として使われてきている。窒素化合物として最近注目されているのが，Intumescent 系でのリン化合物との併用例である。

　メラミン化合物の難燃機構は，200℃以上で昇華，分解する際の吸熱反応，窒素系ガスによる酸素希釈効果，酸素遮断効果，さらには固相におけるチャー生成反応の促進等が考えられる。

　その他，窒素系難燃剤として表 2-26 に示すグアニジン系難燃剤がある。グアニジン系難燃剤は低有害性で，水に溶解しやすく，主としてセルロース類に使われており，樹脂には使用例が少ない。紙にはスルファミン酸グアニジンが，繊維類にはリン酸グアニジンが多いようである。リン酸グアニル尿素は，発泡性が高く，高難燃性用途に使われる。

　メラミン化合物を樹脂に使用する場合は，耐水性，電気特性の低下に注意したい。金型成形の場合には，金型汚染にも注意したいが，メラミンシアヌレートは比較的良好である。

2.5 無機フィラー系難燃剤[10〜13]

　フィラー系難燃剤は，水和金属化合物（水酸化 Al，水酸化 Mg），三酸化アンチモン，ホウ酸亜鉛，錫酸亜鉛等を中心とした無機化合物が主体であり，難燃剤の需要量は，ハロゲン系と並んで多い。表 2-27 には，フィラー系難燃剤の種類，特徴，メーカー，難燃機構の概要をまとめて示す。また，表 2-27 の中の代表的な難燃剤について特性，特徴，難燃機構について補足説明を加えたい。

2 各種難燃剤の特性と特徴および効果的な使い方

表 2-25　窒素系難燃剤の種類と化学構造，特性

種類	分子構造	特性，特徴	難燃機構
メラミン	2,4,6-トリアミノ-1,3,5-トリアジン	白色粉末 MP．354℃ 比重 1.57 200℃以上で昇華	昇華吸熱反応 (200 cal/mol) 分解吸熱反応 (470 cal/mol) 窒素系ガスの酸素希釈効果
メラミンシアヌレート	メラミン-シアヌール酸塩類	昇華温度 200℃ メラミンより耐熱性高い	メラミンとシアヌール酸分解吸熱反応
メラミン誘導体	メラム	灰白色粉末 分解温度 400℃	メラミンと同等
	メレム	黄褐色粉末 分解温度 500℃	
	メロン	淡黄色粉末 分解温度 　＞500℃	

表2-26 窒素系難燃剤，グアニジン化合物の種類，性状，特徴

グレード	主成分	性状	特徴
ピアノン 101	スルファミン酸グアニジン	防炎性 100 固形分 100% 分解点 230℃ 溶解度（20℃）110 g/100 g 水	寸法安定性 低経口毒性 保湿性
ピアノン 145	スルファミン酸グアニジン （45%水溶液）	防炎性 95 固形分 45% 分解点 230℃	耐熱性 白色保持性 寸法安定性
ピアノン 303	リン酸グアニジン	防炎性 165 固形分 100% 分解点 260℃ 溶解度 15 g/100 g 水	高難燃性 低腐食性 低経口毒性
ピアノン 307	リン酸グアニジン （50%水溶液）	防炎性 155 固形分 50% 分解炎 240℃	水溶性 高難燃性 低腐食性

注1）三和ケミカル技術資料より引用
 2）防炎性は，JIS法に準ずる試験法によるメーカーのデータによる

2.5.1 水酸化 Al[16, 18]

　水酸化 Al は，燃焼時に結晶水の脱水吸熱反応と低酸素雰囲気において生成するチャーと水酸化 Al の複合バリヤー層の断熱，酸素遮断効果によって難燃化することができる。さらに難燃性向上と共に，低発煙性，耐トラッキング効果も示す。そのため電気絶縁用材料にはよく用いられている。このトラッキング効果は，生成する活性酸化 Al による煙（炭素粒子）の酸化反応による CO，CO_2 ガスへの転換によると考えられている。難燃剤の中では，最も環境安全性に優れているものの 1 つであり，ゴム，発泡 PU，汎用プラスチックス用として使用されている。

　気相での効果を示すと，200〜210℃で脱水吸熱反応を起こし，固相では，燃焼残渣として生成するグラファイト状のチャーと酸化 Al の複合バリヤー層を生成して断熱効果と酸素遮断効果を示し，この気相と固相の両方の効果が難燃化に貢献している。しかし，この脱水吸熱反応温度が低いことは，高分子のコンパウンディング，成型加工の過程での分解の原因となり，加工温度が 240〜250℃以下の高分子でないと使用できない。そのため応用面で合成ゴム，

2 各種難燃剤の特性と特徴および効果的な使い方

表2-27 フィラー系難燃剤の種類と性能,特徴及びメーカー[10~19]

種類	代表的銘柄	メーカー	特徴,難燃機構
水酸化Al	粗粒,標準粒:H-W, H10, H10A 細粒,微粒:H-X, H-20, H-31, H32 H42M, H43M, 他 高白色:H100E, H-210, H-310, 他 特殊加工:カップリング剤,ステアリン酸,低粘度,低導電性	昭和電工	特徴 環境安全性,低発煙性。 難燃機構 ＊脱水吸熱反応 　（気相）
	普通粒:C-31 細粒:C325, C315, 他 微粒:C303, C301, 他	住友化学	＊金属酸化物＋チャー層複合層の酸素遮断効果,断熱効果(固相)
	粗粒,普通粒（粒径50～80 μm）: 　　　　H52, H-73 細粒（粒径5～30 μm）:B103, B153, B303 微粒（粒径2 μm以下）:B1403, B703 特殊品:シランカップリング,高絶縁タイプ	日本軽金属	＊炭素粒子の酸化反応, $C \rightarrow CO_2$ （低発煙効果） ＊難燃助剤としての赤リン,シリコーン化合物,芳香族系樹脂の促進効果
	バイロライザーHG（ゾルゲル型）	石塚硝子	
	MARTINAL 非表面処理タイプ:ON320, OL140, 他 表面処理タイプ:ON920/V 他 ナノテク適用タイプ:Martinal Char	アルベマール	＊ナノ粒子導入による固相におけるバリヤー層の強化
水酸化Mg	耐熱,耐水,高機械的特性タイプ キスマ 5A, 5B, 5J 極性ポリマー適用タイプ キスマ 5E 高純度,低活性タイプ パイロキスマ	協和化学	特徴 環境安全性,低発煙性 難燃機構 ＊水酸化Alと同じく脱水吸熱反応とバリヤー層による断熱効果,酸素遮断効果
	難燃性,高加工性,高強度タイプ （シラン,脂肪酸表面処理） マグシーズ 6-N6, S6 難燃性,高流動性,耐酸性,高充填性 マグシーズ EP-EP1, EP3	神島化学	

(つづく)

第2章 難燃剤の現状と最近の動向

表 2-27 フィラー系難燃剤の種類と性能，特徴及びメーカー[10～19] (つづき①)

種類	代表的銘柄	メーカー	特徴，難燃機構
水酸化Mg (つづき)	FR20, 電線，ケーブル用 PE, 架橋PE用（100シリーズ） PP用（600シリーズ）	ICLJapan	＊難燃助剤による促進効果も水酸化Alと同等
	MAGNIFFIN 　非表面処理タイプ：H3, H5, H7, H10 　表面処理タイプ：H5A, H5C, H5GV 他 　ナノテク適用タイプ：Magniffin Char	アルベマール	
	ジュンマグ 　ジュンマグ C：カチオンポリマー処理 　ジュンマグ CS：カチオン処理＋ステアリン酸処理 　ジュンマグ K：特殊ポリマー処理 　ジュンマグ F：特殊油脂処理	ファイマテック	
	フォートライト 　PC500C	三井化学ファイン	
アンチモン化合物	三酸化アンチモン PATOX 　汎用タイプ：PATOX, M, MR 　低不純物タイプ：PATOX, P 　機能性タイプ：PATOX, L, HS, SUP 　複合タイプ： 　　三塩化アンチモン，五塩化アンチモン，アンチモン酸Na 等 　一般難燃用：MSA, MSL, MSF, MSX 　電子部品用：MSC, MSE 　高純度品：MSH, RAC	日本精鉱 三国製錬 (山中産業)	特徴 ハロゲン系難燃剤との併用で相乗効果の高い難燃効果を示す。 難燃機構 相乗効果 高難燃性のハロゲン化アンチモン，オキシハロゲン化アンチモンの生成による酸素希釈効果，酸素遮断効果，HXガス生成によるラジカルトラップ効果。 五酸化アンチモンの特徴 低有害性であり，電子部品自動半田メッキ槽の触媒の損傷を低減する。
	ファイヤーカット 　ATS, AT3 　各種マスターバッチ 　ハロゲン系難燃剤MB, 非ハロゲン系難燃剤MB	鈴裕化学	
	三酸化アンチモン 　LSB80（マスターバッチ）	三井化学ファイン	
	五酸化アンチモン 　サンエポック，サンコロイド	日産化学	

(つづく)

2 各種難燃剤の特性と特徴および効果的な使い方

表2-27 フィラー系難燃剤の種類と性能，特徴及びメーカー[10~19]（つづき②）

種類	代表的銘柄	メーカー	特徴，難燃機構
ホウ酸亜鉛	Fire Brake ZB，415，500 他 アルカネックス FRC500	US. Borax （早川商事） 水沢化学	特徴 ハロゲン系難燃剤との相乗効果 難燃機構 ハロゲン系難燃剤との相乗効果（アンチモン化合物より低下）。
錫化合物	錫酸亜鉛化合物 　錫酸亜鉛 $ZnSnO_2$，Flamtard S 　ヒドロキシ錫酸亜鉛 $ZnSn(OH)_6$ 　　　　　　FlamtardH	アルキャンケミカル （日本軽金属）	特徴 ハロゲン系との相乗効果（アンチモン化合物より15%低下）。
	アルカネックス 　錫酸亜鉛（ZS），ヒドロオキシ錫酸亜鉛（ZHS）	水沢化学	難燃機構 相乗効果による高難燃性付与効果。
	錫酸亜鉛化合物	日本化学産業	
モリブデン化合物	ボウエン 　SK6，SKN301，SKN545， 　SKR822，SKN850	キクチカラー	特徴 低発煙効果。 難燃機構
	KEMGARD シリーズ 　811A（モリブデン酸 Ca，Zn） 　911B（モリブデン酸 Zn） 　911C（モリブデン Zn＋ケイ酸 Mg）	シャーウインフィリアム	炭素粒子の酸化反応によるガス化。
ジルコニウム化合物	フレームカット 1,2.1,5，DTA，DTC100	第一希元素	特徴 アンチモン化合物併用による難燃化効果の促進。
赤リン	ピロガード FRP-CP，FP15，FR15 他	日本化学工業	特徴 高難燃効果。
	ノーバレット 120，280，ST100，ST200，W100 他	燐化学工業	難燃機構 リン化合物特有の気相，固相の両方の効果による高難燃効果。
APP	ダイエン L	太平化学産業等	特徴 高難燃効果，IFR系の主要難燃剤。 難燃機構 リン化合物と同じ気相，固相の効果。

（つづく）

第 2 章　難燃剤の現状と最近の動向

表 2-27　フィラー系難燃剤の種類と性能，特徴及びメーカー[10〜19]（つづき③）

種類	代表的銘柄	メーカー	特徴，難燃機構
シリコーン化合物	DC47015，DC47051，DC47081	東レダウ	<u>特徴</u> セラミックス系バリヤー層を形成し，少量で効果が高い。一般的には水和金属化合物，ナノフィラーとの併用で使用される。

PU，エポキシ樹脂，PVC 等に限定されている。

　水酸化 Al は，いくつかの結晶構造を持っているが，市販品はほとんどが 3 水和物のギブサイトであり，難燃剤はこれに相当する（図 2-11，表 2-28）。組成式は，$Al(OH)_3$ または $Al_2O_3 \cdot 3H_2O$ で示され，用途や使い方によって複数種類がある。

　水酸化 Al の製造方法には，バイヤー法と呼ばれる方法がある。これは，ボーキサイトを苛性ソーダに溶解してアルミン酸ソーダから水酸化 Al を析出し，濾過，乾燥，粉砕，表面処理をして製造する方法である。粒子径は，0.3〜80 μm の範囲であり，最も細かくても 0.2 μm が一般的には限界である。最近は，ナノサイズへの挑戦も行われているが，実用化には至っていない。水酸化 Al と他の水和金属化合物との特性比較を表 2-29 に示す。

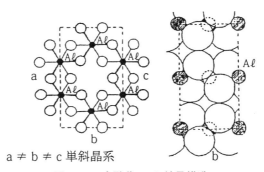

図 2-11　水酸化 Al の結晶構造

2 各種難燃剤の特性と特徴および効果的な使い方

表2-28 水酸化Alの種類と特徴

項目		ギブサイト	バイヤライト	ダイヤスポア	ベーマイト
組成		$Al_2O_3, 3H_2O$	—	Al_2O_3, H_2O	—
		$Al(OH)_3$	—	$AlOOH$	—
結晶系		単斜	六方	斜方	斜方
	A	8.62	5.04	4.40	1.22
	B	5.06	—	9.39	3.60
	C	9.70	4.73	2.84	2.85
	β	58°26'	—	—	—
比重		2.42	2.53	3.44	3.01
硬度		2.5〜3.5	—	6.5〜7.5	3.5〜4.0
屈折率	α	1.568		1.702	1.549
	β	1.568	平均1.583	1.722	1.649
	γ	1.587		1.750	1.665

表2-29 水酸化Alと他の水和金属化合物,フィラーとの特性比較

特性	水酸化Al	水酸化Mg	アルミン酸Ca	炭酸Ca
化学式	$Al(OH)_3$	$Mg(OH)_2$	$3CaO, Al_2O_3, 6H_2O$	$CaCO_3$
比重	2.42	2.30	2.52	2.71
硬度(モース)	3	2.3	2.52	2.71
屈折率	1.57	1.57	1.61	1.49〜1.66
比熱	0.28	0.31	—	0.19
誘電率	8.7	10<	—	—
pH(30&スラリ)	8.1	10<	9.1	7
結晶形状	径所-不定形の一次粒子(凝集粒子)	サブミクロンの一次粒子	多面体一時粒子(凝集粒子)	不定形(重質)
一次粒子大きさ(μm)	0.2〜100	0.2〜2	0.3〜2	0.1<
耐酸性 耐アルカリ性	常温では,強酸アルカリ安定	1 mol/NaOHに不溶,強酸に溶解	強酸に溶解	弱酸でも反応し易い

　水酸化Alの難燃機構についても少し触れておきたい。脱水吸熱反応は次に示すが,TGA曲線,他の水和金属化合物との吸熱量の比較,粒子径と難燃効果の関係をそれぞれ,図2-12〜図2-14に示す。水酸化Alは,200℃,350℃,550℃で次の反応を起こすが,大部分は,200〜210℃で起こる。他の

第 2 章　難燃剤の現状と最近の動向

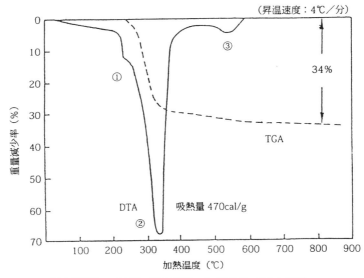

① $2Al(OH)_3 \rightarrow 2AlO \cdot OH + 2H_2O$　（一部がベーマイト転移）
　　（245℃）
② $2Al(OH)_3 \rightarrow \chi\text{-}Al_2O_3 + 3H_2O$　（ギブサイトの脱水反応）
　　（320℃）
③ $2AlO \cdot OH \rightarrow \nu\text{-}Al_2O_3 + 3H_2O$　（ベーマイトの脱水反応）
　　（550℃）

図 2-12　水酸化 Al の DTA，TGA 挙動

水和金属化合物よりは吸熱エネルギーは大きい。

① $2Al(OH)_3 \rightarrow Al_2O_3 \cdot H_2O + 2H_2O$
② $2Al(OH)_3 \rightarrow Al_2O_3 + 3H_2O$
③ $Al_2O_3 \cdot 3H_2O \rightarrow Al_2O_3 \cdot H_2O$

水酸化 Al の品質向上に対する試みが進められてきているが，次のような進歩がみられる。

(1) 脱水開始温度の上昇

　脱水開始温度を 200〜210℃ に上げる試みは，細径化することにより粒子表面の蒸気圧を上げることや不純物の NaO 量を低減することにより試みられ，10〜15℃ 程度の上昇は達成できているが，大幅な上昇は難しいようである。

2 各種難燃剤の特性と特徴および効果的な使い方

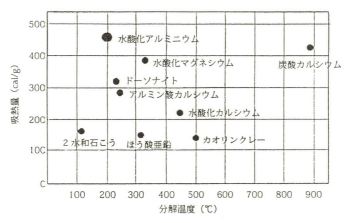

図2-13 水酸化Alと他の水和金属化合物, フィラーとの吸熱量の比較

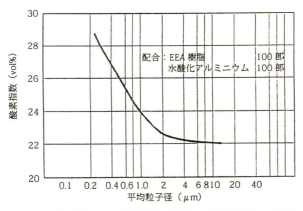

図2-14 水酸化Alの粒子径と難燃性(酸素指数)の比較

第2章　難燃剤の現状と最近の動向

(2) 新規タイプの開発
① 窒素化合物表面処理による難燃効率タイプの開発

これは、パイロライザーHG（石塚硝子）の商品名で開発されたタイプで、特殊な窒素化合物で表面処理をしており、PP等の難燃化に効果が高く、予想外に少量でUL94, V2に合格することが確認されている。図2-15, 図2-16に難燃機構と燃焼時の炭酸ガス発生挙動を示す。この難燃機構の基本は、高分子の燃焼開始前に、高分子の燃焼成分を分解させ、可燃性成分を減少させることである。

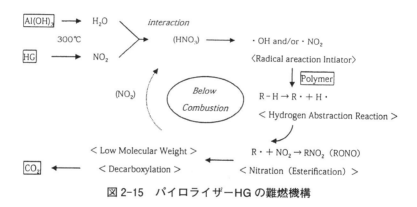

図2-15　パイロライザーHGの難燃機構

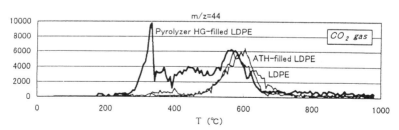

図2-16　パイロライザーHG配合LDPEの燃焼時のCO$_2$ガス発生量

2 各種難燃剤の特性と特徴および効果的な使い方

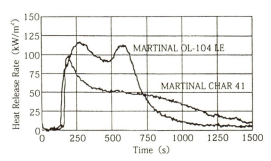

図 2-17 水酸化 Al（Martinal Char）の PE/EVA 配合での放散熱量の抑制効果（アルベマール技術資料より引用）

② ナノフィラー技術を応用した新規水酸化 Al

これは，詳細は報告されていないので不明であるが，推定するところ，ナノフィラー，ナノテクノロジー技術を応用し，水酸化 Al の粒子径，表面処理を工夫して燃焼時の放散熱容量を抑制したタイプであり，Martinal Char の商品名（アルベマール）で上市されている。放散熱熱容量の試験データを従来品と比較した結果を図 2-17 に示す。

2．5．2 水酸化 Mg[12, 13, 17]

水酸化 Mg は，図 2-18 に示す結晶構造を有し，その性状を表 2-30 に示す

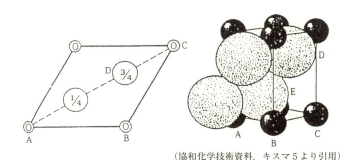

（協和化学技術資料，キスマ5より引用）

図 2-18 水酸化 Mg の結晶構造
（左）：底面への投影図，（右）：単位細胞内の原子の充填状態，黒丸は Mg^{2+}，白い大きな丸は OH^- を示す

83

第2章 難燃剤の現状と最近の動向

表2-30 水酸化Mgの一般的性質

項目	特性
外観	白色粉末
結晶の性状	六角形または不定形の板状晶
比重	2.39
屈折率	2軸性負 ea 1.581 mw, β:1.582
溶解度	0.0009 g / 10 g 水(18℃)
液性(2 g/50 mL 水)	10.3
堆積固有抵抗	$10^8 \sim 10^{10}$ (Ω-cm)
モース硬度	2〜3
耐アルカリ性	1 N. 苛性ソーダに溶解しない
耐酸性	強酸性溶液に溶解

が,環境安全性の高い難燃剤である。熱分解開始温度が350℃付近で比較的高い。そのため樹脂の加工温度での分解はないのでほとんどの樹脂に使用できる。現在,EM電線,ケーブルの主難燃剤として使用されている。水酸化Mgの合成法は,Mgイオンを含む水溶液にアルカリを加えて行われ,pHを上げると水酸化Mgが析出して白色の沈殿が得られる。

$$Mg + \rightarrow +2OH \rightarrow Mg(OH)_2 \quad (溶解積, 1 \times 10^{-11})$$

日本における工業的合成法は,Mg原料として海水またはイオン苦汁を使用し,アルカリとして消石灰が使われる。海水を使用する場合は,不純物を少なくするために脱炭酸処理をしている。

日本のメーカーは,協和化学(キスマ5),神島化学(マグシリーズ),堺化学(MGZ),ファイマテック(ジュンマグ),味の素ファインテクノ(ポリセーフMG),三井化学ファイン(フォートライト),アルベマール(マグニフィン)である。

代表例としてキスマ5の特徴を表2-31に示す。平均粒子径(一次粒子径)は,0.5〜1.0 μm,脱水開始温度は,340〜350℃,吸熱量は32 cal/gである。脱水開始温度は,340℃から始まり,DTAによる吸熱ピークは約410℃であり,燃焼残渣としては,チャーと酸化Mg複合層が生成する。この脱水挙動を

2 各種難燃剤の特性と特徴および効果的な使い方

水酸化 Al と比較して図 2-19 に示す。

水酸化 Mg の難燃効率は、水酸化 Al と同じく高くない。ポリオレフィンで、UL94, V0 を合格するには、150～160 部の配合量が必要となる。難燃効率を上げるためにポリオレフィン配合では、極性の高い EVA, EEA をベース樹脂として使用するので、難燃剤の分散性が上がるため有利となる。実際にど

表 2-31　代表的な水酸化 Mg（キスマ 5）の特徴

項目	5A	5B	5E	5J
特徴	耐水、耐酸性が特に優れる	耐寒性、機械的強度優れる	ナイロン等の極性高分子に適す	耐水性、耐酸性極めて良好。機械的強度良
適用樹脂	ポリオレフィン	ポリオレフィン	ナイロン	ポリオレフィン

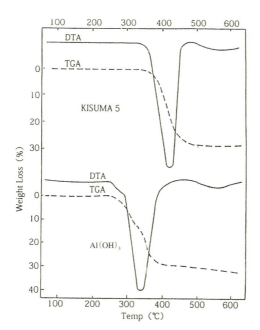

図 2-19　水酸化 Al と比較した水酸化 Mg の TGA, DTA 挙動

第2章　難燃剤の現状と最近の動向

の程度の難燃性が得られるかを図2-20に示す。

この水酸化Mg配合難燃材料では，多量配合によるコンパウンドの粘度の上昇と流動性の低下が問題になる。そのために表2-32に示す難燃助剤の研究がなされており，その中でも赤リン，シリコーン化合物，芳香族フェノールアルデヒド樹脂，錫酸亜鉛，ホウ酸亜鉛，表面処理ナノフィラー等を数部併用すると効果が上がり，水酸化Mgの配合量を減らすことができる。この中では，赤リンの助剤効果が最も高いことが知られている。赤リンを使用した時の環境安全性を懸念する指摘もあるが，EM電線ケーブルを実用化している電線工業会では，環境安全性の各種試験を行い，問題がないことを検証している。

水酸化Mg配合PE，架橋PEで，もう一つの課題として白化現象がある。これは長期間使用中に配合した水酸化Mgが空気中，水中の炭酸ガスにより炭

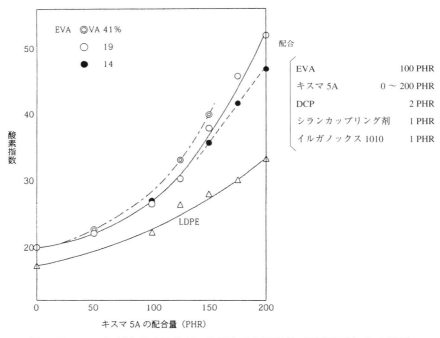

図2-20　EVAに対する水酸化Mgの配合量と難燃性（酸素指数）との関係

2 各種難燃剤の特性と特徴および効果的な使い方

表 2-32 水和金属化合物の難燃助剤の種類と効果

難燃助剤	対象水和金属化合物	対象ポリマー	難燃効果
三酸化 Sb	ATH	PVC（軟質）	フィラー量低減 低発煙
三酸化 Sb ＋ホウ酸亜鉛	ATH	PVC（軟質）	同上
ホウ酸亜鉛, ホウ酸 Ca	ATH	EVA	高効率, チャー増加
酸化 Mo, Mo 化合物	PVC	PVC	高効率, チャー増加
赤リン	ATH, MH	PO	高効率
シリコーン	ATH, MH	PO	高効率, チャー増加
PAN	ATH, MH	PO	チャー増加, 高効率
遷移金属化合物, 酸化 Ni, 酸化 Co	ATH, MH	PO	高効率
硝酸金属塩 Co, Fe	ATH, MH	EVA	高効率
メラミン	ATH, MH	PP	高効率, 残炎抑制
錫化合物, ZS, ZHS	ATH, MH	PVC, EVA, 合成ゴム	高効率, チャー増加 安定性向上, 低発煙
ナノクレイ	ATH, MH	EVA, PO	HRR 抑制, チャー増加
リン化合物, IFR リン酸エステル	ATH, MH	PO, EVA	チャー増加, 高効率
アゾアルカン化合物	ATH, MH	PO, EVA	ラジカルトラップ
ヒンダートアミン化合物	ATH, MH	PO, EVA	ラジカルトラップ

酸 Mg に変質して製品材料表面が白灰色に変化する現象である。物性にはほとんど影響ないが，製品外観の商品価値の問題である。これは，水酸化 Mg の表面処理方法を検討することによりほぼ解決している。その他，製品に歪みを与えた時に材料の結晶化による色の変化が生ずる問題もある。これは，結晶性 PE の代わりに EVA, EEA をベース樹脂として使用することにより解決できている。

2. 5. 3 三酸化アンチモンおよびその他アンチモン化合物

　三酸化アンチモンおよびアンチモン化合物系フィラーには，三酸化アンチモン，四酸化アンチモン，五酸化アンチモン，三酸化アンチモンとシリカを主成分としたアンチモン鉱石粉砕品 STOX501 がある。表 2-33, 表 2-34 にこれら化合物の性状，特徴，特性を示す。アンチモン化合物の難燃効果は，第1章の難燃機構の項で述べたようにハロゲン化合物との相乗効果を示すことによ

第2章 難燃剤の現状と最近の動向

る。

　最近，アンチモン化合物の品不足による価格の高騰の問題から，アンチモン代替の要求が出てきており，PTFE，ホウ酸亜鉛，錫酸亜鉛への切り替えの検討がなされている。しかしながら，アンチモン化合物の優れた難燃効果は，他の追随を許さないようである。アンチモン化合物の代替として検討されているものの一つに表2-34に示すSTOX501がある。これは，三酸化アンチモンと酸化ケイ素を主成分とする鉱石を粉砕した粉末と通常の三酸化アンチモンを1：1にブレンドした複合難燃剤であり，従来の三酸化アンチモンとほぼ同量で同一の難燃効果を示すことが報告されている。

　また従来，PCやPC/ABSのドリップ防止剤として使用されているPTFEを三酸化アンチモンの代替として使用する検討も進んでいる。極めて少量（0.5部程度）をPTFEに置換えることにより大幅に三酸化アンチモンの配合量を低減できる結果が報告されている。

表2-33 酸化アンチモンの種類と特性

項目	三酸化アンチモン	四酸化アンチモン	五酸化アンチモン
化学式	Sb_2O_3	Sb_2O_4	Sb_2O_5
分子量	291.5	307.5	322.5
融点（℃）	658	—	—
沸点（℃）	1,425	＞900	—
硬度	2〜2.5	4〜5	3〜4
比重	5.2	5.8	3.8
結晶系	主-等軸晶系	粉末	無定形粉末
色調	白色	白色	淡黄色
溶解度	溶解（酸，アルカリ）不溶（水，希硝酸）	溶解（−）不溶（水，エタノール）	溶解（KOH水）不溶（水，硝酸）
特徴	ハロゲン化合物との併用で高い難燃効果を示す。環境安全性に注意。	ハロゲン系との併用効果は三酸化アンチモンよりも若干低い。環境安全性は，三酸化アンチモンより高い。	ハロゲン系との併用効果は，四酸化アンチモンよりは低い。自動半田メッキ槽の触媒損傷効果が小さい。環境安全性はやや高い。

2 各種難燃剤の特性と特徴および効果的な使い方

表 2-34 アンチモン系難燃剤 STOX501 の性状と特徴,難燃効果

項目	概要			
組成,特徴	特定の鉱山から産出される鉱石を粉砕した無機フィラーで,主成分は三酸化アンチモンと酸化ケイ素等からなる難燃助剤である。従来の三酸化アンチモンと同様にハロゲン化合物との併用で相乗効果的な難燃効果を示す。			
組成分析	組成分析値及び性状			
	組成(%),性状	測定値		
	Sb_2O_3	49.7		
	SiO_2	30.4		
	Al_2O_3	7.9		
	Fe_2O_3	4.3		
	As	0.01		
	Pb	0.03		
	45 μm 以上成分	13		
	嵩比重	0.5		
	色相 L	86		
	平均粒子径	2 μm		
難燃効果	PVC に対する効果の比較			
	PVC	100	100	100
	DOP	50	50	50
	安定剤	6	6	6
	Sb_2O_3	—	4	—
	STOX501	—	—	4
	酸素指数	26.5	30.5	30.2
	UL94,1 mm	V-1	V-0	V-0
電気特性	PVC に対する効果の比較			
	PVC	100	100	100
	DOP	40	40	40
	安定剤	6	6	6
	Sb_2O_3	—	4	—
	STOX501	—	—	4
	ρ,Ω・cm	$1.6 \times 1,011$	$2.1 \times 1,011$	$1.1 \times 1,011$

(西谷泰昭:難燃剤,難燃化材料の最前線(2015),シーエムシー出版)

2.5.4 錫酸亜鉛[14,15)]

錫酸亜鉛は，低有害性，高安定性を有していることから三酸化アンチモンの代替として検討されている。錫酸亜鉛は，Flamtard H，Flamtard S の 2 種類がある。その種類，分子構造，特性を表 2-35 に示す。S 型は，分解温度が 400℃以上と高く，H 型は，分解温度が約 200℃と低いので，前者は，PA，PET のような耐熱性樹脂に，後者は不飽和 PET，PVC のような汎用樹脂に使用される。最近の研究では，特に耐熱性樹脂に関するものが多く，また耐熱性樹脂用難燃剤として注目されているホスフィン酸金属塩との相乗効果に関する研究も報告されている（図 2-21）。図 2-21 は，ガラス強化 PA に対してホスフィン酸金属塩 OP1230（リン含有量 23％，分解温度＞300℃）を併用した時のデータである。

錫酸亜鉛と臭素系難燃剤との相乗効果は，最近次のような反応式として報告されている。

表 2-35 錫酸亜鉛の種類，組成，性状

項目	単位	Flamtard H	Flamtard S
構造	—	$ZnSn(OH)_6$	$ZnSnO_2$
CAS．No	—	12027-96-2	12038-37-2
外観	—	白色粉末	白色粉末
平均粒子径	mm	2.5	2.5
＋45 μm	％	0.1	0.1
真比重	—	3.5	3.9
嵩比重（重）	g/m^3	0.6	0.9
嵩比重（軽）	g/m^3	0.5	0.7
成分　Si	％	41	51
Zn	％	23	28
Cl	％	＜0.1	＜0.1
付着水分	％	＜1	＜1
屈折率（20℃）	—	1.9	1.9
pH（5％スラリー）	—	10	10
伝導率	$\mu S/cm$	800	800
分解温度	℃	200	＞400

2 各種難燃剤の特性と特徴および効果的な使い方

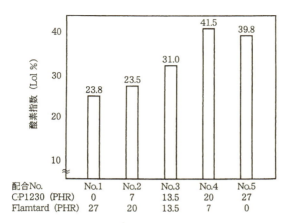

Flamtard/OP1230との相乗効果－酸素指数との関係

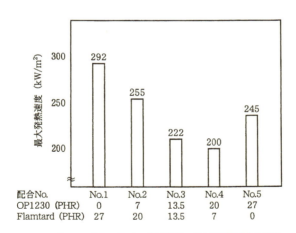

Flamtard/OP1230との相乗効果－最大発熱測度との関係

図2-21 ホスフィン酸金属塩に対する錫酸亜鉛の相乗効果

第2章　難燃剤の現状と最近の動向

$$R\text{-}CH_2Br + ZnSn(OH)_6 \rightarrow ZnSnO_3 + H_2O \rightarrow ZnSnO_6 + SnBr_2$$
$$SnBr_2 + H_2O \rightarrow SnO + 2HBr$$
$$SnO + H\cdot \rightarrow SnOH \quad SnO + OH\cdot \rightarrow SnOH$$
$$SnO + Ht\cdot \rightarrow SnO + H_2 \quad SnO_2 + H_2 \rightarrow SnO + H_2$$

　この相乗効果は，三酸化アンチモンと比較すると10～15%程難燃効率が低いことが検証されているが，これはホウ酸亜鉛の難燃効率と類似している。

2.5.5　ホウ酸亜鉛およびホウ酸化合物

　ホウ酸亜鉛は，三酸化アンチモンが気相における難燃効果を示すのに対して，気相における弱い脱水吸熱反応と固相におけるチャーおよびガラス層の複合バリヤー層の形成による難燃効果の両方が関係している。残じん効果，低発煙効果も示す。特性面では電気特性の向上効果を示し電気絶縁材料にも使用される。PVC，ポリオレフィン，エポキシ樹脂，合成ゴム，TPE等に使われる。メーカーはUS，Borax（早川商事），水沢化学，富田製薬である。

　最近開発されたポリホウ酸Naは，Na/Bの比率が，0.22～0.27とすることでホウ酸Naを非結晶化し，従来のホウ酸，ホウ砂にない特徴を持ったホウ酸塩である。それは，水に対する高い溶解性と優れた難燃効果であり，耐火性木材，耐火性塗料の開発に利用されている。ホウ酸亜鉛の分子構造と特性を表2-36に示す。

2.5.6　その他フィラー系難燃剤

　その他無機フィラー系難燃剤として挙げられるものは，ナノフィラー（MMT，モンモリロナイト），カーボンナノチューブ（CNT），活性ナノシリカ，モリブデン化合物，ジルコニウム化合物，シリコーン化合物等がある。これらを表2-37にまとめて示す。この中には，リン系難燃剤で説明した赤リンを入れてあるが，赤リンを無機フィラー系難燃剤として分類する場合が多いのであえて加えた。

　その中で注目されるのがナノフィラーに分類されるMMT，CNT，シリカである。ナノコンポジット系難燃材料として世界的に多くの研究が発表されており，注目されている。しかし，実用化された例は意外と少なく，電線ケーブル

2 各種難燃剤の特性と特徴および効果的な使い方

表2-36 代表的なホウ酸化合物の種類と性状

項目	Firebrake ZB	Firebrake ZB fine	Firebrake 500	Firebrake 412	Firebrake ZB, XF
成分（%）					
H_2O	14.5	—	—	—	—
ZnO	37.4	—	4.38	78.29	—
B_2O_3	18.05	—	56.5	16.85	—
粒子径（μm）	7～9	3	10	5	2
屈折率	—	—	1.58	1.65	—
比重	2.77	—	2.6	3.7	2.77
安定性	290℃まで安定	—	＞600℃ 表面吸湿性高し	～415℃安定	—
TGA挙動	—	—	15% Max (400℃)	0.4% Max (415℃)	0.8% (290℃)
溶解性	常温水中 ＜0.28	—	—	—	—

$2(2ZnO\cdot 3B_2O_3\cdot 3.5H_2O)$

ホウ酸亜鉛の分子構造

第2章 難燃剤の現状と最近の動向

表 2-37 その他フィラー系難燃剤の種類と性状および特徴

種類	性状および特徴	備考
MMT（モンモリロナイト）	ナノフィラーの代表的な種類であり，スメクタイト類に属するナノフィラーである。合成品は天然品よりは，白色度が高く，陽イオン交換容量を自由に調整できることが特徴である。難燃性を左右するポイントは，一次粒子径，アスペクト比，陽イオン交換容量である。 代表的な粒子サイズは，平均 10〜20 nm であり，厚さ数 nm の大きさのものが，ナノコンポジットとして用いられる。難燃化は，ナノ粒子の層間に有機極性化合物を挿入し，2 軸押出機で溶融温度で混練し，層間に高分子を挿入してナノコンポジット化する。 難燃機構は，固相におけるバリヤー生成効果で，分散性，フィラーと高分子の親和力の制御が難燃性を左右する。最近は，ナノフィラー単独の課題を解決するために従来難燃系との併用による難燃化の研究が増加している。	〈主な商品名〉 クニピア F, P スメクトン S
CNT（カーボンナノチューブ）	中空のウイスカー状の構造を有し，製造方法によって大きさ（長さ，直）が異なる。すなわち内部が円筒状の同心円状になった積層壁と単層壁を有し，さらに三角形のようなホーン状のものも発見されている。C 元素の並び具合で半導体から導電体まで制御できる。構造はナノサイズの円筒状のカーボンである。 主な特性，嵩比重 20，表面積 200 m^2/g，アスペクト比 100 〜1,000，直径（8層）約 10 nm 等である。 高分子に，数部配合し，2 軸押出機で混合，分散しナノコンポジットを作る。難燃効果は，分散性の制御によって異なる。 難燃効果は，完全固相でのバリヤー生成による断熱・酸素効果による。	〈主な製造者〉 ハイペリオン・キャタリシス・インターナショナル， 日機装 大阪ガス
活性シリカ（合成シリカ）	水ガラスを塩酸，硝酸で中和して得られる非晶性白色粉末であり，一般的にホワイトカーボンと呼ばれている含水ケイ酸である。中和時の反応条件によって粒度の制御，表面の pH 値，酸性，アルカリ性を制御できる。汎用タイプ，微細タイプがある。表面に多数のシラノール基を有し，OH 基の数は，8〜10 個/mm^2 である。400〜800℃で熱処理をすることにより，一次粒子がナノサイズで，雲のように集合したクラスターを形成し，さらに凝集して数〜数十 nm の二次粒子を形成する。この時にストラクチャーを形成して表面活性の高い活性シリカを作る。	〈主な製造者〉 トクヤマ 日本シリカ 水沢化学 塩野義製薬等

（つづく）

2 各種難燃剤の特性と特徴および効果的な使い方

表 2-37 その他フィラー系難燃剤の種類と性状および特徴（つづき）

種類	性状および特徴	備考
活性シリカ （つづき）	高分子への添加で，燃焼残渣が安定な強固なバリヤーを形成して難燃効果を発揮する。 性状は，嵩比重 1.9〜2.1，pH5〜9，比表面積 30〜800 m^2/g である。	
赤リン	赤リン自身は空気中で延焼しやすい物質であるが，特殊な表面処理によって安定化して高分子の難燃剤として使用されている。難燃機構は，リン化合物特有の燃焼時に生成する強酸の脱水炭化作用によって起こるチャーの生成による断熱層，酸素遮断層の形成と考えられる。 最近は，グラファイトとの併用品も開発されている。難燃効果が高い。湿度の高い空気中で燃焼する時にホスフィンガスの発生が懸念されているが，通常の条件では生成量が少ない。 主な性状は，真比重 2.30，比誘電率 4.1，融点 590℃，融解熱 20.3 kcal/mol，発火点 250〜260℃ である。 最近は，電線，ケーブル用難燃材料の水酸化 Mg の難燃助剤として使用されている。環境安全性は，問題ないことが工業会での実験で検証されている。	〈主な製造者〉 燐化学工業 日本化学工業
その他	<u>モリブデン化合物</u> 　モリブデン化合物は，塩素含有ポリマーへの低発煙効果が知られているが，最近はほとんど使用されなくなっている。 <u>ジルコウニウム化合物</u> 　三酸化アンチモンとの併用で難燃効果を助ける効果を発揮し，三酸化アンチモンの減量を目的に使用される。 <u>シリコーン化合物</u> 　特殊なシリコーン系化合物で，東レダウ，信越化学，GE 東芝シリコーンから販売されている。難燃機構は，固相におけるセラミック状のバリヤー層形成効果である。 <u>東レダウ</u> 　DC4-7051（白色粉末）エポキシ基導入 　DC4-7041（白色粉末）メタアクリル基導入 <u>信越化学</u> 　X40-9805 <u>GE 東芝シリコーン</u> 　XC99-B5664	シャーウインウィリアム 第一希元素 東レダウ 信越化学 GE 東芝シリコーン

第 2 章　難燃剤の現状と最近の動向

用絶縁材料，耐火塗料，注型材料等くらいであろう。これは推測ではあるが，ナノコンポジット難燃材料の欠点に関係があるのではないかと思われる。何人かの研究者が指摘しているように，ナノコンポジット難燃材料の難燃機構は，固相におけるチャーおよび無機酸化物の複合層によるバリヤー層の断熱効果，酸素遮断効果によると考えられている。しかし，そのバリヤー層が垂直燃焼試験においてドリップ性が高いという結果が出ており，せっかく生成したバリヤー層が破壊しやすいため UL94 のような垂直燃焼試験には合格しにくいことが指摘されている。現在，ナノコンポジット系難燃材料の研究は，ナノフィラーと従来難燃剤および難燃系との併用系の研究がほとんどを占めてきていることと関係があるのではないかと思われる。

　そもそもナノコンポジット難燃材料の難燃機構は，完全に固相におけるバリヤー層の形成によるものであることが検証されており，ナノフィラーの分散性とナノフィラーと高分子の親和性が難燃性を制御する基本であること考えると，この垂直試験時のバリヤー層の壊れやすさは，少なくとも MMT ベースのナノコンポジット材料の本質的な特徴であると考えた方が良いのかもしれない。CNT コンポジットの場合は少し機構が違うのかもしれないが，いまだ明確ではない。

　活性ナノシリカの難燃機構は，MMT の機構とは少し違うようである。これは表面活性の高さがフィラー間，フィラーと高分子間結合力を高め，バリヤー層自身が強い結合力による高い安定性によって難燃性を高めていると考えた方が良いのではないだろうか。ともかくナノコンポジットの特徴は明確に把握できていないのでもう少しの研究が必要である。

文　　献

1) 西澤仁，難燃剤・難燃化材料の最前線，シーエムシー出版（2015）
2) 西澤仁，機能材料，**34**, 4（2014）
3) C.F. Cullis & M.M. Hirscher, The Combustion of Organic Polymers, p.277, Oxford Universty Press（1981）
4) 松見茂，ペトロテック，**36**, 7（2013）
5) 難燃剤協会，HP 難燃剤技術資料
6) 西原一，化学工業，**11**, 17（1998）
7) S.N. Novikov, *Int. J. Polym. Mat.*, **20**, 19（1993）
8) 西澤仁，マテリアルライフ学会誌，**22**, 90（2010）
9) 西澤仁，武田邦彦，難燃材料活用便覧，テクノネット社（2002）
10) 西澤仁，これでわかる難燃化技術，工業調査会（2009）
11) 西澤仁，新しい難燃剤，難燃化技術，技術情報協会（2008）
12) フィラー研究会，フィラー活用事典（2000）
13) フィラー研究会，機能性フィラー総覧，テクノネット社（2000）
14) 渡辺進，プラスチックス，**6**, 116（2012）
15) A.B. Harrck *et al.*, Fire Resisitance Plasitics Germany（2011）
16) 昭和電工水酸化 Al 技術資料
17) 協和化学水酸化 Al 技術資料
18) 石塚硝子バオリライザーHG 技術資料
19) Clariant 難燃剤技術資料

第3章
材料別難燃化技術

1 樹脂,ゴムの難燃化技術

1.1 難燃化の基本技術[1~3]

実際の難燃化の基本設計は,次に示す項目に従って決めていくことになる。

① 製品の要求性能,得意先の仕様等から要求される製品性能,コストを明確化する。製造工程で予測される課題の摘出と対応策の立案。

② 難燃性に優れた難燃材料を作るには,基本的には既に述べてきた難燃機構に基づいて設計の方針を決め,分子構造的に難燃性に優れた高分子を選択する。

③ 決定した高分子に対して難燃剤の効果を最大限に発揮できるような難燃剤の種類の決定と,粒子径,粒度分布,極性,分散性,熱分解温度,熱分解速度を考慮して具体的な難燃剤のグレードを決める。

④ 混練設備,混練方法,混練条件を決める。

　④-1 混練設備

　　2軸連続混練機,密閉式混練機,ニーダー式混練機

　④-2 混練条件

　　適正容量,温度,時間,添加順序等

⑤ 製造コンパウンドの性能評価

　物性,難燃性の評価試験

第3章 材料別難燃化技術

⑥ 試作製品での製品試験
物性,製品での難燃性試験

1.2 難燃化機構に準拠した実際技術[4〜6]

高分子の難燃化の基本となる燃焼反応と難燃化機構に基づく効果的な難燃化を行うためには,図3-1に示すように,気相と固相における高分子と難燃剤の熱分解挙動のマッチングが重要となる。図3-1は,燃焼の初期と中期以降の難燃材料の燃焼時間と温度上昇,燃焼残渣(チャー層)の生成量の関係を模式図で示した図である。ここでは,次の気相、固相の二つの反応形態に分類できる。

1.2.1 気相

燃焼の初期においては,熱分解によって生成した低分子量の可燃性ガスが着火温度に達して引火して燃焼を始める。それとほぼ同時に難燃剤が熱分解して燃焼雰囲気の中に拡散して,発生するOHラジカル,Hラジカルと難燃剤から発生するラジカルトラップ効果を発揮するラジカルが反応して,燃焼の進展を食い止める。また,難燃剤の分解によって生成する不燃性ガス,極難燃性ガス

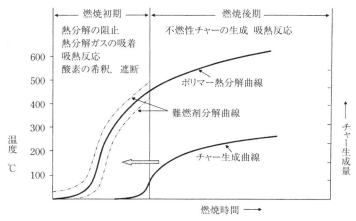

図3-1 高分子と難燃剤の熱分解挙動のマッチング
―効果的な難燃化達成のための条件―

表 3-1 気相における燃焼反応と難燃化の実際技術

燃焼段階	高分子燃焼挙動	難燃機構	実際技術と難燃効果
燃焼初期 (立上がり)	加熱溶融 ↓ ガス化，可燃性ガス 発生 ↓ 着火 ↓ラジカルトラップ ↓不燃性ガス生成 拡炎 ↓チャー生成	 酸素希釈 酸素遮断 断熱 脱水吸熱 分解吸熱	＊ハロゲン化合物＋Sb_2O_3 相乗効果 Sb_2X_3 ―酸素希釈，酸素遮断 SbOX 化合物 ―酸素希釈，酸素遮断， 　　　　　　　　　　ラジカルトラップ， 　　　　　　　　　　脱水炭化 ＊リン化合物 ―ラジカルトラップ， 　　　　　　　　脱水炭化 ＊水和金属化合物，脱水吸熱 ＊アゾアルカン，ヒンダートアミン， 　硫黄化合物 ―ラジカルトラップ

が燃焼雰囲気全体の酸素濃度を希釈し，周囲の空気中の酸素から可燃性ガスを遮断して燃焼を阻止する。これが，気相における難燃化効果である（表 3-1）。

1. 2. 2　固相（表 3-2）

燃焼の初期以降においては，さらに熱分解が進行するが，高分子表面では，図 1-6 に示したように酸素濃度の急激な低下に伴う不完全燃焼による燃焼残渣（チャー，金属酸化物等の複合層）の生成が始まる。この層は，バリヤー層とも呼ばれ，高分子表面と燃焼炎との界面の断熱層，酸素遮断層の役割を担って燃焼の抑制に効果を発揮する。このバリヤー層の生成は，難燃効果に大きく影響する。最近の研究では，このバリヤー層を強化する技術が研究されている。チャーの生成量を増やすためのチャー生成促進剤の研究，チャーの安定性，強靭性を上げるための研究，チャーの断熱性を上げるための細孔発泡層の形成の研究等が行われている。逆に，難燃剤の組み合わせによってはチャー層を破壊してしまうケースもある。例えば，リン化合物と酸に破壊される無機層の組み合わせである。例えば，タルク（主成分ケイ酸マグネシウム）とリン化合物を組み合わせるとリン化合物から生成する強酸によってバリヤー層の中の無機層が溶融，破壊されて難燃性が低下する現象が知られている。

1. 2. 3　難燃効率を高めるための基本技術

この気相，固相における難燃化の実際技術において難燃効率を高めるための

第3章 材料別難燃化技術

表3-2 固相における燃焼反応と難燃化の実際技術

燃焼段階	高分子燃焼挙動	難燃機構	実際技術と難燃効果
燃焼中期以降	可燃性ガス発生 拡炎 チャー生成 燃焼残渣 （無機酸化物） （ドリップ）	ラジカルトラップ 断熱，酸素希釈，遮断 ドリップ （架橋，アンカー効果）	＊リン化合物　—脱水炭化，ラジカルトラップ ＊IFR系　—脱水炭化と発泡バリヤー層，ラジカルトラップ ＊ナノコンポジット　—バリヤー層 ＊ホウ酸亜鉛　—チャー＋ガラス層 ＊無機水和金属　—無機酸化物＋チャー層 ＊シリコーン化合物　—セラミック層；チャー層 ＊ドリップ　—PTFE（アンカー効果），架橋 　　シリコーン（架橋）

方策についてここで考察しておきたい。

(ⅰ) 高分子と難燃剤の熱分解挙動のマッチング

図3-1に示す高分子と難燃剤の熱分解挙動のマッチングで最も優れた温度範囲が実験的に推定されており，両者の熱分解曲線の温度差が，約±15℃以内が最も高い難燃性を示すと言われている。

(ⅱ) 気相と固相の効果の高い難燃剤，難燃系の併用

難燃効率を上げるためには，燃焼立ち上がりの気相で効果の高い難燃系と，燃焼中期以降の固相で効果の高い難燃系の併用の方が良い。これは燃焼の初めから最後まで広範囲に難燃効果を継続させることができるからである。

(ⅲ) 多段階で難燃効果を発揮する難燃系が効果が高い

難燃剤の量が同じであれば，狭い一つの温度範囲で難燃性を示す難燃系よりは，複数の温度に分かれて難燃効果を示す難燃系の効果の方が高い。これは，経験的に検証されている結果であり，明確な理由は不明である。

(ⅳ) バリヤー層が，燃焼立ち上がりに近い早期に生成する方が難燃性効果が高い

燃焼開始直後から早期に高分子表面にバリヤー層を形成する方が，難燃性が

高いのは当然であるが，生成するバリヤー層の安定性が高くて壊れにくいことが条件になる。

(ⅴ) 反応型難燃剤の方が添加型難燃剤よりは難燃効果が高い

難燃剤の中の難燃性元素の含有量が同一のモル数の場合，反応型難燃剤の方が，添加型難燃剤よりは，難燃効果が高い。これは最近，リン系難燃剤で検証された実験結果であるが，難燃化に効果のある難燃元素と高分子が熱分解して発生する可燃性ガスとの反応の確率の問題であると考えられる。高分子の中に分散している難燃剤の中の難燃性元素は，化学的に結合している難燃性元素と比較すると可燃性ガスとの距離が全く異なり，化学結合の難燃性元素は数 nm 〜数十 nm に対して，物理的に分散している難燃性元素の距離は数百 nm になるからと考えられる。

(ⅵ) 一分子内に複数の難燃性元素を含む難燃剤と同一種類の同一量の難燃性元素を含む複数の難燃剤の難燃効果の比較

難燃剤に含まれる難燃性元素の量を同一とする条件では，複数の難燃剤の併用よりは一つの分子の中に複数の難燃性元素を化学的に結合した難燃剤の方が，難燃効果は高い。これも先の (ⅴ) の項で述べた理由と同じと考えられる。最近，この多元素導入型難燃剤の研究も試みられている。興味があるのは，難燃性元素同士が相乗効果を示す場合である。窒素とリンの場合，ハロゲンと金属元素の場合がそれに相当する。

(ⅶ) 固相で高い難燃効果を発揮し，バリヤー層が強靭で破壊し難い難燃剤，難燃系

次の難燃系がこれに相当する。

(A) IFR 系（発泡チャー生成型）で，ミクロ発泡を目指す難燃系
  IFR（APP + PER + 窒素系発泡剤）＋シリコーン化合物＋ナノフィラー
(B) IFR 系難燃系で強固なバリヤー層の形成
  IFR 系＋金属酸化物（ナノ酸化 Al）＋チャー生成促進剤（芳香族系樹脂，フェノールホルムアルデヒド樹脂等）
(C) 活性シリカ，活性 CNT，表面処理 MMT
  表面処理活性ナノシリカによるバリヤー層の強靭化

(viii) 新規相乗効果系による難燃効果

(A) PPへのメラミンシアヌレートとチャー促進剤CPA（トリアジン化合物）併用[7)]
(B) PPへのIFR系難燃系と$BaWO_4$（タングステン酸バリューム）併用系[8)]
(C) EVAへの水酸化Mgと水酸化シリコーン油の併用
(D) PPへのIFR系難燃系とホウ酸亜鉛の併用
(E) ハロゲン含有高分子への錫酸亜鉛, ヒドロキシ錫酸亜鉛の併用

1.2.4 代表的な実用難燃系の特徴比較

現在, 実際に実用化されている代表的な難燃系の特徴を比較したものを表3-3に示す。現在実際に使用されている難燃系は, ①ハロゲン系+難燃助剤の相乗効果系, ②リン酸エステル系, ③Intumescent系, ④ホスフィネート金属塩系, ⑤無機水和金属化合物系, ⑥ナノコンポジット系+従来型難燃系の併用系, 表3-3には示していないが, その他に⑦赤リン系, ⑧窒素化合物系がある。

これら各種難燃系を使い分ける上で注意しておきたいことを示しておきたい。

表3-3 現在実用化されている各種難燃系の特徴

特性	臭素系+SB_2O_3	IFR系	リン酸エステル系	フォスフィン酸金属塩	水和金属化合物系	ナノコンポジット系
難燃効果	高	高	中	高	低	高
耐水性	高	低	中	中	高	高
電気特性	高	中～高	中～高	高	高	高
安全性	低	中	中	中	低	高
耐熱性	低～高 脂肪族, 芳香族による	中 分解温度 250～260℃	中～高 モノマー型, 縮合型による	高 分解温度 >300℃	低～高 水酸化Al 205℃ 水酸化Mg 350℃	高 層間挿入有機化合物に依存
応用分野	広範囲の応用分野, 特に難燃性の高い材料	非ハロゲン系の高難燃性材料	非ハロゲン系難燃材料の代表的な難燃系	耐熱エンプラ, 耐熱性難燃材料用	非ハロゲン系ポリオレフィン用, 発泡PU, EM電線ケーブル用	耐火塗料, 電気絶縁用材料, 高難燃性材料

1 樹脂, ゴムの難燃化技術

（i）ハロゲン系難燃剤

ほとんどが三酸化アンチモンとの相乗効果系が使われるが, 難燃効率が高く, UL94垂直燃焼試験のV0, 5Vクラスで余裕をもって合格するには, この難燃系が最も適している。三酸化アンチモンの代わりにホウ酸亜鉛, 錫酸亜鉛を使用することは意外と少ないが, 三酸化アンチモンの有害性, 価格を心配する場合は使われる。しかし, 難燃性の低下はやむを得ない。先にも触れたが, PTFEの少量添加, 三酸化アンチモンと三酸化アンチモン鉱石粉末品の複合難燃剤STOX501も, 最近, 塩ビをはじめ一般の難燃材料に使われ始めている。

ハロゲン系難燃剤の選択では, ベース樹脂の耐熱性によって脂肪族系と芳香族系を使い分ける。一般的なハロゲン系難燃剤の選択にも環境安全性の先取り的な考え方が採用されており, 耐熱性, 低抽出性, 低揮発性の高分子量型が次第に好まれる傾向が見られる。臭素化ポリスチレン, Emerald, BT93, 8010, TBBAオリゴマー型等が注目されている。

（ii）リン系難燃剤

リン酸エステル系は, 汎用品ではモノマー型が使用されるが, 最近の傾向として縮合型が次第に増加してきている。メーカー側も縮合型の開発に力を入れてきている。製品物性の要求特性が耐熱分解性, 耐加水分解性の向上に向けられていることも手伝ってその要望が強い。

IFR型難燃剤は, 高難燃性を示すことから注目され, メーカー各社で新製品を上市しており, 使用者側独自で自社配合で対応しているところもある。難燃効果が高い特徴があるが, 熱分解温度は250〜260℃位であるため, 耐熱エンプラに使用した時の加工中の分解の危険性があり, 耐吸湿性, 電気特性の点でも若干不安がある。

ホスフィン酸金属塩は, 耐熱性, 難燃性に優れており, 特に熱分解温度が300℃以上であることが特徴である。耐熱エンプラの最高加工温度の290℃でも安定である。従来から難燃性を促進する難燃助剤が注目されており, 錫酸亜鉛の難燃助剤による難燃性向上効果も報告されている。今後, 耐熱性エンプラを中心とした動きに注目したい。

赤リンは, 添加量当たりの難燃効果が高いことから, 工業製品用, 発泡PU

用，自動車用内装材料用，EM電線ケーブルのポリオレフィンの難燃助剤用として使用されている。着色性改良タイプ，加工中の安全性改良タイプの開発も進んでいる。

(ⅲ) 無機水和金属化合物

水和金属化合物は，難燃効率が高くないため難燃化技術向上の点について，メーカー側から見て微粒子化，表面処理による分散性の向上，使用者側から見てベース樹脂の極性の調整，難燃助剤の研究の課題がある。助剤については，現時点では，赤リンが最も効果が高く，EM電線ケーブルのベース樹脂EVA，EEA，TPEの水酸化Mg配合の難燃助剤として使用されている。難燃機構においても述べたように，その他多くの難燃助剤の研究が報告されており，バリヤー層にセラミック状の無機断熱層を作るシリコーン化合物，チャー生成量の増加と安定性を特徴とする芳香族系樹脂やエンプラのブレンドが効果の高い助剤として知られている。現在進められているナノフィラーのMMT，CNTの助剤効果がどの程度まで発揮されるのか期待したい。

(ⅳ) ナノコンポジットの従来難燃系との併用系

ナノコンポジットは，数年前までは，ナノフィラー単独による研究が進められ，世界的に多くの研究が報告されていたが，最近は先にも触れたように，ナノフィラーと従来難燃剤との併用の研究が多くなってきている。少量の添加量で高い難燃性が得られることが注目されるポイントである。

1.3 樹脂，ゴムの難燃化技術

現在，熱可塑性樹脂，熱硬化性樹脂，ゴム，エラストマーと呼ばれる高分子は，日本国内での消費量を見ると全体で約1,550万t/年程度になると推定される。樹脂が1,380万t，ゴムが167万t程度と推定される。これら高分子は，優れた物性と加工性を有しており，広い産業分野，日常製品に急速にその需要量を伸ばしてきた。高分子の進展は，人類に大きな夢と希望を与えてくれた。しかし一方では，さまざまな問題を引き起こす原因ともなっている。その一つが火災事故である。生産活動，日常生活の中で発生する火災事故は，大きな損害と死傷者を出している。原因のひとつに高分子が燃えやすい欠点をもつ

ことである。燃えやすいだけではなく，燃えた時に種類によっては煙，有害性ガスを発生することもある。統計データを見ると火災温度が原因で死亡するよりは，煙，有害性ガスによる場合が多い。

図3-2には，最近の日本の火災事故の統計データを示す。事故件数，原因，死傷者数の最近の経緯を知ることができる。

火災事故対策として各種製品には，難燃性規格が制定されており，規格に合格しないと製造販売ができないことになっている。使用される各種樹脂，ゴムは多くの種類があり，その特徴を生かした材料が使われている。代表的な高分子の分子構造とその燃焼性，熱的性質を表3-4，表3-5に示す。

このような高分子は，表3-6に示すように広範囲の産業分野，日常製品に使用されており，それに適用される規格が各応用分野で決められている。

樹脂，ゴムの実用難燃材料の配合設計の目安として，ハロゲンを含まない高分子の場合の代表的な配合例を表3-7に，実際に使用されている難燃性樹脂の難燃性と物性の例を表3-8に，さらに，表3-9には，ゴムの例としてEPDMに臭素系，水和金属化合物系，リン系難燃剤を配合した時の物性と難燃性を示すので難燃剤配合の一般的な処方として参考にしていただきたい。

ここまでは，樹脂，ゴムの基準となる難燃化技術について述べてきたが，ここからは，樹脂，ゴムの難燃化技術の中で特に注目されている下記の課題に分け，以下の項目番号に沿って難燃化技術を説明したい。

 1.3.1 高難燃効率を目指す難燃化技術
  ⅰ）相乗効果を利用した難燃化
  ⅱ）IFR系難燃剤による難燃化
 1.3.2 リン化合物（縮合型リン酸エステル，ホスフィン酸金属塩）による難燃化
 1.3.3 水和金属化合物による環境対応型難燃材料
 1.3.4 その他難燃剤による難燃化
  窒素系難燃剤，シリコーン系難燃剤，ヒンダートアミン系難燃剤，アゾアルカン化合物系難燃剤

第3章 材料別難燃化技術

平成 24 年, 25 年の火災統計

	平成 24 年	平成 25 年	前年比
総出火件数	44,189 件	48,095 件	8.8%
建物火災	25,583 件	25,053 件	－ 2.1%
（うち住宅火災）	（14,1510 件）	（13,621 件）	（－ 3.7%）
車両火災	4,549 件	4,586 件	0.8%
林野火災	1,178 件	2,020 件	71.5%
船舶火災	87 件	91 件	4.6%
航空機火災	1 件	3 件	200.0%
その他火災	12,791 件	16,342 件	27.8%
火災による死者	1,721 人	1,625 人	－ 5.6%
火災による負傷者	6,826 人	6,858 人	0.5%
住宅火災による死者（放火自殺者等を除く）	1,016 人	997 人	－ 1.9%
うち 65 歳以上の高齢者	677 人	703 人	3.8%
原因別出火件数			
放火と放火の疑いの合計	8,590 件	8,786 件	2.3%
（うち放火）	（5,370 件）	（5,093 件）	（－ 5.2%）
（うち放火の疑い）	（3,220 件）	（3,693 件）	（14.7%）
たばこ	4,212 件	4,454 件	5.7%
こんろ	3,959 件	3,717 件	－ 6.1%
たき火	2,430 件	3,739 件	53.9%

過去 5 年間の主要出火原因別火災件数

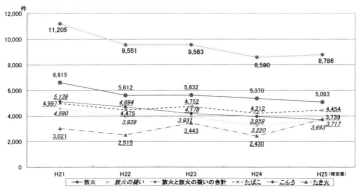

図 3-2　平成 24 年, 25 年火災統計（上）と過去 5 年間の主要出荷原因別火災件数（下）[9]

1 樹脂，ゴムの難燃化技術

表3-4 ポリマーの化学構造と燃焼性

種類	燃焼性指標				燃焼現象
	種類	熱分解温度 (℃)	燃焼熱 (kcal/gmol)	酸素指数	
(1) H，C含有構造 PE，PP，PS，PB等	PE	330〜400	312	17〜30	燃焼し易い。燃焼熱高い。燃焼生成物は，C，(煙) 一酸化炭素，炭酸ガス，水蒸気
	PS	285〜440	1,033	17〜28	
	PP	328〜400	467	17〜30	
(2) C，H，O含有構造，PC，PET，PAc等	PC	420〜620	1,880	21〜44	(1)系ポリマーより燃焼性が低い。燃焼生成物は(1)系と同一。
	PET	370〜390	743	20〜40	
	PAc	328	278	17〜29	
(3) C，H，N含有構造 PA，PAN，PU，ABS等	PA	310〜380	760	23〜38	(2)系ポリマーと同等の燃焼性，燃焼生成物は，(2)系＋HCN，NO$_2$
	PU	340〜380	749	24〜32	
	PAN	250〜280	278	24〜33	
(4) C，H，ハロゲン含有構造 PVC，PVdc，PVdf，PFA，ETFE，FEP等	PVC	200〜300	258	27〜39	燃焼が遅く，難燃性が高い。燃焼熱が低い。燃焼生成物は，(2)系＋HCl，HF
	PVdc	225〜300	232	27〜39	
	PVdf	400〜475	140	＞45	

注）酸素指数は，実用化されている非難燃，難燃材料を示す。

表3-5 各種ポリマーの熱的性質

種類	耐熱性 (短時間) (℃)	耐熱性 (長時間) (℃)	軟化点 VcatB (℃)	分解温度範囲 (℃)	引火温度 (℃)	発火温度 (℃)	比重
LDPE	100	80	—	340〜440	340	350	0.91
HDPE	125	100	75	340〜440	340	350	0.90
PP	140	100	145	330〜410	350〜360	390〜400	0.91
PS	90	80	88	300〜400	345〜360	490	1.05
ABS	95	80	110	—	390	480	1.06
SAN	95	85	100	—	370	455	1.08
PVC（硬）	95	60	70〜80	200〜300	390	455	1.40
PVdC	150	—	—	225〜275	＞530	＞530	1.87
PTFE	300	260	—	510〜540	560	580	2.20
PMMA	95	70	85〜100	170〜300	300	450	1.18
PA	150	80〜120	200	300〜350	420	450	1.13
PET	150	130	80	285〜305	440	480	1.34
PC	140	100	150〜155	350〜400	520	—	1.20
POM	140	80〜100	179	220	350〜400	400	1.42

第3章　材料別難燃化技術

表3-6　各種産業分野で使用される難燃材料と適用規格

応用分野	主な応用製品	使用される難燃材料	主な適用規格
電気電子機器	家電製品 電気機器 PC 回路基板	PS, ABS, PC/ABS, PC, PET, PA, 変性PPE, PE, PP, PU, PVC, エポキシ樹脂, PET, 各種合成ゴム, 各種TPE	電安法 各種UL規格 （94, 746, 114, 1410, 1270） IEC, 65, 335, 930 RoHS, REACH 化審法
OA機器	複写機 プリンター	PET, 不飽和PET, PS, ABS, PVC, PC, PC/ABS, PA, PE, PP, 各種合成ゴム, 各種TPE	各種UL規格（94, 114, 746） IEC60950 RoHs, REACH
電線, ケーブル	原子力ケーブル 機器用電線, ハーネス EMケーブル	PE, PP, 架橋PE, PVC, PA, 各種合成ゴム, TPE, エポキシ樹脂, PU	電安法 IEC383 UL各種規格 EMケーブル規格 耐熱耐火電線, ケーブル
自動車	内装材 ハーネス	PVC, PP, PE, 各種合成ゴム, 各種TPE, 各種エンプラ	JIS D 1201 FMVSS302 ISO3795
車両	車両内材料 配線材料	PE, PP, PVC, PET, 不飽和PET, 各種エンプラ, 各種合成ゴム, エポキシ樹脂, PU	鉄運81号 JR規格 国土交通省令第83条
建築	防火木材 耐火塗料 壁紙, 仕切板	PE, PP, 不飽和PET, PS, ABS, 各種エンプラ, PU, シリコーン, エポキシ樹脂, 各種合成ゴム	建築基準法
繊維	各種繊維製品	綿, PVA, 各種合成繊維	消防法 JIS L 1091
航空機	室内装備材料 機能部品材料	PTFE, FEP, PVdF, シリコーン, 各種エンプラ	FAR
船舶	室内装備材料	汎用熱可塑性樹脂, 各種エンプラ, 各種繊維, 合成ゴム, TPE, シリコーン	船舶防火構造規則 ISO/TC92 ISO/TC62

1 樹脂，ゴムの難燃化技術

表 3-7 非ハロゲン含有樹脂及びゴムが UL94, V-0 に合格する難燃剤配合例

難燃剤	必要配合量（部）	備考
ハロゲン系難燃剤＋三酸化アンチモン（相乗効果剤）	ハロゲン化合物（12～15 部）＋三酸化アンチモン（約 5 部） 　相乗効果剤としてホウ酸亜鉛，錫酸亜鉛を使用する場合は，相乗効果剤を 15～20％増量する必要有。 　塩素系難燃剤よりは，臭素系難燃剤の方が若干難燃効果が高い。	配合量は，難燃剤の分子構造により異なり，ハロゲン含有量により調整する必要あり。 ベース樹脂との熱分解温度のマッチングにより難燃効果が異なるので注意。 分散性に注意して比較すること。
リン系難燃剤	リン酸エステル　　　　　15～20 部 ホスフィン酸金属塩　　　16～20 部 IFR 系　　　　　　　　 17～20 部 赤リン系　　　　　　　　7～10 部	上項と同一の注意の他に，適正ベース樹脂の選択が重要である。
無機水和金属化合物	水和金属化合物単独　　　160～170 部 水和金属化合物＋助剤併用 　　　　　　　　　　　130～140 部 　難燃助剤赤リン，シリコーン化合物，芳香族系樹脂等により異なる（助剤，4～5 部），ナノフィラー（5～10 部） メラミン化合物　　　　　20～25 部	表面処理剤，粒子径，ベース樹脂の極性，分散性によって異なる。
その他	ナノコンポジット系＋従来難燃系併用 　ナノフィラー10 部以下で，従来難燃系を，通常の場合よりも大きく減量する。	ナノフィラーの選択，有機極性化合物の選択により異なる。分散性の制御により大きく変化することに注意。

注 1) 変動する要因の影響を受けるので変化する場合がある。評価方法により評価が変動する場合がある。

注 2) UL94, V0 と V1 の間には，ドリップ性が大きく影響するので，ドリップ防止剤の有無によって結果が変動する。その場合はドリップ防止剤の有無の両方を評価して判断した方が良い。

第3章 材料別難燃化技術

表 3-8 各種難燃性樹脂の難燃性と物性の比較

特性	PE (MH)	PS	ABS	PA	PC	PET
酸素指数	26〜35	27〜34	28〜35	29〜38	28〜36	28〜35
UL94. V	V1〜V0	HB〜V0	HB〜5VA	V2〜V0	V2〜5VA	HB〜5VA
発煙性 (CA)	80〜120	—	—	—	—	—
発生ガス (pH)	4.1〜5.1	—	—	—	—	—
MFR (g/分)	0.19〜5.1	2.3〜2.8	2〜70	0.6〜20	5〜33	18〜90
破断強度 (MPa)	10〜15	25〜45	40〜100	47〜180	10〜120	80〜150
伸び (%)	500〜700	2〜60	3〜25	2〜320	4〜120	1.5〜3.0
ρ Ω-cm	10^{14}〜10^{15}	$>10^{13}$	10^{11}〜10^{12}	10^{11}〜10^{12}	10^{14}	10^{14}〜10^{15}
衝撃強度 (kJ/cm^2)	—	3〜9	8〜10	5〜85	85〜90	78〜300
加工温度 (℃)	200〜230	190〜240	160〜220	240〜285	270〜300	280〜300

表 3-9 代表的な難燃性ゴム配合とその難燃性

項目	難燃 EPDM	NH 難燃 EPDM	NH 難燃 EPDM	架橋 PE EM グレード
難燃系	臭素系 20 部 三酸化アンチモン	水酸化 Mg150 部, 助剤系併用	縮合リン酸エステル (25 部)	水酸化 Mg 150 部 助剤併用
酸素指数	30〜35	27〜32	28〜33	28〜35
発火温度 (℃)	370〜390	360〜380	360〜380	370〜390
発熱量 (kcal/kg)	6,200	6,400	6,300	6,400
発熱量 (Dsmax) F 法 N 法	320 285	280 269	310 285	270 240
HCl 発生量 (mg/g)	50	0	0	0

1　樹脂，ゴムの難燃化技術

1.3.1　高難燃効率を目指す難燃化技術
（i）相乗効果を利用した難燃化技術[2〜12]

　相乗効果については，第2章の難燃機構で詳細を述べているので記述できなかった点を補足説明する程度としたい。

　相乗効果を利用した難燃化技術は，高難燃性材料を作るのに最も幅広く利用されている難燃系であり，古くから世界的に使われている。図3-3，図3-4に示すような，ハロゲン化合物と三酸化アンチモンとの反応を利用して燃焼系の中にラジカルトラップ効果を発揮するハロゲン化水素，オキシハロゲン化アンチモン，酸素の希釈効果と遮断効果を発揮するハロゲン化アンチモンを生成して難燃化を行うと考えられている[2,3]。この反応はいくつかの特徴を持っており，5段階の温度で段階的に反応が進行すること，燃焼反応が開始する温度より低い温度で難燃効果を示すハロゲン化水素，オキシハロゲン化アンチモンを発生し，燃焼温度の上昇にほぼ沿って反応が進行すること，高分子の分解挙動とかなりマッチングした状態で分解し，高分子から発生する可燃性ガスとの相互作用に適した状態で進行すること等が特徴として挙げられる。ここで注目すべきことは，図3-5[2]に示す金属酸化物添加によるオキシハロゲン化アンチモンの熱分解挙動の変化である。金属酸化物の種類によってオキシハロゲン化アンチモンの分解挙動が変化して生成する塩化アンチモンの生成挙動が変化する

$$R \cdot HCl \xrightarrow{\sim 250℃} R + HCl$$

$$2HCl + Sb_2O_3 \xrightarrow{\sim 250℃} 2\,SbOCl + H_2O$$

第1ステップ
$$5\,SbOCl(s) \xrightarrow{245〜280℃} Sb_4O_5Cl_2(s) + SbCl_3(g)$$

第2ステップ
$$4\,SbO_5Cl_2(s) \xrightarrow{410〜475℃} 5\,Sb_3O_4Cl(s) + SbCl_3(g)$$

第3ステップ
$$3\,Sb_3O_4Cl(s) \xrightarrow{475〜565℃} 4\,Sb_2O_3(s) + SbCl_3(g)$$

第4ステップ
$$Sb_2O_3(s) \xrightarrow{658℃} Sb_2O_3（第1ステップへ）$$

図3-3　ハロゲンと三酸化アンチモンの反応様式

第 3 章　材料別難燃化技術

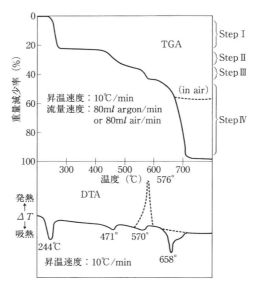

図 3-4　ハロゲンと三酸化アンチモンの反応を示す DTA, TGA 挙動

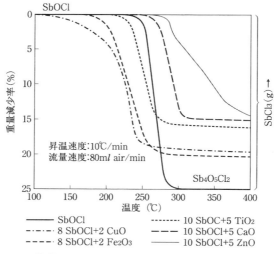

図 3-5　オキシ塩化アンチモンの熱分解挙動に対する金属酸化物の効果

ことになる。これによって燃焼系の難燃効果が変化する。また，図3-6[2)]に示すハロゲン化合物の中のハロゲン量と三酸化アンチモンの適正比率も実用配合を決めるのに重要である。

最近は，三酸化アンチモンの品不足，価格の高騰による代替品の問題について検討が進められている。環境問題については，日本鉱業協会のアンチモン部会が中心となり，

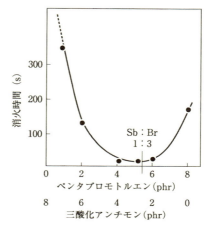

図3-6 ポリエステル積層板に対するハロゲン-アンチモン相乗効果を発揮する適正比率

環境安全性の検討が行われており，ノンダスト化，ウェット化，マスターバッチ化が進められている。

(ii) IFR 難燃剤による難燃化

IFR難燃系は，APP，窒素化合物とPERのような炭素供給剤の併用により，リンによる脱水炭化作用と窒素化合物による発泡チャーの生成と，リンのラジカルトラップ効果による難燃効果が期待される難燃効率の高い難燃系である。発泡チャーの生成機構は，難燃剤の項で示してあるが，生成反応を図3-7に示す[13)]。ここで生成する発泡チャーは，優れた断熱効果を示し，薄い皮膜でも優れた効果を示すことが表3-10から知ることができる[13)]。この効果は，窒素化合物の種類によって異なるが，これらの試験結果を表3-11に示す[14)]。ここで示されているFR（難燃）効率は，酸素指数を添加量で割った値であり，SE（相乗効果）係数は，難燃系のFR効果をAPPのみの場合のFR効率で割った値で示されている。またいくつかの金属化合物がこのIFRの難燃効果を高めることが報告されているので，そのデータを図3-8，図3-9に示す[15)]。

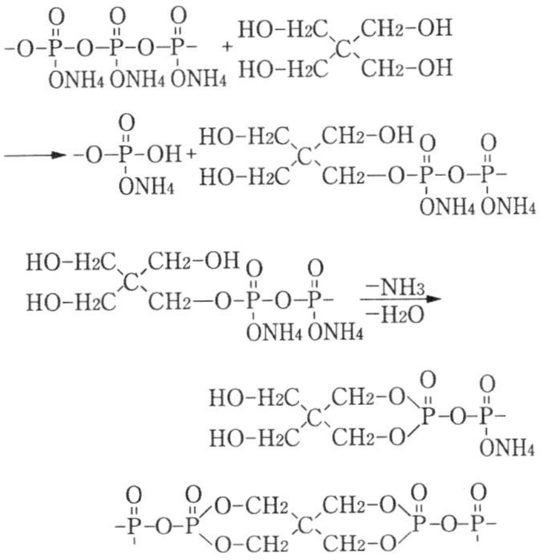

第3章 材料別難燃化技術

図3-7 IFR難燃系による発泡チャーの生成反応

表3-10 Intumescent系における発泡チャーの断熱効果

〈表面に発泡層を持つ断熱層の燃焼継続のための外部温度〉

厚み (cm)	外部温度 (℃)
0.01	347
0.1	747
0.27	1,500
1.0	4,500

表3-11 PPに対するIntumecent系難燃剤における窒素化合物の相乗効果の比較

主難燃剤	相乗効果剤	FR効率	SE係数
APP	—	0.31	—
	PER-ペンタエリスリトール	1.7	5.5
	メラミン + PER	0.92	3.0
	メラミン	2.4	7.7
	ポリトリアジンピペラジン	3.0	9.7

1 樹脂, ゴムの難燃化技術

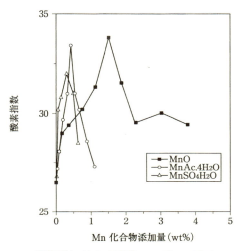

図3-8 Intumescent難燃系に対する硫酸マンガン, 酢酸マンガンの難燃効果

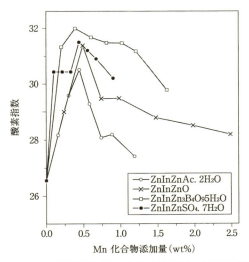

図3-9 Intumescent難燃系に対するホウ酸亜鉛, 酢酸亜鉛の難燃効果

1.3.2 リン化合物（縮合リン酸エステル，ホスフィン酸金属塩）による難燃化

リン化合物は，非ハロゲン系難燃剤の代表として樹脂，ゴムの難燃剤の中心的な役割を担っている。その難燃機構は，次の気相と固相の両方の難燃機構を示す。

① 気相での難燃効果

$$H_3PO_4 \rightarrow HPO_3 + PO + Et \qquad H + PO \rightarrow HPO$$
$$H + HPO \rightarrow H_2 + PO \qquad \cdot H + PO \rightarrow HPO + O$$

② 固相での難燃効果

リン化合物の酸化によるリン酸の生成 → 加熱酸化による重合の進行
→ ポリメタリン酸の生成 → 脱水炭化反応の進行
→ チャー層の生成

$$HO-\overset{|}{\underset{|}{P}}-OH \rightarrow HO-PO-P-OP-OH + H_2O \uparrow$$

（強酸のポリリン酸が他の分子をプロトン化して強い脱水炭化作用を示す）

特に水酸基を含むセルロース，ポリウレタン，PET等はこの強酸によって炭化物の生成が進みやすい。リンは特に分子中に酸素や水酸基を含む高分子に効果が高く，8％以下のリン量でもかなり高い難燃性を示す。

縮合型リン酸エステルの難燃剤の特徴とPC/ABS樹脂に対する難燃効果，物性への影響について表3-12，図3-10～図3-12に示す[16]。約12部の配合量でUL94，V0に合格する。加熱変形，耐衝撃強度は低下傾向を示す。

縮合型リン酸エステルは，モノマー型リン酸エステルと比較すると耐熱性，耐加水分解性は優れているが，さらに優れた特性が要求されることから，新規タイプの開発が進められている。表3-13には，従来のリン酸エステル（TPP，RDP，BDP，RDX）を改良して最近開発されたRDXPの耐熱性，耐加水分解性を示す[5,17]。

表3-13に示すようにRDXPは，従来のRDP，RDXと比較して1％重量減

1 樹脂, ゴムの難燃化技術

表 3-12 縮合型リン酸エステルの難燃剤としての特徴

種類	項目	熱安定性	耐水性	デポジット	備考
モノマー型	TPP	○	○	△	揮発性がやや高めのため、モールドデポジットが多い。コスト面は有利。
縮合型	RDP	○	△	○	実用的には問題ないが、耐水性がやや劣る。
	BPADP	○	○	○	現状ではバランスのとれた難燃剤で、多用されてきつつある。コストは高め。
	BPADC	○	○	○	現状ではバランスのとれた難燃剤で、コストは高め。
	RDDMP	○	○〜◎	○〜◎	上記難燃剤より良い。材料コストは高い。

TPP：Triphenyl Phosphate
RDP：Resorcinol Diphenyl Phosphate
BPADP：Bisphenol-A Diphenyl Phosphate
BPADC：Bisphenol-A Dicresyl Phosphate
RDDMP：Resorcinol Diphenyl Dimecyl Phosphate

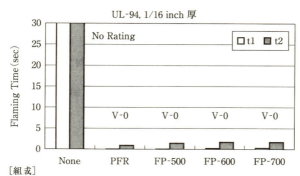

[組成]
PC/ABS/Polytetrafluoroethylene/Phosphate=70.2/17.5/0.3/12.0
PFR, FP-500：RDP タイプ縮合型りん酸エステル
FP-600, FP-700：BPADP 縮合型りん酸エステル

図 3-10 PC/ABS アロイに対する縮合リン酸エステルの難燃効果

119

第3章　材料別難燃化技術

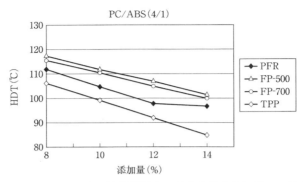

図 3-11　PC/ABS アロイの熱変形温度に対する縮合リン酸エステルの効果
（配合は，図 3-10 と同一である）

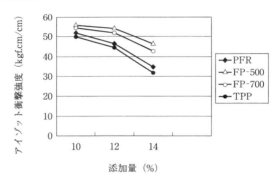

図 3-12　PC/ABS アロイの耐衝撃強度に対する縮合リン酸エステルの効果
（配合は，図 3-10 と同一である）

少温度が 60℃ 改良されており，ガラス強化 PET 等の成形加工温度の高い樹脂への応用が可能になるレベルになってきている。

　リン酸エステルの用途として発泡 PU がある。自動車用シート，家具用に使用されているが，通常の PU は非常に燃えやすく，高い難燃性が要求されている。ハロゲン含有リン酸エステルの TCEP（トリクロロエチルホスフェート）等が使用されているが，環境安全性の観点から非ハロゲンリン酸エステルへの代替も検討されており，図 3-13，図 3-14 に示すような燃焼時のチャー生成量の高い新規非ハロゲン縮合型リン酸エステルの開発も報告されている[5]。

表3-13 改良型縮合リン酸エステル RDXP の耐熱性と耐加水分解性

項目	TPP	RDP	BDP	RDX	RDXP
耐熱性 1%重量減少温度（℃）	200	259	284	280	347
耐熱性 5%重量減少温度（℃）	231	323	371	323	401
耐加水分解性 分解率（%）	47.1	54.8	33.9	14.2	0.3

注）耐熱性試験　示唆熱分析（昇温10℃/分，空気中雰囲気）
　　耐加水分解性試験　プレッシャークッカー121℃飽和水蒸気中×96 hr 試験

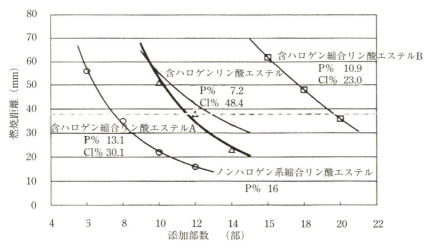

図3-13　含ハロゲンリン酸エステルと非ハロゲン縮合型リン酸エステル（リン含有量16%）の難燃性の比較（試験法—FMVSS302, 自動車用内装材による試験）[5]

リン系難燃剤の中でホスフィン酸金属塩は，耐熱性に優れた特徴的な難燃剤であり，耐熱性樹脂に適した難燃剤である。種類と特徴は難燃剤の項を参照されたいが，先に述べたリン酸エステルと比べるとほとんどが粉末状であり，熱分解温度が300℃以上と高い点と耐加水分解性が優れていることが特徴である。そのほか，低比重であり，電気特性，着色性に優れている。耐熱性，耐加

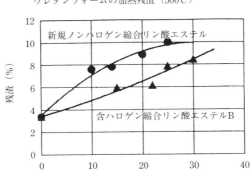

図 3-14 含ハロゲンリン酸エステル，非ハロゲン縮合型リン酸エステル（リン含有量 16％）配合 PU フォーム燃焼時の燃焼残渣の比較[5]

水分解性，電気特性が優れている点を考えると PET 等への応用が最も適している。日本の市場への登場は 2004 年頃で，歴史が浅いが注目されている難燃剤の一つである。

難燃効果は，UL94，V0 に合格するための配合量は、20％弱程度といわれているが，メーカーが推奨している配合組成を引用して表 3-14 に示す[18]。

最近，錫酸亜鉛がホスフィン酸金属塩の難燃性を改良することが報告されているので紹介しておきたい[18,20]。図 3-15～図 3-17 にガラス繊維強化 PA にホスフィン酸金属塩 OP1230 と錫酸亜鉛 Flamtard の併用効果を示す。これによると，OP1230 の 5～7 部を錫酸亜鉛に置き換えると酸素指数の向上，発熱量の低減，発煙性の低減効果が大きいことが認められる。

1. 3. 3　水和金属化合物による難燃化

水和金属化合物による難燃化は，水酸化 Al，水酸化 Mg の二つの難燃剤が使われる。難燃機構は，脱水吸熱反応と無機化合物＋カーボンチャーの複合バリヤー層による効果によっている。さらに，両難燃剤とも低発煙効果を発揮する。これは，燃焼時に生成する活性酸化 Al，活性酸化 Mg の炭素微粒子の酸化反応によるガス化によると言われている。また，バリヤー層によって閉じ込

表3-14 PBT配合ホスフィン酸金属塩の処方（UL94，V0目標）

樹脂，配合剤	1	2	3	4	5
PBT	69.7	49.7	49.7	49.7	49.7
ガラス繊維	30	30	3	30	30
OP1240	—	20	13.3	13.3	—
MPP	—	—	—	6.7	—
MC	—	—	6.7	—	—
ジブロムベンゼンアクリレート	—	—	—	—	9.0
三酸化アンチモン	—	—	—	—	0.3
離型剤	0.3	0.3	0.3	0.3	0.3
UL94（0.8 mm厚）		V0	V0	V0	V0

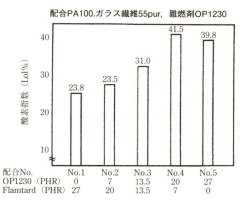

図3-15 ガラス強化PAのホスフィン酸金属塩（OP1230）配合の酸素指数に対する錫酸亜鉛の併用効果

められている酸素不足による可燃性成分の炭化促進効果も難燃機構に貢献している。

　水和金属化合物の脱水温度，吸熱量は、既に図2-13，表2-20に示す通りであり，この脱水開始温度と脱水速度が，ベース樹脂の熱分解温度，熱分解速度にできるだけマッチングしていることが好ましい。その意味からいうと両者の併用は効果が高いことが推測できる。実際にそのような結果も得られてい

第3章　材料別難燃化技術

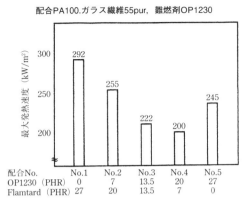

図3-16　ガラス強化PAのホスフィン酸金属塩（OP1230）配合の発熱量に対する錫酸亜鉛の併用効果

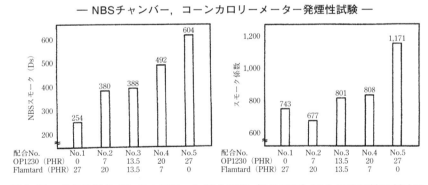

図3-17　ガラス強化PAのホスフィン酸金属塩（OP1230）配合の発煙性に対する錫酸亜鉛の併用効果

る。現在，実際には，両者の使い分けは，高分子の加工温度によって使い分けられており，水酸化Alは，混練，押出温度のような加工温度が200℃以下のPVC，合成ゴム，エポキシ樹脂，PU等に使われ，水酸化Mgは，加工温度が高いポリオレフィン，その他熱可塑性樹脂に使われる。

表 3-15 水和金属化合物の難燃効率向上に関する研究の方向

項目	性能と難燃機構	今後の研究の方向
水酸化 Mg	脱水吸熱反応（気相） $2Mg(OH)_2 \rightarrow MgO + 2H_2O \uparrow$ チャー + MgO 複合相（固相） 酸素遮断効果，断熱効果 性状 吸熱量　1.356 kJ/g 比重（2.26），分解開始温度（340℃） 平均粒子径（約 0.2 μm）	微粒子化 ナノタイプの開発 （例 Magnifin） 表面処理剤の開発 $Y-(CH_2)_nSi(OR)_3$ Y，OR の新規開発 （高分子量化，オリゴマー化，チタネート化合物）
難燃助剤	赤リン，シリコーン，ホウ酸亜鉛，錫酸亜鉛，芳香族系樹脂（フェノールホルムアルデヒド樹脂）	アゾアルカン化合物 ヒンダートアミン， ナノフィラー（ナノコンポジット）， IFR 系 + 活性ナノフィラー + シリコン，その他

　水和金属化合物は，環境安全性が高くコストも比較的安価であるが，難燃効率が低く，UL&4，V0 に合格するのに 150〜160 部の配合量を必要とする。高分子は，フィラーの取込み性は高い方であるが，粘度がかなり上昇して加工性が低下することが課題となっている。そのため従来から難燃効率を上げるための研究が進められ，現在では，表 3-15 に示すような研究が進められている[1]。これらのデータは今後の参考となるので従来から行われている研究経過を含めてまとめておきたい。

(ⅰ) 粒子の細径化

　水和金属化合物の粒子径は，通常最も細かくても 0.2〜0.3 μm である。それ以上細かくすることは結晶構造の関係で難しいと言われている。ハイブリッド重合によるナノサイズ水酸化 Al の製造法のように特別の製造法が必要となる。

(ⅱ) 粒子形状，粒度分布の修正による難燃性と流動性向上[21]

　粒子形状に丸みを持たせることにより流動性を上げることができる。また，細径と通常径の混合割合の適正化によって難燃性と流動性を上げることができる（表 3-16，図 3-18）。

表 3-16　粒子形状の制御による流動性の向上

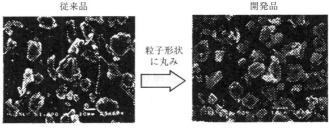

	従来品	開発品
平均粒子径（μm）	10	9
BET 比表面積（m^2/g）	2.6	0.6
コンパウンド粘度（P）	1850	930
ゲルタイム（min）	89	7

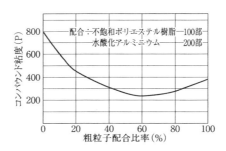

図 3-18　粒度の異なる水酸化 Al 配合による粘度低下

（ⅲ）表面処理剤の研究による分散性，物性，難燃性の向上

　表面処理剤としてシランカップリング剤，シリコーンポリマーを使用して難燃性をはじめ物性，流動性を改良することが確認されている（表 3-17，図 3-19，図 3-20）[21,22]。その他，特殊な窒素化合物で表面処理をした水酸化 Al バイロライザー－HG の難燃効果を表 3-18 に示す[23]。

　また，多層表面処理技術の研究も行われており，モノステアリン酸グリコールのような非反応性処理剤やモノステアリン酸グリコールとポリオールの組み合わせのような反応性処理剤，さらには EVA，ホウ酸亜鉛で処理した水和金

表3-17 シリコンポリマー処理水酸化Mg配合EVAの物性, 難燃性

EVA　60 wt% 水酸化Mg 配合	水酸化Mg 5 m²/g 表面処理なし MagnifinH 5	水酸化Mg 5 m²/g シリコーンポリマー処理品 MagnifinH 5 GV	水酸化Mg 5 m²/g シランカップリング処理 MagnifinH 5 IV
破断時伸び（%）	100	500	176
引張強度（MPa）	11.5	8.6	13.4
水中浸漬後のρ （Ω-cm） 20℃, 28日	1×10^{11}	1×10^{15}	1×10^{14}
酸素指数（%）	41	60	44

（水酸化Mg Magnifin 技術資料より引用）

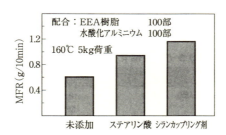

図3-19 シランカップリング剤表面処理水酸化Alによる流動性の改良

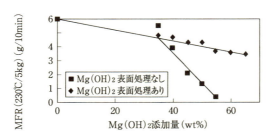

図3-20 シリコーン表面処理水酸化Mg配合PPのMFR（メルトフローレート）

表3-18 パイロライザーHG によるポリオレフィンの難燃化

項目	PP（ブロック）				LDPE	
パイロライザーHG（部）	30	50	0	0	50	70
ATH（部）	0	0	50	100	0	0
OI	27.2	33.3	21.1	23.2	27.2	27.2
UL-94V（1/16″）	V-2	V-2	burn	burn	V-2	V-2
X[*1]（秒）	7	1	—	—	13	3

*1　UL-94 V 試験における 2 回目接炎後の消火までの時間

表3-19　PE，EVA への多層表面処理水酸化 Mg の難燃効果

組成	酸素指数	強張強度 (MPa)	伸び (％)
PE + 60%MH	29	14	11
PE + 60%MH + EVA*	32	12	13
PE + 60%MH + EVA + Sil*	42	8	113
EVA + 60%MH	32	4.8	109
EVA + 60%MH/ZHS**	35	8	70
EVA + 50%MH	24	6.2	831
EVA + 45%MH + 5%ZHS	25	8.6	606
EVA + 50%MH/ZHS**	29	12.2	68

*：EVA とシリコーンは，表面処理に必要な量を使用
**：コンパウンドに対し，ZHS 5% 使用

属化合物は，高い難燃性を示す。これら水酸化 Mg の例を表 3-19 に示す[24]。そのほか，カチオンポリマー表面処理タイプ水酸化 Mg が発表されており（ジュンマグ），特にポリマーとの高い親和力による物性向上，難燃性の向上が強調されている。

(iv) ベースポリマーの極性の調整による難燃性の向上

高分子の極性を上げて水和金属化合物との親和性を上げることは，分散性を上げることになる。特に，PE，PP，EPDM のような非極性高分子では，その効果が大きい。一般的に EVA，EEA のような極性ポリマーをブレンドしたり，ベース樹脂をこの極性ポリマーに置き換えたり，極性モノマーをグラフト

化したりして対応している。

(ⅴ) 難燃助剤の研究

水和金属化合物の一部の難燃効率を高める助剤の研究が広く行われている。その例は，難燃剤の項（表2-32）に特に効果の高い例として示してあるので参照されたいが，ここでは，その他を含めてもう一度整理しておきたい。

(A) 金属酸化物

　　酸化亜鉛，酸化錫，三酸化アンチモン，ホウ酸亜鉛，硝酸鉄，硝酸銅，高級脂肪酸金属塩，フタロシアニン金属塩，アセチルアセテート金属塩

(B) リン化合物

　　赤リン，縮合型リン酸エステル，ホスファゼン化合物，リン酸金属塩

(C) シリコーン化合物

　　シリコーンゴム，高分子量シリコーン油，シリコーン系難燃剤

(D) その他

　　カーボンブラック（高ストラクチャー），PAN，芳香族系樹脂（フェノールホルムアルデヒド樹脂），ナノフィラー（MMT，CNT，活性ナノシリカ）

このような難燃助剤の効果について，水酸化Mg配合と水酸化Al配合の場合の実験結果のいくつかを次に示したい。

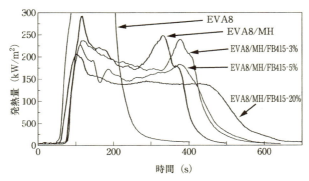

図3-21　EVA-水酸化Mg配合におけるホウ酸亜鉛の難燃助剤効果

第3章　材料別難燃化技術

図3-21にはEVA水酸化Mg配合（150部）でのホウ酸亜鉛を助剤として指定量配合した場合の結果を，図3-22にはEPDM水酸化Mg配合（150部）でのシリコーン化合物（Si），錫酸亜鉛（Sn），カーボンブラック，赤リンを5部配合した場合の助剤効果を示す．両者ともコーンカロリーメーターの発熱量

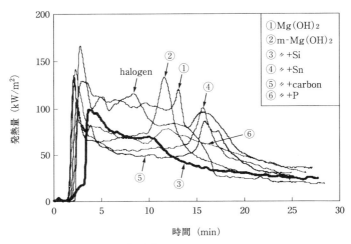

図3-22　EPDM水酸化Mg配合における難燃助剤効果

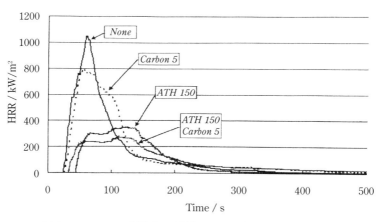

図3-23　EPDM水酸化Al配合における難燃助剤効果（1）

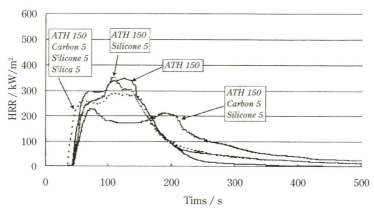

図 3-24　EPDM 水酸化 Al 配合における難燃助剤効果 (2)

を比較しているが，助剤の配合によって発熱量の顕著な抑制効果が認められる[25]。

図 3-23，図 3-24 は，EPDM 水酸化 Al 配合（150 部）での活性カーボン（高ストラクチャータイプ），シリコーン化合物，活性ナノシリカを 5 部助剤として配合した場合の発熱量を比較したものである。ストラクチャーの発達したカーボンとシリコーン化合物の併用が燃焼中継続して発熱量を抑制する効果が大きいことがわかる[26]。

1.3.4　その他難燃剤による難燃化

(i) 窒素系難燃剤

窒素系難燃剤は，図 3-25 に示すようにメラミン，メラミンシアヌレート，メラミンホスフェート，グアニジンの各化合物が挙げられる。用途としては，PU，耐火塗料，紙，繊維等に多く使われている。単独で使用される場合もあるが多くは，TPP，BDP 等のリン系難燃剤と併用する場合が多い[27]。

難燃機構は，生成する窒素系の酸素希釈，酸素遮断効果，分解吸熱，昇華吸熱反応によると考えられている。リン系難燃剤との併用では，この気相の効果と，リン系の固相での効果も働くので全体的効果は高くなる。その中でグアニジン化合物は，表 3-20 に示すように比較的種類が多く，紙，セルロース，木

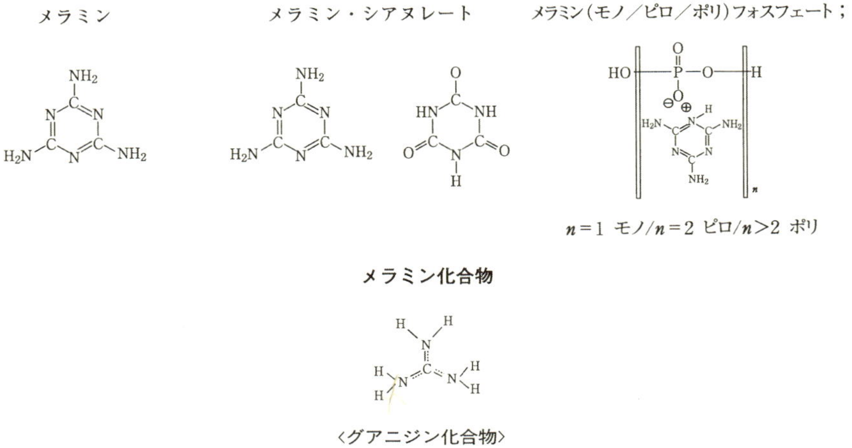

第3章 材料別難燃化技術

メラミン　　　　　メラミン・シアヌレート　　　メラミン（モノ／ピロ／ポリ）フォスフェート；

$n=1$ モノ／$n=2$ ピロ／$n>2$ ポリ

メラミン化合物

〈グアニジン化合物〉

図 3-25　各種窒素化合物系難燃剤

材等の難燃化に使われている[28]。

(ⅱ) シリコーン化合物系難燃剤

シリコーン系難燃剤は，一般的な難燃剤と比較して汎用的な難燃剤ではないが，有害性ガスの発生がなく，クリーンな難燃剤として他の難燃剤と併用され，難燃機構は固相で生成するセラミック状のバリヤー層によると言われているユニークな難燃剤である。従来発表されているシリコーン系難燃剤に関する主な研究内容を表 3-21 に示す[29]。続いてこの表 3-21 の③以外の項目について補足説明を加えたい。

表 3-21 の①は，ポリオレフィンと分子量の高いシリコーン油と水和金属化合物，脂肪酸金属塩との併用による難燃系であり，その難燃機構が注目され，生成するバリヤー層が，-Si-O-，-Si-C- 結合を有するセラミック層と無機酸化物層との複合層であり，優れた断熱効果，酸素遮断効果を示す。

次の②は，ポリオレフィンとシリコーンエラストマー，煙霧質シリカ，有機金属化合物，安定剤，カーボンブラックの配合で，先の①と同じバリヤー層を形成して高い難燃効果を示す。

次に④は，図 3-26 に示すようなセラミック化しやすいポリマーをブレンド

1 樹脂，ゴムの難燃化技術

表3-20 各種グアニジン化合物系難燃剤

化学名	構造式	分子量	難燃元素 (W/W%) N	難燃元素 (W/W%) S.P. B.Br	液性 (約) (4%, 25℃)	融点	溶解度 (g/H₂O 100 g) 水	溶解度 メタノール	ベンゼン アセトン エーテル
スルファミン酸グアニジン	$H_2N-\overset{NH}{\underset{\|}{C}}-HN_2 \cdot HSO_3NH_2$	156.1	35.9	(S) 20.5	7	128	21℃ 102	21℃ 1.4	不溶
リン酸グアニジン	$(H_2N-\overset{NH}{\underset{\|}{C}}-IN_2)_2 \cdot HS_3O_3PO_4$	216.1	38.9	(P) 14.3	8.6	246	20℃ 15.5	20℃ < 0.1	〃
メチロールリン酸グアニジン	$HOH_2C-\overset{H}{\underset{\|}{N}}-\overset{NH}{\underset{\|}{C}}-NH_2 \cdot H_3PO_4$	187.1	22.5	(P) 16.6	7	125	易溶	—	〃
リン酸グアニル尿素	$H_2N-\overset{NH}{\underset{\|}{C}}-NH-\overset{O}{\underset{\|}{C}}-NH_2 \cdot H_3PO_4$	200.1	28.0	(P) 15.5	4	184	25℃ 10	—	〃
リン酸メラミン	(メラミン構造) ·H₃PO₄	224.1	37.5	(P) 13.8	3 (飽和)	300以上 (分解)	25℃ 0.65	—	〃
臭化水素酸メラミン	(メラミン構造) ·HBr	207.0	40.6	(Br) 38.6	4	300以上 (分解)	難溶	—	〃
塩酸グアニジン	$H_2N-\overset{NH}{\underset{\|}{C}}-HN_2 \cdot HCl$	95.5	44.0	(Cl) 37.1	5	184	20℃ 200	20℃ 24	〃
テトラホウ酸グアニジン	$H_2N-\overset{NH}{\underset{\|}{C}}-NH_2 \cdot H_2B_2O_7 \cdot 2H_2O$	230.7	18.2	(B) 9.4	9	—	20℃ 4	—	〃
炭酸グアニジン	$(H_2N-\overset{NH}{\underset{\|}{C}}-HN_2)_2 \cdot H_2CO_3$	180.2	46.6	—	11	200 (分解)	20℃ 42	20℃ 0.6	〃

しておいて，燃焼時に容易にバリヤー層を形成させて難燃効果を発揮させるものである。

次の⑤は，EBAと数部のシリコーンポリマー，炭酸Caとの併用難燃系であり，燃焼時のEBAの分解ガスと炭酸Caとの反応によって生成する図3-27に示すような燃焼残渣を生成させ，炭酸ガスと水分との効果と共に難燃効果を示す。これは，PVCの代替として電線，ケーブル用の難燃材料として開発されたものである[30]。

次の⑥は，PCに指定された分子構造のシリコーン化合物を併用する難燃材料であり，PCとシリコーン化合物との相溶性を調整することにより，シリコーン化合物が表面に析出して表面がシリコーンリッチな状態となり，燃焼しにくい層を形成して難燃化する。その現象は，図3-28に示され，そのバリ

表 3-21 シリコーン系難燃剤を使用した難燃化技術

	難燃系	難燃機構	内容
①	PO, シリコーン油, 水和金属化合物, 脂肪酸金属塩	-Si-O-, -Si-C- 結合セラミック層と酸化金属複合層による断熱遮断効果。	PE, PP, EP コポリマーに分子量の高いシリコーン油を添加分散し, 水和金属化合物 50 部, 脂肪酸金属塩数部, 可能ならば赤リン数部を添加。燃焼残渣が硬い安定した生成物となり, 酸素指数が大幅に上昇。
②	PO, シリコーンエラストマー, 煙霧質シリカ, 有機金属化合物, 安定剤, カーボン	セラミック層, 酸化ケイ素層, カーボングラファイト層の複合層が生成し, 優れた断熱遮断効果。	結晶性 PO として PE, PP にシリコーンゴム数十部, フュームドシリカ数十部, 有機金属化合物数部, カーボン数十部, 安定剤数部を添加。有機金属化合物がセラミック層を安定化して崩れ難い硬い断熱遮断層を生成。
③	PA, シリカゲル, 炭酸カリウム	セラミック層, グラファイトカーボン複合層。	PA にシリカゲルを数部, 炭酸 K を数部添加。表面活性の強いシリカゲルによる硬い安定な無機酸化ケイ素層を形成。
④	SEBS, プレセラミックスポリマー	分子内にケイ元素を含むプレセラミックポリマーの燃焼残渣による断熱遮断効果。	あらかじめケイ素を含むプレセラミックポリマーを数十部ブレンド。燃焼時に容易にセラミック層を形成。
⑤	EBA, シリコーンポリマー, 炭酸カルシウム	炭酸カルシウムと EBA の分解生成物との反応によるカルシウム化合物とセラミックス層, 発生炭酸ガス, 水による吸熱などの複合効果による難燃化。	EBA（エチレン-ブチレンアクリレート）にシリコーンポリマー数部, 炭酸カルシウム数十部添加。セラミック層とカルシウム化合物層を形成。塩ビ代替エコ材料として開発。
⑥	PC, 指定構造のシリコーン化合物	芳香族環状化合物とシリコーンから生成する -Si-O-, -Si-C- 結合に富んだ層の複合生成物による断熱遮断効果。	PC に指定されて分子構造, 分子量のシリコーン化合物を添加。シリコーン化合物が PC 相の中で厚さ方向に傾斜分布し, 表面層が高い濃度のシリコーン層を形成させ難燃化効果を発揮。

ヤー層の構造は, 図 3-29 のように提示されている[31]。

　シリコーンの難燃効果は, チャーとセラミックの複合バリヤー層の生成によるが, バリヤー層の生成量と難燃性（酸素指数）との関係についての報告がなされているので図 3-30 に示す[32]。

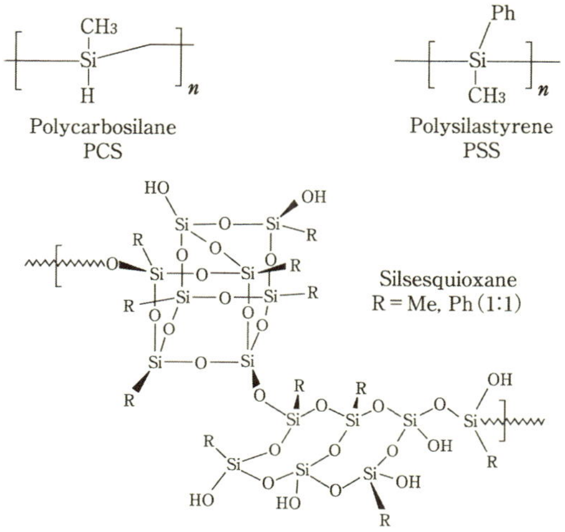

1　樹脂，ゴムの難燃化技術

図 3-26　セラミック化しやすいプレセラミックポリマーの分子構造

　現在市販されているシリコーン系難燃剤としては，DC4-7051（エポキシ基変性タイプ），DC4-7081（メタアクリル基変性タイプ，東レダウ），XC99-B85664（シリコーン，東芝 GE），X40-9805（信越化学）がある。
　これら難燃剤の各種樹脂に対する難燃効果が報告されているので図 3-31〜図 3-33，表 3-22〜28 に示す[33]。

(ⅲ) ヒンダートアミン化合物

　ポリオレフィン系難燃剤として登場してきているヒンダートアミン化合物は，次のようなラジカルトラップ効果を示し，気相における難燃効果を示す。

　　NOR　→　＞NOR・＋ R・
　　＞NOR　→　＞N・＋ OR

　実際には，これ自身単独では効果が低く，表 3-29，表 3-30 に示すように他の難燃剤との併用で使用される場合が多い[34]。

(ⅳ) アゾアルカン化合物

　アゾアルカン化合物は，難燃機構の項で述べたように，次のようなラジカル

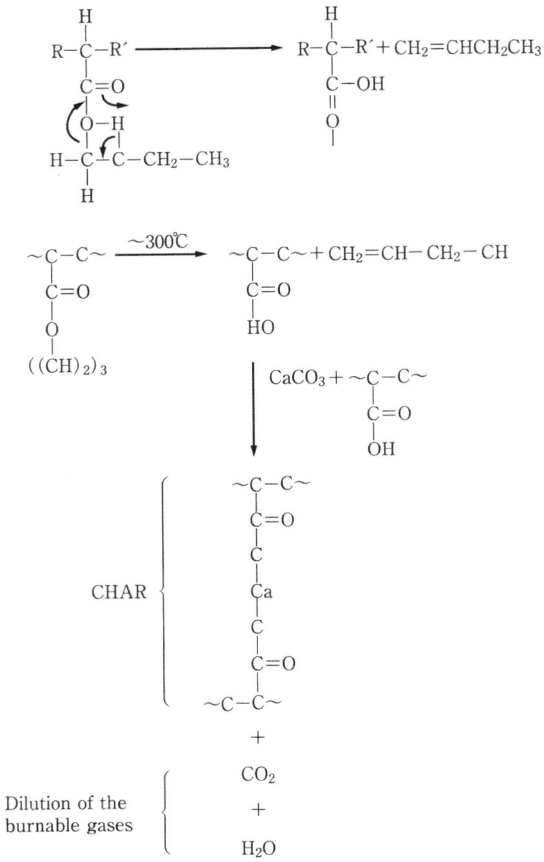

第3章 材料別難燃化技術

```
         H                        H
         |                        |
     R—C—R'         ———>       R—C—R' + CH₂=CHCH₃
         |                        |
         C=O                      C—OH
         ‖                        ‖
        O—H                       O
        ↻↻
     H—C—C—CH₂—CH₃
         |
         H
```

$\sim C-C \sim \xrightarrow{\sim 300℃} \sim C-C \sim + CH_2=CH-CH_2-CH$
　　|　　　　　　　　　　　　|
　　C=O　　　　　　　　　　　C=O
　　|　　　　　　　　　　　　|
　　O　　　　　　　　　　　　HO
　　|
　((CH)₂)₃

↓　　　$CaCO_3 + \sim C-C \sim$
　　　　　　　　　|
　　　　　　　　　C=O
　　　　　　　　　|
　　　　　　　　　OH

CHAR {
　　～C—C～
　　　|
　　　C=O
　　　|
　　　Ca
　　　|
　　　C=O
　　　|
　　～C—C～
}
　　　+

Dilution of the burnable gases {
　　CO_2
　　　+
　　H_2O
}

図 3-27 EBA, シリコーンポリマー, 炭酸 Ca 併用系の燃焼時生成するバリヤー層

分解反応を示し, 臭素系難燃剤, 水酸化 Al 等他の難燃剤との併用で効果を発揮する.

　　対称的な分子構造　　　　R − N = N − R'　→　R・ + ・N = N − R'
　　　　　　　　　　　　　　・N = N − R'　→　N = N + R'・
　　非対照的な分子構造　　　R − N = N − R　→　N = N + 2R・

1 樹脂，ゴムの難燃化技術

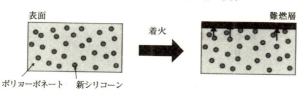

図3-28 PCとシリコーン化合物による難燃化において燃焼時生成するバリヤー層の状態

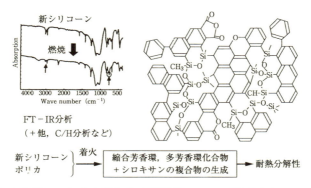

図3-29 PCとシリコーン化合物による難燃化において燃焼時生成するバリヤー層の構造

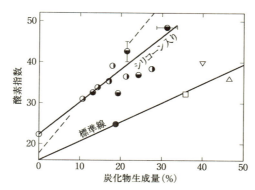

図3-30 シリコーン化合物による難燃化におけるチャー生成量と難燃性（酸素指数）の関係

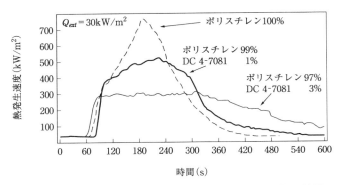

図 3-31　PS の発熱速度に対するシリコーン系難燃剤の効果

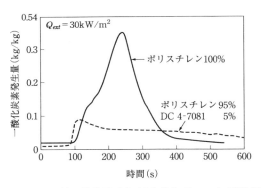

図 3-32　PS の CO ガス発生速度に対するシリコーン系難燃剤の効果

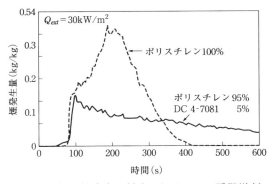

図 3-33　PS の総発熱速度に対するシリコーン系難燃剤の効果

1 樹脂, ゴムの難燃化技術

表 3-22 PS のシリコーン系難燃剤による難燃化

サンプルの種類 (数字は PS への添加量)	熱発生速度	一酸化炭素	煙
	無添加試験体に対する相対値		
ポリスチレンのみ	100	100	100
15% 高粘度シリコーンオイル (60,000 cs)	86	78	94
15% 高分子シリコーン・ガム	68	50	87
10% ガム, 5% シリコーンレジン	51	40	57
15%DC4-7081	30	21	35

計測機器　コーン熱量計 (Q_{ext} = 30 kW/m^2)

表 3-23 PC のシリコーン系難燃剤による難燃化

配合 (wt%)	熱発生速度	一酸化炭素	煙発生速度
	無添加品に対する相対値		
ポリカーボネート：100 (ダウケミカル)	100	100	100
ポリカーボネート： 99 DC 4-7081　　　： 1	57.17	40.86	38.39
ポリカーボネート： 95 DC 4-7081　　　： 5	40.36	23.26	44.34

表 3-24 PP のシリコーン系難燃剤による難燃化

配合 (wt%)	熱発生速度	一酸化炭素	煙発生速度
	無添加品に対する相対値		
ポリプロピレン：100 (エクソン)	100	100	100
ポリプロピレン： 99 DC 4-7081　　 ： 1	100	89.6	85.48
ポリプロピレン： 95 DC 4-7081　　 ： 5	55.4	39.6	77.4
ポリプロピレン： 92 DC 4-7081　　 ： 8	53.5	31.8	67.7

第 3 章　材料別難燃化技術

表 3-25　EVA のシリコーン系難燃剤による難燃化

配合（wt%）	熱発生速度	一酸化炭素	煙発生速度
	無添加品に対する相対値		
EVA　　　　　：100 （エクソン）	100	100	100
EVA　　　　　：99 DC 4-7081　：1	66	51	77.3
EVA　　　　　：97 DC 4-7081　：3	54	44.9	72.7
EVA　　　　　：95 DC 4-7081　：5	49	42.8	72.7

EVA は VA20% 品

表 3-26　HIPS のハロゲン系難燃剤とシリコーン系難燃剤による難燃化

	HIPS HIPS のみ	難燃 HIPS ハロゲン添加	Si パウダー添加 HIPS	
			1% 添加	2% 添加
配合（%）				
HIPS（STYRON 438）	100	78	77	76
DECHLORANE PLUS	0	18	18	18
Sb 203	0	4	4	4
DC 4-7081	0	0	1	2
アイゾット衝撃値（ノッチ付き） 　ft-lb/ インチ	1.35	0.66	0.78	0.79
UL-94　1.8 インチ	HB	HB	V-1	V-0
1/16 インチ	HB	V-2	V-1	V-2
コーン熱量計による試験（相対値）				
熱発生速度	200	100	30.5	30.1
一酸化炭素発生速度	77.6	100	70	69
煙発生速度	67	100	56	55

1 樹脂，ゴムの難燃化技術

表 3-27　PP の水酸化 Mg とシリコーン系難燃剤による難燃化

配合 (%)			熱発生速度	一酸化炭素発生速度	耐衝撃性（ノッチ付きアイゾット）
PP	水酸化マグネシウム	DC 4-7081	無添加品に対する相対値		(ft-lb/インチ)
100	—	—	100	100	0.821
95	5	—	55.4	39.6	0.675
75	25	—	32.5	23.4	0.389
75	20	5	26.9	20.0	0.737
65	35	—	19.0	12.8	0.352
65	30	5	19.0	15.2	0.822
50	50	—	15.0	9.4	0.711
50	45	5	15.0	9.0	1.29

計測機器：コーン熱量計　（Q_{ext} = 40 kW/m^2）

表 3-28　PP のリン系難燃剤とシリコーン系難燃剤による難燃化

配合 (wt%)			熱発生速度	一酸化炭素発生速度	煙発生速度	トルク	耐衝撃性（ノッチ付きアイゾット）
PP	EXOLITE 422	DC 4-7081	無添加品に対する相対値				(ft-lb/インチ)
100	—	—	100	100	100	N/A	0.821
99	—	1	100	89.6	85.45	N/A	N/A
95	—	5	55.4	39.6	77.4	N/A	0.675
70	30	—	62.5	51.5	87.4	100[*1]	0.348
69	30	1	N/A	N/A	N/A	46.4[*2]	0.630
85	15	—	68.3	65.5	92.8	55.8[*1]	0.366
82	15	3	48.7	61.0	107.0	N/A[*2]	0.702
PP	PHOS-CHEK P 40	DC 4-7081					
70	30	—	68.1	56.9	90.8	100[*3]	0.388
80	15	5	37.5	47.4	86.7	64.2[*2]	0.661

計測機器：コーン熱量計　（Q_{ext} = 40 kW/m^2）
＊1：リン系 FR の添加によって，スクリュー上に少量の析出物が認められた。
＊2：スクリュー上に析出物は認められなかった。
＊3：リン系 FR の添加によって，スクリュー上に大量の析出が認められた。
N/A：データを欠いているか，データはあっても妥当性を欠いているもの。

表3-29 PPに対するヒンダートアミン化合物の難燃効果
（UL94水平燃焼試験による評価試験）

難燃系	3試料の全燃焼時間（sec）
25％リン酸メラミン + 1％ HALS	0
5％リン酸メラミン + 1％ HALS	448
5％リン酸メラミン + 1％ NOR	38
5％リン酸メラミン + 0.5％ NOR	63
2.5％リン酸メラミン + 1％ NOR	19
25％ APP + 1％ HALS	9
10％ APP + 1％ HALS	457
10％ APP + 0.5％ NOR	31
10％ APP + 1％ NOR	18
5％ APP + 2％ NOR	20

注）HALSの分子構造　　NORの分子構造

表3-30 PP射出成型品材料に対するヒンダートアミン化合物の難燃効果（UL94垂直燃焼試験による評価試験）

添加剤	燃焼時間（sec）	難燃性
10.5％ DBDPO	＞40	No rating
10.5％ DBDPO + 3.5％三酸化Sb	0.8	V-2
10.5％ DBDPO + 0.25％ NOR	5	V-2
5.0％ DBDPO + 0.25％ NOR	0	V-2
2.5％ DBDPO + 0.25％ NOR	0	No rating

1 樹脂，ゴムの難燃化技術

表3-31 PPに対する臭素系難燃剤，水酸化Al，ヒンダードアミン（NOR116）化合物とアゾアルカン化合物の併用効果（UL94垂直燃焼試験）

試験試料	UL94燃焼試験
比較資料FP	不合格
PP + 15% TBBPP	不合格
PP + 0.5%アゾアルカン化合物 + 14% TBBPP	不合格
PP + 0.5% NOR116 + 14% TBBPP	V0
PP + 5% DECA	不合格
PP + 0.5%アゾアルカン化合物 + 5% DECA	V2
PP + 0.5% NOR116 + 5% DECA	V2
PP + 60% ATH	V2
PP + 1%アゾアルカン化合物 + 25% ATH	V2
PP + 1% NOR116 + 25% ATH	V2

注）適用アゾアルカン化合物分子構造　R-N = N-R（R-ベンゼン環）

　ポリオレフィンに対する臭素系難燃剤，水酸化Al，ヒンダードアミン化合物との併用による難燃効果を表3-31に示し，その中の臭素系難燃剤およびヒンダートアミン化合物併用の場合のTGA曲線を図3-34に示すので参照されたい[35]。アゾアルカン化合物は，少量で臭素系難燃剤，水酸化Alとの併用効果が高く，優れた難燃助剤効果を示す。特に図3-34からわかるように臭素系難燃剤との併用でTGA挙動が高温側にシフトすることであり，NOR116と比較して，熱分解温度のより高い樹脂の難燃化にも効果があることがうかがえる。注意すべきことは，アゾアルカン化合物の構造によって難燃効果が異なることであり，R-N = N-R'構造のR，R'の構造によってTGA挙動が異なり難燃効果にも差が出る。熱分解温度が樹脂の加工温度以上でしかも樹脂の熱分解温度とマッチした熱分解温度の化合物の選択が重要になる。これらの報告の中では，図3-35に示す構造の化合物が比較的難燃剤として適していることが示されている[35]。

第3章 材料別難燃化技術

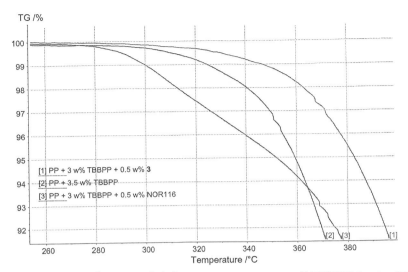

図 3-34 PP 配合アゾアルカン化合物, TBBPP, NOR116, 併用難燃系の TGA 挙動
(1) PP + 3% TBBPP + 0.5%アゾアルカン化合物
(2) PP + 3% TBBPP
(3) PP + 3% TBBPP + 0.5% NOR116(ヒンダートアミン化合物)

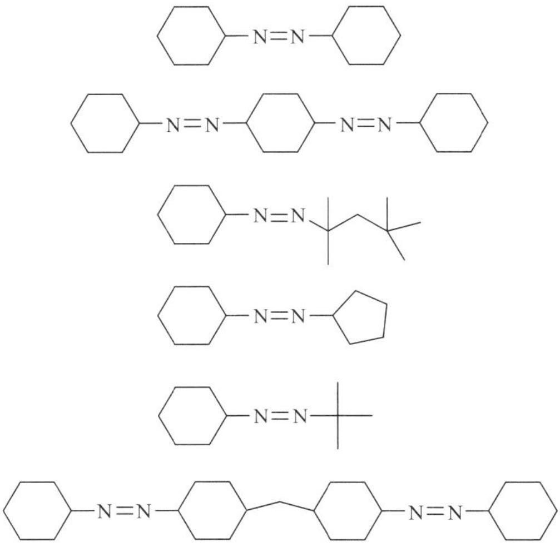

図 3-35 難燃効果が比較的高いアゾアルカン化合物の構造

2　熱硬化性樹脂の難燃化技術

硬化性樹脂は，高分子の中では，熱可塑性樹脂，ゴムエラストマーと並んで一つの柱となっていると言ってもよい重要な材料である。ゴムと同じく分子内を架橋するため耐熱性，耐油性系，耐衝撃性に優れた材料である。その中でもエポキシ樹脂は，電気絶縁材料として回路基板，電気注型品，高性能接着剤として広範囲の用途がある。ここでは，難燃性エポキシ樹脂を作るための難燃化技術についてまとめたい。

エポキシ樹脂難燃化の基本技術は，一般的な高分子の難燃化技術に準じて行われるが，エポキシ樹脂特有の方法を中心としてまとめると下記のように分類できよう（行頭の数字は本節の項目番号）。

2.1　ハロゲン化エポキシ樹脂を使用する方法
　　臭素化エポキシ樹脂と三酸化アンチモンその他難燃助剤を併用する方法
2.2　通常の樹脂，ゴムと同じく難燃剤を添加分散して難燃化する方法
2.3　分子構造を耐熱性，難燃性に変性する方法
　　ビスフェノールノボラック樹脂エポキシ樹脂，シリコーン含有エポキシ樹脂等
2.4　分子内に難燃性元素を導入して難燃化する方法
　　リン元素を主剤，硬化剤に導入する方法
2.5　ナノコンポジット化難燃性エポキシ樹脂
　　ナノフィラーのMMT, CNT, 活性ナノシリカによるナノコンポジット化

2.1　ハロゲン化エポキシ樹脂を利用する難燃化技術

ハロゲン化エポキシ樹脂は，一般的にTBBAとエピクロルヒドリンから合成され臭素化率が20～50％の固形状の臭素化樹脂のことを言うが，その反応成分によって図3-36に示すようにいくつかの分子構造のものがある。臭素化エポキシ樹脂と相乗効果を利用して三酸化アンチモンその他難燃助剤との併用で使用される。

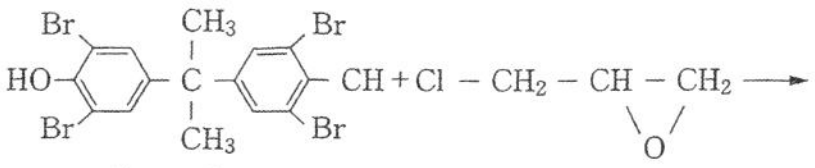

第 3 章　材料別難燃化技術

テトラブロムビスフェノールA　　　　エピクロルヒドリン

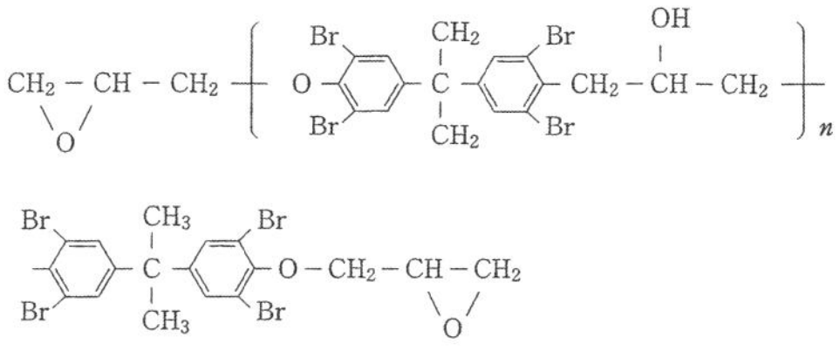

ブロム化エポキシ樹脂

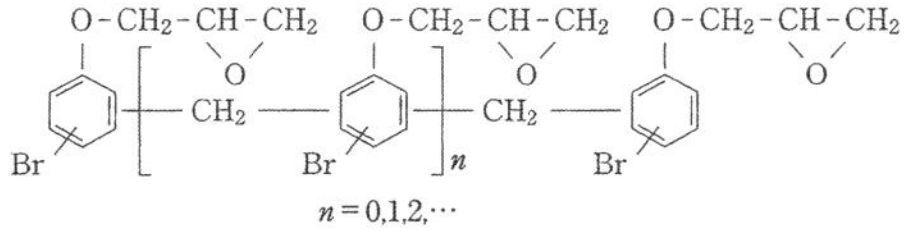

ブロム化フェノールノボラックとエピクロルヒドリンとの反応

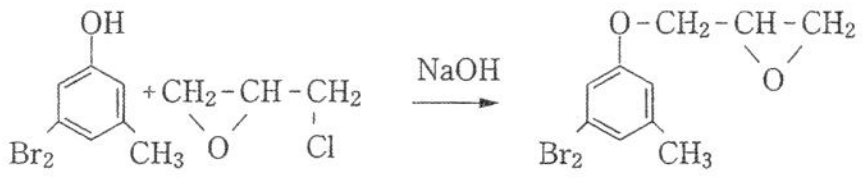

ブロム化メチルフェノールとエピクロルヒドリンとの反応

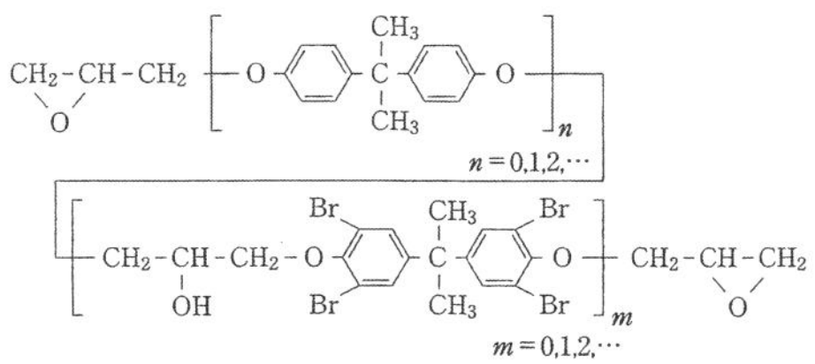

ビスフェノールA型エポキシ樹脂とTBBAとの反応

図 3-36　臭素化エポキシ樹脂の種類と製造法

2.2 難燃剤配合による難燃化技術

通常の難燃剤をエポキシ樹脂に配合して難燃化する場合の特徴について，表3-32に示す。特に注意すべき点は半導体封止材料，絶縁材料に使用する場合のイオン導電性物質の生成，熱膨張による亀裂の発生である。含有する水分の

表3-32 エポキシ樹脂用難燃剤の特徴

難燃系	難燃効率	有毒性	環境安全性	機械的性質	ハンドリング性
TBBA系	○	×××	×××	○○	○
TBBA酸化アンチモン系	○○	×××	×××	○	○
ハロゲン系	○	×××	×××	○	×
水酸化アルミニウム系	××	○○	○○	×××	×
水酸化マグネシウム系	××	○○	○○	××	×
APP系	×	○○	○○	×××	×
有機リン化合物系	○○	○○	○○	○○	×
リン含有エポキシ樹脂系	○	○○	○○	○○	○○

注）○○ 極めて良好，○ 良好　× やや劣る，×× 劣る，××× 極めて劣る

表3-33 難燃性半導体封止材料組成と不純物特性の関係

	封止材	A	B	C	D	E	F
	難燃剤種	リン系Ⅰ（表面被覆無）	リン系Ⅱ（表面被覆）	リン系Ⅲ＋水和金属化合物	水和金属化合物	無添加（フィラー高充填）	ハロゲン系*
組成	難燃剤量	少量	少量	微量	多量	無	少量
	エポキシ種	ビフェニル	ビフェニル	ビフェニル	MFE他	ビフェニル	ビフェニル
	硬化剤種	PN	PN	PN	PN	PN	PN
	フィラー量(wt%)***	80	86	80	77	90	84
不純物特性**	PO_4^{3-} (μg/g)	92	670	220	<10	<10	<10
	Na^+ (μg/g)	1.4	2.5	1.7	4.0	2.9	0.4
	Cl^- (μg/g)	10	5	17	18	20	11
	Sb^{3+} (μg/g)	<10	<10	<10	<10	<10	255
	Br (μg/g)	<5.0	<5.0	<5.0	<5.0	<5.0	8.6
	金属イオン (μg/g)	0	0	87	70	0	0

*臭素化エポキシ樹脂＋三酸化アンチモン　**抽出条件（130℃×240 hr）
***フィラー量：シリカ量

第3章 材料別難燃化技術

影響により、リン酸イオンによるLSIチップ配線材料の腐食の問題がある。表3-33に示すようにリン系難燃剤は、水和金属化合物、ハロゲン系難燃剤と比べてリン酸イオンの生成量が多い。表面保護層の形成、イオントラップ剤の添加によっても解決されない場合が多い。これらの対策として反応型リン系難燃剤の使用が増えている。さらには水和金属化合物との併用も行われている。一般的には、リン酸エステル、赤リン、水和金属化合物が使われるが、リン酸エステルの場合は、イオン生成の問題がない縮合型、重合型が多く使われている。

2.3 耐熱性、難燃性分子構造への修正による難燃化

耐熱性、難燃性を向上させるために分子構造を変えるために、図3-37に示すようなビスフェノールとフェノールノボラックにエポキシ化が行われている。この構造は、分子内に官能基を持たないビスフェノール骨格を主鎖に持ち、難燃剤を必要としないエポキシ樹脂である。多芳香族環状化合物を主鎖に持ち、低い架橋度と高い熱分解性を持つため着火時に樹脂の分解ガスにより表面が発泡して安定な発泡層を形成し、その断熱効果により難燃性は向上している。

2.4 難燃性元素を分子内に導入することによる難燃化

エポキシ樹脂分子内にリン元素、Si元素、窒素元素を導入することによる難燃化技術が研究されている。分子内に直接元素を導入することによりイオン導電性物質の生成、抽出がなく、しかも、難燃機構で説明したように難燃性元素の同一モル数での比較では、単に添加分散した場合と比べ難燃効率が高くなるメリットが得られる。

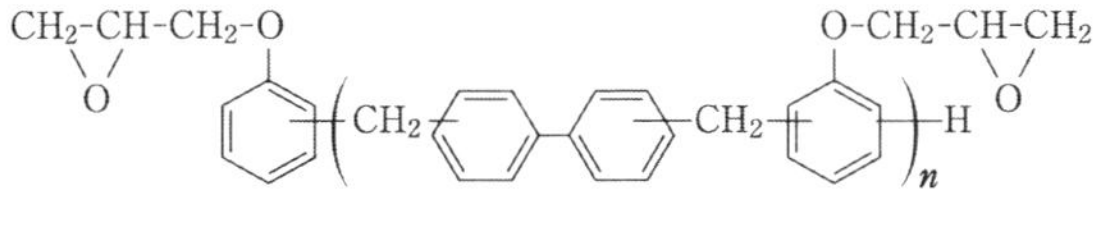

図3-37 ビスフェノール・フェノールノボラック性エポキシ樹脂の分子構造

2. 熱硬化性樹脂の難燃化技術

2.4.1 リン元素を分子内に導入

リン元素を分子内に導入し,化学的に結合させるためには,エポキシ樹脂の主剤に導入する方法,硬化剤に導入する方法,主剤と硬化剤の両方に導入する方法,鎖延長剤に導入する方法がある。リン元素を導入した例を表3-34に示す[36]。ここでは,リン量を変え,硬化剤はDOS(4,4'-ジアミノジフェニルスルフォン),DIDY(ジシアノジアミド)を使用し,臭素含有量の異なる

表3-34 リン含有エポキシ樹脂DOPOの難燃性

試料	難燃元素含有量	平均燃焼時間(s)	発煙性	ドリップ性	UL-94	酸素指数
Bis-A/Ph-Nov	P% 0.0	78	わずか	NO	V-2	26
DOPO-A	0.58	32	きわめてわずか	NO	V-2	28
DOPO-B	1.03	6	なし	NO	V-0	30
DOPO-C	1.45	0	なし	NO	V-0	34
TBBA-A	Br% 4.01	38	きわめて多い	NO	V-2	27
TBBA-B	7.24	4	わずか	NO	V-0	30
TBBA-C	9.91	0	なし	NO	V-0	35

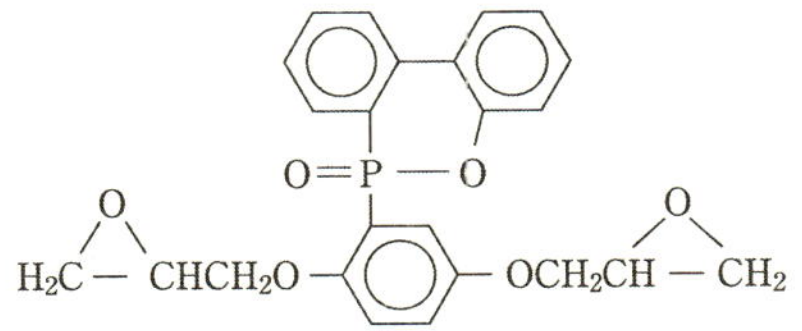

リン含有エポキシ樹脂DOPOの構造式

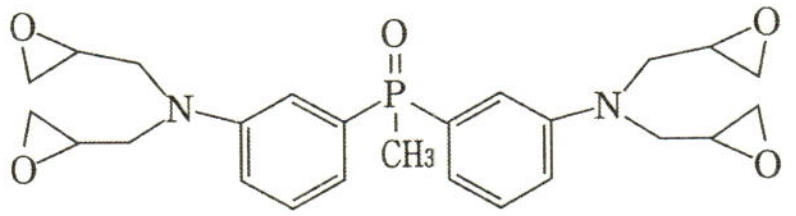

TGDMO (Tetraglycidyl-3.3.—diamino-phenylmethylphenoxide)

図3-38 リンと窒素の両元素を含むTGDMOの分子構造

TBBA 系樹脂と難燃性を比較している。リン含有量が 0.58〜1.45％では，酸素指数が 28〜34 に対して UL94 試験では V2〜V0 に合格し，臭素含有率 1％の TBBA 系難燃剤と同等以上の難燃性を示す。また，図 3-38 に示す分子内にリンと窒素の両方の元素を含む TGDMO（テトロラグリシジル 3,3'-ジアミノフェニルメチルフォスフィンオキサイド）を合成し、DBS のような硬化剤で硬化したエポキシ樹脂は，チャー生成率が高く，優れた難燃性を示す[37]。

2.4.2 Si 元素を分子内に導入

図 3-39 に示すようにエポキシ樹脂に Si 元素を導入してやるとチャー生成率が 40％増加し，図 3-40 に示すような分子構造の Si 元素導入型エポキシ樹脂は，同じく難燃性の向上効果が高い。さらに，図 3-41 に示すように Si 元

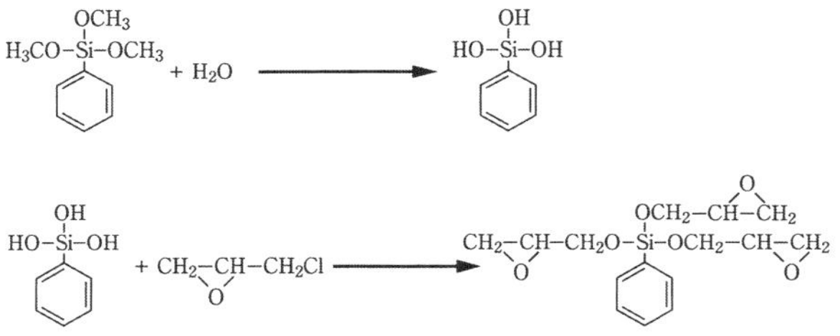

難燃性	チャー生成率(%)		酸素指数
	N_2中	O_2中	
EPON828/DDM	18	0	24
TGPSO/DDM	40	31	35

DDM............4, 4 Diaminodiphenylmethane（硬化剤）

図 3-39　Si 元素導入型エポキシ樹脂の構造とチャー生成量及び難燃性

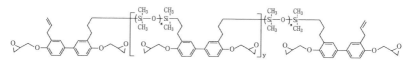

図 3-40　Si 元素導入型エポキシ樹脂の分子構造

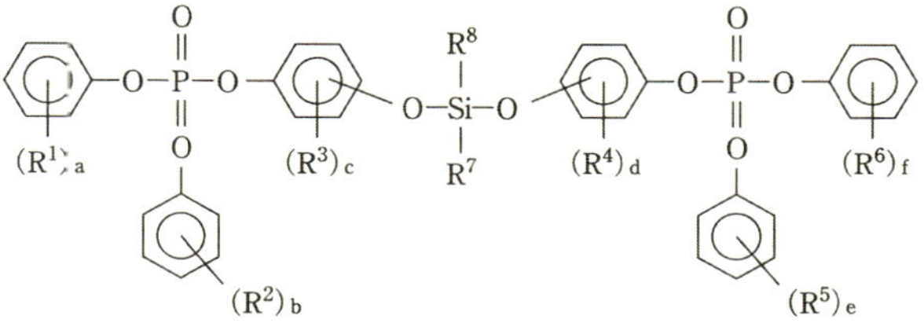

2 熱硬化性樹脂の難燃化技術

(式中，R^1〜R^6はおのおの独立して水素原子または炭素数 1〜10 のアルキル基を表し，a〜f はおのおの独立して 1〜3 の整数を表し，R^7 および R^8 はおのおの独立して炭素数 1〜10 のアルキル基，フェニル基または炭素数 1〜10 のアルキル基が 1〜3 個置換したフェニル基を表す)

図 3-41　リン元素と Si 元素を導入したエポキシ樹脂の分子構造

素とリン元素の両方を含むエポキシ樹脂は同じく高い難燃効果を示す。詳細は文献資料を参照されたい[37〜39]。

2.5　ナノフィラー，ナノコンポジット化による難燃化

　ナノコンポジット化については，別項で詳細を述べるので，ここでは活性ナノシリカの効果について述べるに留めたい。

　活性ナノシリカ（煙霧質シリカ）は，図 3-42 に示すように粒子表面が活性な OH ラジカルで覆われており，粒子のストラクチャーが発達した構造で粒子同士が引き合って凝集した形態をとっていると考えられる[40]。この表面活性は，燃焼中生成するバリヤー層の壊れ難さ，高い安定性をもたらす。主剤と硬化剤の組み合わせが DGEBA/MDA，DGEBA/BDMA のエポキシ樹脂に 6％のナノシリカを配合したナノコンポジットの研究が行われている。表 3-35，図 3-43 に発熱量試験結果を示す。発熱量の抑制効果に注目すると，僅か 6％の添加量で 39〜40％の低下を示している[41]。

　他の微粒子フィラーについてもいくつかの研究がなされており，その中でも興味があるのは，エポキシ樹脂の APP 配合に対するナノ金属粒子の効果である。図 3-44 に示すように Al，Fe，Cu のナノ粒子を僅か 0.01％添加することで酸素指数を 9 ポイント上げる効果を示している[42]。これが 0.2％程度を超え

151

第3章 材料別難燃化技術

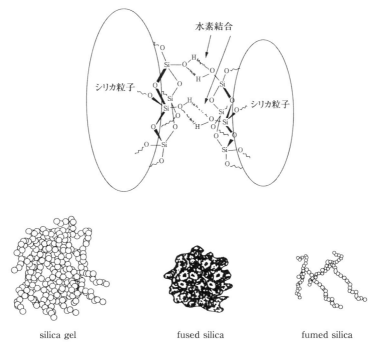

silica gel　　　　fused silica　　　　fumed silica

図3-42 活性シリカ(煙霧質シリカ)の形態

表3-35 エポキシ樹脂ナノコンポジットの難燃性(発熱量)

(コーンカロリーメーター 35 kW/m²)

試料	燃焼残渣 (%)	最大 HRR (kW/m²)	平均 HRR (kW/m²)	平均質量減少速度 (g/s・m²)	平均拡大面積 (m²/kg)
エポキシ樹脂 DGEBA/MDA	11	1,296	767	36	1,340
エポキシ樹脂 DGEBA/MDA (65%シリカ挿入型)	19	773 (40%)	540 (29%)	24 (33%)	1,480
エポキシ樹脂 DGEBA/BDMA	3	1336	775	34	1,260
エポキシ樹脂 DGEBA/BDMA (6%シリカ挿入型)	10	769 (42%)	509 (35%)	21 (38%)	1,330

注 ( ) 内は減少率を示す

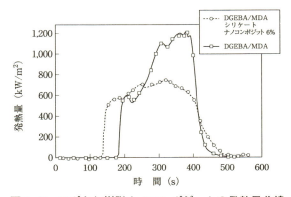

図3-43 エポキシ樹脂ナノコンポジットの発熱量曲線

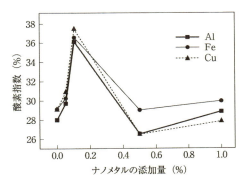

図3-44 エポキシ樹脂APP配合におけるナノ金属粉末の発熱量低減効果

ると逆に大きく低下する。この難燃機構は明らかではないが,生成する酸化金属がバリヤー層の形成,安定化に影響し,適正量以下では,バリヤー層の生成反応にプラス効果を発揮し,量が増えると逆にチャー層の酸化,破壊の方向に効いてくるのではないかと推測される。

3 ナノコンポジットの難燃化技術

ナノコンポジット難燃材料は,微粒子添加剤の少量配合による難燃化技術と

第3章 材料別難燃化技術

して期待されている材料の一つである。ナノフィラーとしては,現在 MMT,CNT,シリカが挙げられる。最近は,実用化は別として水和金属化合物,金属酸化物,その他ナノサイズのフィラーが開発されてきている。ベースポリマーとしては,EVA,PA,PP,PS,エポキシ樹脂等多くの種類が対象となる。本来,ナノフィラーとの親和性を考えると極性ポリマーが適しているが,極性化合物によるグラフト化によって容易に極性を制御できるので対象ポリマーは多い。実際に難燃性ナノコンポジットとして研究されている代表例を表 3-36 に示す[43]。

ナノコンポジットの製造法は次のように分類できる。

①相関挿入法
②モノマー重合法
　（A）ポリマー挿入法

表 3-36　世界における難燃性ナノコンポジットの研究例

材料組成	燃焼残渣（%）	平均 HRR（kW/m²）（最大 HRR）
EVA	0	(2,999)
EVA,　MMT（アミン化合物挿入）10 部	11	(765)
ナイロン 6	1	603
ナイロン 6,　シリカ 2%	3	390
ナイロン 6,　シリカ 5%	6	304
PS	0	703
PS　シリカ 3%	4	444
PS　臭素系難燃剤	3	313
PP　無水マレイン酸 G	5	536
PP　無水マレイン酸 G　シリカ 2%	6	322
PP　無水マレイン酸 G　シリカ 4%	12	275
PP　ナノカーボンチューブ 1% Vol	1	PP の 32%
PP　ナノカーボンチューブ 2% Vol	2	PP の 58%
エポキシ樹脂　DGEBA/MDA	12	767 (1,295)
エポキシ樹脂　DGEBA/MDA　シリカ 6%	19	546 (773)
エポキシ樹脂　DGEBA/BDMA	3	775 (1,336)
エポキシ樹脂　DGEBA/BDMA　シリカ 6%	10	509 (769)

(B) In-Situ 法
(C) In-Situ フィラー形成法
(D) In-Situ 重合法
③モレキュラーコンポジット法,液晶ポリマーアロイ法
④微粒子直接分散法

　一般的な難燃性ナノコンポジットは,この中の①,②によって作られる場合が多い。層間挿入剥離法による製造法を模式図で示すと図3-45のようにな

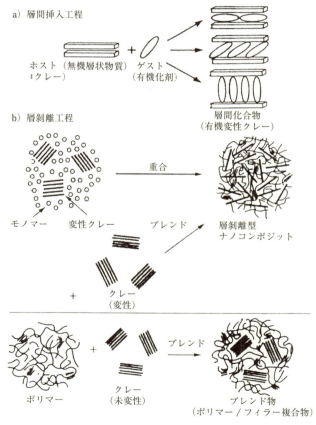

図3-45　層間剥離のナノコンポジットの製造の模式図

第3章 材料別難燃化技術

る[44]。

ナノコンポジットの難燃機構は,ほとんど固相における難燃機構によっており,気相における難燃機構の関与は小さいと言われているが,可燃性ガスの吸着,あるいは不純物として含まれる鉄の酸化物の触媒効果によるカーボンチャーの酸化反応等,気相での難燃機構も否定できない。ナノフィラー,ナノコンポジットの構造と難燃機構の関係を表3-37に示す[44]。

最近の難燃性ナノコンポジットに関する研究を見ると次のような項目が行われている。

表3-37 ナノフィラー,ナノコンポジット構造と難燃化技術

ステップ	処理法
モンモリロナイト	厚さ1 nm,長さ10 nmのケイ酸塩 アミノデカン酸とNaカチオンの交換反応
	有機カプロラクタンやアミノ化合物の挿入(インターカレーション)
	直接溶融法,重合法によるナノコンポジット化
	高剛性化―微粒子化による表面積の急増による補強 難燃化―(1)分解ガスの吸着効果の向上 　　　　(2)燃焼残渣の増加と安定化による断熱効果の向上

3 ナノコンポジットの難燃化技術

①ナノコンポジットの製造法と難燃性の関係
②挿入する極性有機化合物による難燃性の相違
③2軸押出機の混練条件とナノ構造,難燃性の関係
④UL垂直試験と発熱量試験の相関性
　垂直燃焼試験での難燃性の低下原因の解明
⑤ナノフィラー中の不純物(金属酸化物)の影響
⑥ナノコンポジットと従来難燃系との併用による難燃効果
　臭素系,水和金属化合物系,リン系,IFR系等
⑦ナノフィラーの種類(MMT, CNT, 活性シリカ)と難燃効果
⑧ナノコンポジットの難燃機構の研究
　フィラーとポリマーの親和性と難燃性との関係
　フィラー分散性と難燃性の関係

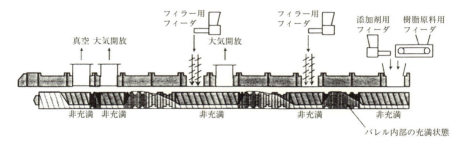

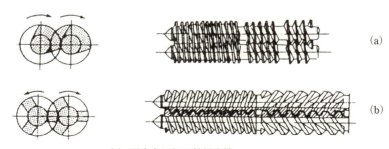

(a) 同方向回転二軸押出機
(b) 異方向回転二軸押出機

図3-46　ナノコンポジット化で活躍する2軸押出機とスクリュー構造

第3章 材料別難燃化技術

表 3-38 ナノコンポジットの効果を促進する微粒子分散技術

方法	分散技術の詳細	難燃化技術適用例
多孔体担持法	シリカ発泡体の孔の径をナノサイズに調整し、その中に、ナノサイズの難燃剤を担持し、混練形成加工中にシリカ発泡体を破壊して難燃剤を均一に分散する。 (1)多孔体担持分散法 微粒子＋ペレット→凝集、多孔質ガラス＋ペレット→破壊	PBTに対するエチレンジアミン4酢酸銅錯体（Cu（EDTA））の多孔体担持法による難燃化効果 ・材料組成／着火時間(s)／燃焼継続時間(s) ・PBT／5／220（ドリップあり） ・PBT＋シリカ5%／5／80（ドリップなし） ・PBT＋Cu(EDTA)10%担持体を5%／5／30（ドリップなし）
Host-Guest法	ナノサイズの難燃剤をオリゴマー中にトラップさせて、オリゴマーの相溶性、分散性を利用して均一に分散。 (2)Host-Guest法による微粒子金属化合物のオリゴマーへのトラップ	PVCにナノサイズの金属化合物を添加して、燃焼時発生するダイオキシンの低減効果を検討し、発生ガス中と燃焼残渣中の合計ダイオキシン量で92～96%の低減効果を確認。すなわち通常のPVC材料が100に対し、8から4の発生量に低減する。

　ナノコンポジット難燃材料の製造技術では、ナノフィラーの分散性を向上する技術が最も重要になる。現在、図3-46に示す2軸押出機による混練が実用的な技術として採用されているが、その他、表3-38にも示すが次のような有効な技術も開発されている[46,47]。

ⅰ）多孔体担持分散法

　多孔体分散法は、ナノ粒子のシリカ焼結体にナノサイズの孔を設け、その中にナノサイズの難燃剤を封入して、混練時のせん断力による多孔体の破壊と内部の難燃剤の分散が行われる方法である。

3 ナノコンポジットの難燃化技術

ⅱ) Host-Guest 法

オリゴマー中にナノサイズの難燃剤を担持，固定してポリマー中に均一に分散する方法である。

次に，無水マレイン酸をグラフト化した EVA に，有機アミド化合物にドデシルアミノ化合物をインターカレートした MMT 10 部を 2 軸押出機でナノコンポジット化し，難燃性，物性を評価した結果を表 3-39，図 3-47，表 3-40 に示す[48,49]。

これらの結果から，ナノコンポジット化により難燃効果と納得できる物性が得られ，しかもナノコンポジットの特徴である伸び率の低下はほとんど起こら

表 3-39 EVA の MMT によるナノコンポジット化実験試料

	EVA	MM1	MM2	MM3
EVA (100 Phr)	〜	〜	〜	〜 マレイン酸グラフト
MMT (10 Phr)	無添加	≡	●●● ドデシールアミンインターカレート	●●● ドデシールアミンインターカレート

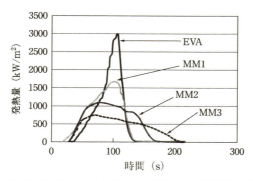

図 3-47 EVA の MMT によるナノコンポジットの難燃性（発熱量曲線）

表3-40　EVAのMMTによるナノコンポジットの物性，難燃性

特性	単位	FVA	MM1	MM2	MM3
引張強度	MPa	4.7	4.5	5.3	5.8
引張弾性モジュラス	MPa	8.7	11.7	21.1	17.5
伸び	%	962	802	843	799
EVAに対する伸びの保持率	%	―	83.4	87.6	83.1
酸素指数	%	17.0	18.5	19.0	19.5
UL-94　V-2	―	N.P	N.P	N.P	N.P
放散熱量	kW/m^2	2,999	1,699	785	1,117

N.P…不合格

ないことがわかった。しかし，表3-40に示すUL-94燃焼試験，酸素指数のデータを見ると，通常の難燃材料の発熱量曲線の抑制効果から見て当然得られると予想される結果が得られていない。この理由については，推定ではあるが次のように考えることができる。すなわち，UL試験，酸素指数試験は垂直燃焼試験であるため，ナノコンポジットの難燃材料の難燃機構が，ほぼ100%固相でのバリヤー層の形成によるものであり，しかも生成するバリヤー層の一部が垂直試験時に落下してしまい，バリヤー層の落下を示さない水平燃焼試験である発熱量試験との差となると考えられよう。これを従来の難燃系との併用難燃系では，両者のメリットが発揮される結果が得られており，従来難燃系によるナノコンポジットの欠点をカバーできることが示されている。さらなる検証は必要であるがそのように推定できるだろう。

次に，このナノコンポジットの難燃機構について二つの実験結果から考えてみたい。

一つは，分散性がナノコンポジットの難燃性を支配するという結果である[50]。それは，PMMAにカーボンナノチューブ（CNT）をミクロ分散によるナノコンポジット化し，CNTの分散性が難燃性を大きく左右することを示している（図3-48）。分散性の劣るバリヤー層は，明らかに短時間でバリヤー層の崩壊が起こっているのに対して分散性の優れたバリヤー層は，ほとんど崩壊しないことが観察できる。

もう一つは，先に表3-39に示したEVAにMMTをナノコンポジット化し

3 ナノコンポジットの難燃化技術

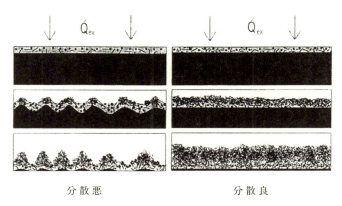

　　　　　分散悪　　　　　　　分散良
図 3-48　PMMA + CNT ナノコンポジットの難燃機構
（分散性が支配する難燃機構）

た実験から，難燃性は，ポリマーとナノフィラーとの親和性が大きいほどバリヤー層に相当する燃焼残渣量が多く，しかも難燃性が高いという結果である[48,49]。

　表 3-39 の MM2, MM3 試料を比較すると，酸素指数，UL94 の向上効果は小さいが，図 3-47 に示す発熱量曲線から見た難燃性向上効果は大きく MM2 > MM3 である。

　両者のバリヤー層の生成量と安定性（崩壊し難さ）は，やはり MM2 > MM3 の結果が得られている（図 3-49）。また表 3-39 で示す 4 試料の，ポリマー界面（図 3-50）でのナノフィラーとポリマーの親和力を比較するために NMR のスピン-スピン緩和時間の温度特性を測定すると，ポリマーと MMT の親和力は T_{2L} 相で大きい（図 3-51）。すなわち，難燃性の高いナノコンポジットは，ポリマーとナノフィラー界面の親和力が高いことによることが理解できる。

　以上，ナノコンポジットの難燃機構についての現状をまとめてみたが，さらに今後の研究が進み発展することを期待したい。

　その他熱可塑性樹脂，エンプラの研究例をいくつか紹介する。PA, PS, PP のナノコンポジット難燃材料の研究は早くから行われている。まず，PA 系ナ

161

第3章　材料別難燃化技術

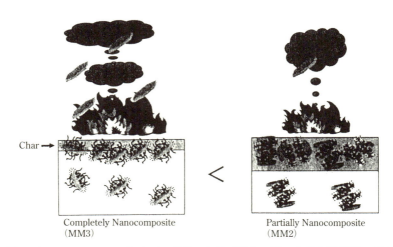

図3-49　EVA + MMT ナノコンポジットのバリヤー層の生成と難燃性の関係
（表3-39のMM2, MM3の比較）

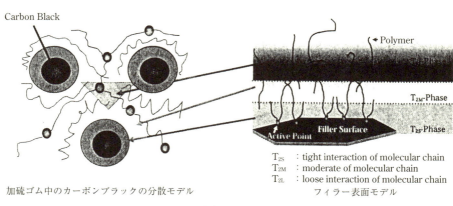

T_{2S} : tight interaction of molecular chain
T_{2M} : moderate of molecular chain
T_{2L} : loose interaction of molecular chain

加硫ゴム中のカーボンブラックの分散モデル　　フィラー表面モデル

図3-50　EVA + MMT ナノコンポジットのポリマーとMMT界面の構造模式図

3 ナノコンポジットの難燃化技術

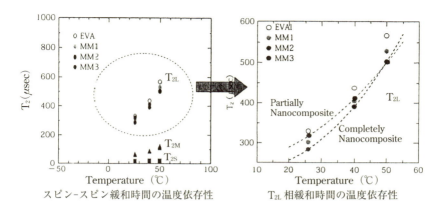

図 3-51　EVA ＋ MMT ナノコンポジットのポリマーと MMT の界面の親和力を示す NMR スピン緩和時間の温度特性（表 3-39 の EVA, MM1, MM2, MM3 の比較）

ノコンポジット（MMT, Cloisite30B, 2.5〜7.5 部）の発熱量曲線，燃焼残渣，CO ガス発生量，発煙性を図 3-52〜図 3-55 に示す[51]。MMT5.0 部以上の添加量で難燃性の向上が見られ，それは燃焼残渣（バリヤー層）の生成によると考えられており，CO ガス発生量の低減，発煙性の低減も大きいことがわかる。同じく，PP，PS 系ナノコンポジット（MMT 配合）の難燃性，PP 系ナノコンポジット（CNT 配合）の難燃性を図 3-56，図 3-57，表 3-41[52,53]に示す。ここでもナノコンポジットの発熱量抑制効果が確認できる。

ナノ粒子の大変ユニークな難燃化技術として挙げられるのがハイブリッド重合で作られた図 3-58 に示すナノ水酸化 Al の難燃効果である。この水酸化 Al は，表面に存在する結晶水の脱水温度が制御される特徴を持っており，図 3-59 に示す難燃効果を示す[54]。その他，ナノ硫化亜鉛の難燃効果も報告されている[55]。

最近のナノコンポジットに関する研究は，先に触れたように従来難燃系との併用，難燃機構の研究，表面処理の研究等が見られる。その代表的な研究を表 3-42（3）に示す[56]。

第3章　材料別難燃化技術

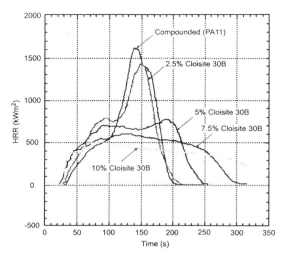

図3-52　PA系ナノコンポジット（MMT，Cloisite30B）の発熱量曲線（50 kW/m² heat flux.）

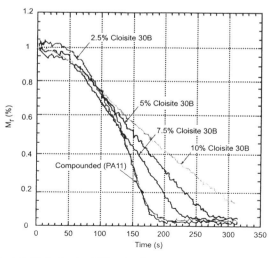

図3-53　PA系ナノコンポジット（MMT，Cloisite30B）の燃焼残渣

3 ナノコンポジットの難燃化技術

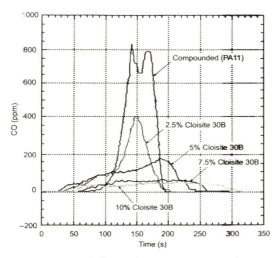

図3-54 PA系ナノコンポジット（MMT，Cloisite30B）のCOガス発生量

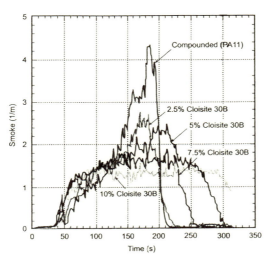

図3-55 PA系ナノコンポジット（MMT，Cloisite30B）の発煙量

第 3 章　材料別難燃化技術

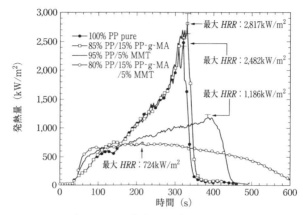

図 3-56　PP 系ナノコンポジット（MMT 配合）の発熱量曲線

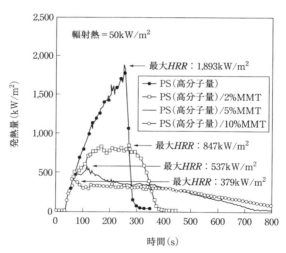

図 3-57　PS 系ナノコンポジット（MMT 配合）の発熱量曲線

3 ナノコンポジットの難燃化技術

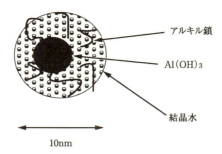

図 3-58　ハイブリッド重合により作られたナノ水酸化 Al 構造模式図

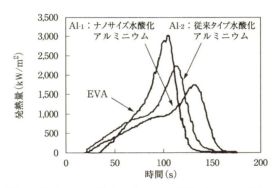

図 3-59　ハイブリッド重合により作られたナノ水酸化 Al-EVA 配合における難燃効果

表 3-41　PP 系ナノコンポジット（MMT，CNT 配合）の難燃性

特性	PP ＋カーボンナノチューブ 1%	PP ＋カーボンナノチューブ 2%
最大放散熱量（kW/m^2）	純 PP の 27%	純 PP の 53%
平均放散熱量（kW/m^2）	純 PP の 32%	純 PP の 58%
比発熱量（MJ/kg）（HRR 値/ΔW）	43	43

注 1）　供試ナノカーボンチューブ試料は，キシレンをフェロセン触媒で 675℃ にて作成し，ニーダーにて混練。
　 2）　放散熱量の熱源は，50 kW/m^2。
　 3）　カーボンナノチューブは，MMT と比較して相溶性が優れている。
　 4）　引用文献：T. Kashiwagi *et al.*, *Macromol. Rapid Com.*, 23, No.13（2002）

第3章 材料別難燃化技術

表3-42 最近のナノコンポジット難燃材料の研究動向

研究テーマ	文献名と内容のポイント	研究者
臭素化エポキシ有機化クレイPSナノコンポジットのモルフォロジーと難燃性	Polymer for Advanced Technology, 23, 984 (2012) ナノクレイの存在は、臭素系難燃剤を含むPSマトリックスの中の分散の均一化を促進し、優れたHRRの低減効果を示し、固相におけるバリヤー層の難燃効果とともにモルフォロジーの均一化に貢献して難燃性を向上させると考えられる。	N.A.Listmann et al.
ナノコンポジットポリマーの着火機構	Polymer for Advanced Technology, 22, 1147 (2011) コーンカロリーメーターによる表面温度と試料の燃焼残渣による着火メカニズムの考察を行っている。試料表面での溶融温度、分解温度、着火時間を測定し、ナノクレイ（MMT）の表面での触媒的な酸化作用を考察している	A.Fina et al.
従来難燃系で難燃化されたABSの性能に対するナノクレイの効果	Polymer Composites, 33, 420 (2012) 臭素系難燃剤と三酸化アンチモン、ホウ酸亜鉛で難燃化されたABSへのナノクレイの影響を考察している。ナノクレイは全ての難燃性指標において優れた難燃効果を示し、OIは、3部の添加量で20から32まで向上し、HRRの大幅な低減、UL94、V0合格を達成できる。これは、固相におけるチャー生成効果によると考えられる。	A.C.Ozakaraca et al.
オリゴマー型IFR難燃EVAの凝集現象を改良するための官能性CNTの効果と難燃性	Polymer Composites, 34, 109 (2013) オリゴマー型IFR難燃系（POSPB-2,6-ジアミノピリジンスピロシクロペンタエリスリトールビスホスフォネート）を合成してEVAにグラフト化し、これに多層カーボンナノチューブをコア-シェル法によりEVAナノコンポジットを作成して供試した。 燃焼後のチャー量は、70%を示し、POSPBのグラフト化が分散性を向上してナノコンポジットの難燃性を向上させることを示している。	G.Xu et al.

(つづく)

3 ナノコンポジットの難燃化技術

表3-42 最近のナノコンポジット難燃材料の研究動向(つづき①)

研究テーマ	文献名と内容のポイント	研究者
PMMAとPSのナノコンポジットの表面グラフト化酸化Alの難燃効果	Polymer for Advanced Technology, 22, 1931 (2011) PMMA, PSナノコンポジットの耐熱性向上のためEGMP(エチレングリコールリン酸メタクリレート)をグラフト化した酸化Alナノ粒子の効果を調べ,耐熱性向上と著しい難燃性向上を示すことを報告している。	N.Cinaisero et al.
PMMAナノコンポジットの耐熱性,難燃性に及ぼすナノ水酸化Mgの影響	Polymer for Advanced Technology, 22, 1713 (2011) ラメラ構造と繊維構造のナノ水酸化Mgを使用してメルトブレンド法によりPMMAナノコンポジットを作成し,熱分解型コーンカロリーメーターによって燃焼挙動を考察したが,ラメラ構造の方が繊維構造に比較して難燃性に優れている。	F.Laoutid et al.
IFR難燃PPへのポリシロキサンとシラン処理シリカの効果	Polymer for Advanced Technology, 22, 2609 (2011) ポリシロキサン,シラン処理シリカは,IFR難燃PPの難燃性を著しく改良する。ポリシロキサン処理は,20% IFR配合PPにおいて数部～9部の添加量でOIを34に上昇させ,UL94,V0に合格する性能を付与する。チャー生成量を増加させ,安定でコンパクトなチャーが生成する。	S.Gao et al.
SBRの難燃性に及ぼす分散性無定形シリカの影響	Plastics Rubber Composites, 42, No.1 (2013) SBRのATH配合に粒子径分布の広い微粒子シリカを使用すると,燃焼時試料表面にATHとシリカは表面に凝集して燃焼残渣となりバリヤー層を形成して難燃性を向上させる。	E.Gallo et al.
PMMAの難燃性に対する表面処理剤の異なるシリカの比較	Fire and Materials, 36, No.7, 562 (2012) 表面処理剤の異なるシリカによるPMMAの燃焼性への影響を調べ,親水性表面処理剤によるシリカの方が疎水性の表面処理剤のシリカより難燃性が優れている。シリカ表面での強い結合力は,安定なチャーを生成する。親水性の方が,PMMAの中でのシリカの分散性を向上していることも関係している。	Q.Yen N.Cinausero et al.

(つづく)

表 3-42 最近のナノコンポジット難燃材料の研究動向(つづき②)

研究テーマ	文献名と内容のポイント	研究者
DMC有機化MMTによるナノコンポジット化透明難燃PMMA	Polymer for Advanced Technology, 23, 625 (2012) DMC(2種類の有機化合物による処理)によって破断強度,Tgが上昇し,難燃性も向上し,しかも透明性を保持している。	W.S.Wang et al.
PS-有機化クレイナノコンポジットのチャー生成機構と難燃性	Polymer for Advanced Technology, 24, 273 (2013) PS-有機化クレイナノコンポジットは,固相での難燃機構を示し,燃焼残渣は,カーボンチャーとシリケートからなる。これは熱分解時に表面に析出し,発泡状態を示している。窒素ガス中では強いが,空気中では破壊されやすい。条件によっては破壊する場合がある。	J.Liu et al.
多層CNTナノコンポジットの難燃性,粘弾性と熱機械特性	Plastics Rubber and Composites, 40, No.3, 133 (2011) MWCNT(多層CNT)が2〜5%程度の添加量でPP,PBTに応用されている。PP,PBTによって難燃効果が異なり,PP,PBTナノコンポジットは共に難燃剤として使用されているが,挙動がやや異なり着火時間は,PBTだけ短縮され,自己消炎時間は,PBT,PP両方とも短縮される。これは,ポリマーマトリックスの極性,分散性,CNTとの親和性等の差によって異なると考えられる。	L.Aranberri et al.
PP-クレイ-CNTナノコンポジットの熱劣化特性と難燃性	Polymer for Advanced Technology, 24, 331 (2013) PPのセピオライトナノフィラーとCNTによるナノコンポジットの難燃性を研究し,クレイ10%+CNT2%の組成でPCPC(熱分解型コーンカロリーメーター試験機)による発熱量試験を行い,82%のPHRRの低減率を示す結果を得ている。	T.D.Hapuarachichi et al.
PMMA-クレイナノコンポジットの難燃性に対するクレイ量の効果	Thermoplastics Composites Materials, 26, No.5, 663 (2011) PMMAにMMTのCloisite30B,93Aをナノコンポジット化し(第4級アンモニウム塩で有機化後)難燃性をUL94,発熱量試験で評価して,難燃性の向上を確認している。	P.Pandey et al.

4 木材の難燃化

　難燃，耐火に関係する建築材料は，建築基準法や関係する省庁の省令，告示等によって定められている。大きく分けて柱，梁，床等の構造体として使用されるものと，壁，天井等室内で使用される内装材料として使われるものに分類できる。構造体は，耐火構造，準耐火構造，防火構造に分類され，内装材料は，不燃材料，準不燃材料，難燃材料に分類されている。これらの材料は，建築場所，規模，用途によって要求される性能が異なり，木材は燃焼しやすいので耐火構造，不燃材料としては使用できないのが従来の建築基準法の考え方であった。2000年の建築基準法の改定によって材料の性能が重要視され，木材であっても要求性能を満足すれば不燃材料や耐火構造として使用できるようになった。

　構造材料の場合は，材料自身の燃焼よりも建築物の崩壊，延焼に評価の重点が置かれるので木材そのものの難燃化は必須である。また，内容制限のかかる場所の壁や天井等も燃えにくい材料で仕上げることが義務付けられているため，木材自身を難燃化する必要がある。そこで建築基準法では，材料の防火性能は，次のように分類されている。

i ）コーンカロリーメーターによる加熱条件
　A）難燃材料　　$50\ kW/m^2$ の輻射強度で5分加熱で不燃性判定基準に合格
　B）準不燃材料　同一加熱条件で10分加熱し，不燃性判定基準に合格
　C）不燃材料　　同一加熱条件で20分加熱し，不燃性判定基準に合格

ii ）判定基準
　A）燃焼しないものであること
　B）防火上有害な変形，溶融，亀裂を生じない
　C）退避上有害な煙，ガスを発生しない（外部仕上げを除く）

iii）コーンカロリーメーター試験と判定
　A）$50\ kW/m^2$ で $10\ cm \times 10\ cm$ の試験体を加熱
　B）加熱時間の総発熱量が $8\ mJ/m^2$ 以下
　C）裏面まで貫通する亀裂，穴，著しい収縮を生じない

D）発熱速度が，10秒以上継続して200 kW/m² 以上を超えない

iv）ガス有害性試験

22 cm × 22 cm の試験体を6分間加熱，煙を8匹のマウスを入れた室に引き込み，マウスの行動停止時間を観察，平均行動停止時間が，6.8分以上ならば合格。

4．1　薬剤注入による難燃化

木材の難燃化は，構造的に燃えにくい材料でカバーする方法と難燃性薬剤を木材に注入する方法がある。一般的には乾燥，加圧法により難燃薬剤を注入する方法が採用されている。使用される薬剤としては，次のような種類が挙げられる。

4．2　ホウ素系難燃薬剤

最もよく使用される薬剤が，ホウ酸（H_3BO_3 とホウ砂（$Na_2B_4O_7 \cdot 10H_2O$）である。難燃機構は，脱水吸熱，炭化作用によるが，水に溶解しにくいのが欠点である[57]。最近はホウ酸 Na の Na/B の比率を 0.22～0.27 に変えることによって非晶質に変化させた新しいタイプが開発されている[58]。新しい非晶質タイプは，水溶液中でホウ酸イオンが複数縮合したポリアニオンの構造を取っているためポリホウ酸 Na と呼ばれており，水への溶解度が高く，造膜性に優れている。20℃での水への溶解度が 4 g/100 g 水であり，水溶液の状態で含浸しても高い難燃性を付与することができる。80℃では，24.1 mol/kg まで溶解でき（溶液比重 1.36 g/cm³），より高い難燃性の要求にも対応できる。外観は無色透明で2%水溶液のpHは，6.9の中性である。

実際の乾燥（105℃×24時間），加圧含浸条件（10気圧，1時間）によって作られた試験体の質量増加率とコーンカロリーメーターの発熱量の関係を調べた結果，質量増加率 36～56％の試験体の発熱量と厚みとの関係を図 3-60，図 3-61 に示す[58]。

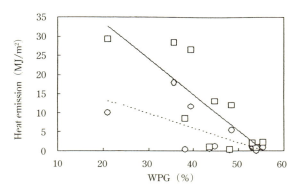

図3-60 杉集成材の加圧含浸による質量増加率と発熱量の関係
□ 20分間，○ 10分間（ポリホウ酸Na液処理）

4.3 リン酸系難燃薬剤

リン酸系薬剤は，リン酸アンモン，ポリリン酸アンモンが代表的な例である。難燃機構の項で説明したようにリン化合物の強酸の生成と脱水炭化作用による固相における難燃効果と，窒素から発生する不燃性ガス，リンと窒素からの発泡炭化層の形成，弱いラジカルトラップ効果が作用して難燃化が行われ

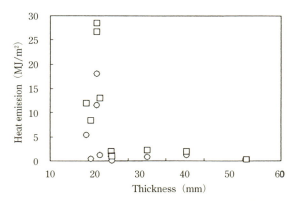

図3-61 杉集成材の加圧含浸による厚みと発熱量の関係
□ 20分間，○ 10分間（ポリホウ酸Na液処理）

第3章　材料別難燃化技術

る。ポリリン酸系難燃剤を赤松に含浸した時（準不燃材料，含浸量 150 kg/m³ 目安）の薬剤注入量と総発熱量の関係を図 3-62 に示す[58]。

　木材の難燃化には，材質により外層と内層での含浸性の相違等変動が大きいことが課題であるが，さらに使用時の経時的な薬剤の析出も問題がある。屋外での使用は，雨による析出がある。木材に A-ポリリン酸系薬剤，B-リン酸グアニジンを薬剤として使用した場合の長期耐候性試験，長期屋外暴露試験結果を図 3-63，図 3-64 に示すので参照されたい。表面への被覆方法の検討が必要となる。

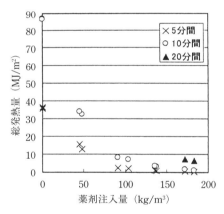

図 3-62　木材の薬剤注入量と総発熱量の関係
（50 kW/m² 加熱強度）

4　木材の難燃化

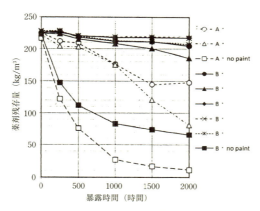

図3-63　難燃木材の2,000時間促進耐候性試験
（薬剤保存量の変化）

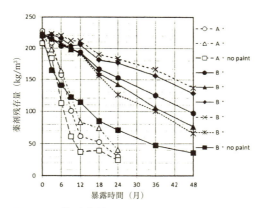

図3-64　難燃木材の48か月長期屋外暴露試験
（薬剤保存量の変化）

第 3 章　材料別難燃化技術

文　　　献

1) 西澤仁，難燃剤・難燃化材料の最前線，p.43, シーエムシー出版（2015）
2) 西澤仁，これでわかる難燃化技術，工業調査会（2003）
3) C. F. Cullis & M. M. Hirscher, Combustion of Organic Polymers, Oxford Press（1981）
4) 西澤仁，機能材料，**34**（4），4（2014）
5) 宮野信孝，難燃剤・難燃化材料の最前線，p.81, シーエムシー出版（2015）
6) 榛名徹，高分子添加剤ハンドブック，シーエムシー出版（2010）
7) S. Nie et al., Polym. Adv. Technol., **19**, 1077（2008）
8) X. Wang et al., Polym. Pla. Tech. Eng., **48**, 421（2009）
9) 平成 25 年消防庁火災統計（2014）
10) 西澤仁，武田邦彦，難燃材料活用便覧，テクノネット社（2002）
11) 三浦義昭，難燃材料活用便覧，テクノネット社（2002）
12) 若竹昌一，難燃材料活用便覧，テクノネット社（2002）
13) 武田邦彦，第 10 回難燃材料研究会資料，芝浦工大（2002）
14) M. Lieu et al., Fire and Materials ACS Symposium599（1995）
15) M. Lieu et al., Polym. Adv. Technol., **14**, 3（2003）
16) 木村遼治，KAST 神奈川アカデミー難燃化技術セミナー資料（2002）
17) 宮野信孝，機能材料，**34**（4），22（2014）
18) Clariant 社 Exolit 技術資料
19) 渡辺進，プラスチックス，6 月号，116（2012）
20) A. B. Herrock et al., J. Fire Sci., **27**（5），495（2009）
21) 岡本英俊，KAST 難燃化技術セミナー資料（2002）
22) Magniffin 技術資料
23) 石塚硝子パイロライザーHG 技術資料
24) Gy, Morose et al., Fire Polym., p.797（2001）
25) D. Price et al., Fire Mater., **24**（1）（2001）
26) 林茂吉ほか，日本ゴム協会誌，**80**（11）（2007）
27) 山本喜一，難燃材料活用便覧，テクノネット社（2002）
28) 三和ケミカル難燃剤技術資料
29) 西澤仁，プラスチックス，**51**（12）（2002）
30) B. A. Saltan et al., Proceeding of 3rd Int Symp on Fire Retardants and

Fire Retardant Materials Technics, Beijing (1999)
31) 位地正年, ノンハロゲン難燃材料による難燃化技術, NTS (2001)
32) 武田邦彦, 技術情報協会セミナー資料, 7月 (2003)
33) 内田広元他, 合成樹脂, **42 (11)** (1996)
34) R. Boran, *Kunststffe*, **91 (10)** (2001)
35) M. Aibert et al., *Polm. Adv. Technol.*, **22**, 1529 (2011)
36) C. S. Wang et al., *J. Appl. Polym. Sci.*, **73**, 353 (1999)
37) C. H. Hsieu et al., *J. Appl. Polym. Sci.*, **73**, 1231 (1999)
38) 長谷川ほか, 成型加工シンポジア論文集 (ポ-18) (2001)
39) 特開 2000-256378
40) G. W. Gilmann et al., FRCA Int Coference Paper, Sanfrancisco (2001)
41) G. W. Gilmann et al., Chemistry, Technology of Polymer Additives, Blackwell Sci. (1999)
42) A. Antoncv, *Molecul. Crystal Liquid Crystal*, **353**, 201, 202 (2000)
43) 西澤仁, ゴム材料の配合技術とナノコンポジット, p.116, シーエムシー (2001)
44) 中條澄, ポリマー系ナノコンポジット, 工業調査会 (2003)
45) 沢田慶司, 押出技術入門, シグマ出版 (1995)
46) 成型加工学会, 成形加工技術, プラスチックスエージ社 (1999)
47) 西澤仁, プラスチックス, **53 (11)** (2002)
48) H. Nishizawa & M. Okoshi, IRC Paper, Yokohama (2005)
49) H. Nishizawa & M. Okoshi, FRCA. International Conference Paper, Lasvegas (2004)
50) T. Kashiwgi et al., *Polymer*, **46**, 471 (2006)
51) J. H. Koo Polymer Nanocomposites, Macgrow Hill (2006)
52) A. B. Morgan et al., Fire Polym. ACS Symposium Series, p.797 (2001)
53) T. Kashiwagi et al., *Molecul. Rapid Com.*, **23 (13)** (2002)
54) H. Nishizawa & M. Okoshi, FRCA. International Conference Paper, Lasvegas (2003)
55) 大越雅之, 成型加工シンポジア, 11月 (2002)
56) 西澤仁, 第22回難燃材料研究会シンポジウム資料, 発明会館 (2013)
57) 原田寿郎, 第21回難燃材料研究会シンポジウム資料, 発明会館 (2012)
58) 露木伊佐雄, 難燃剤・難燃化材料の最前線, シーエムシー出版 (2015)

第4章
応用分野別の難燃規制と要求特性

1 電気電子機器，OA機器

　難燃製品が注目され始めたのは，米国における電気製品，特にTVの火災事故が発端ではないかと言われている。ULで認証したTVの燃焼事故による火災は，UL難燃性評価試験での垂直試験の導入に繋がり，一般消費者の関心が電気製品の難燃化による安全性に向けられるようになった。

　火災対策は，古くから行われていたが，科学技術の発展による電気電子製品の進歩は目覚ましく，それに伴う課題も増加したため，難燃規制の強化は電気電子機器および電線ケーブルを中心に対策が取られてきた。その後，次第に自動車，車両，建築材料，繊維等に波及していった。

　電気電子機器は，現在でも難燃材料が最も多く使われている分野であり，世界的に多くの難燃規格によってカバーされている。最初に，国際規格，欧州規格，オーストラリア規格，ロシア規格，北米規格，中国規格および日本規格の概況を表4-1に示しておきたい。電気電子機器，OA機器に関する規格には多くの種類があるが，ここでは難燃規格に関する代表的なものに限定して説明する。

1.1　電気用品安全法（電安法）

　電気用品安全法は，2001年に国際的な規格の整合性，ハーモナイゼーションのために電気用品取締法を改正したものであり，同時に規制緩和の考え方も

第 4 章　応用分野別の難燃規制と要求特性

表 4-1　世界における電気電子機器，事務機器の主要な難燃性規格

地域	難燃規格の種類と概要
国際	IEC 規格 国際的な電気製品の規格で，1908 年設立。EMC と CISPR の両委員会から構成され，電気の全分野にわたって電気の安全規格 IEC61508 を与えられ活動している。IEC60950（国際電気基準）が電安法の基準となっている。UL，電安法とのハーモナイゼーションが進み，共通の規格が運用されている。 ISO 規格 国際規格の代表で 1941 年発足。規格番号 1～59999 を持ち，日本には，ISO9000（品質管理システム），ISO14000（環境管理システム）との関係が深い。IEC との協力体制が進み，ほぼ同一の内容で運用されている。
欧州	EN 規格 1992 年に欧州 18 ヵ国が経済的に統合され，EN 規格に統合された。 欧州各国，日本，北米との貿易は，この EN 規格に基づいて行われる。安全性が要求される 12 製品は，CE マーキングの表示が要求される。CE マーキングの表示には，製品に相当するすべての EU 指令を満足しなければならない。 EU 指令には，低電圧指令，EMC 指令，機械指令の 3 種類がある。 欧州各国の認定マークに注意したい。 BAM 規制 ブルーエンジェルマークの運用は継続されている（臭素系難燃剤）。 RoHS，REACH 規制 2007 年に PBB，PBDE の 2 種類，水銀，Cd，Pb，六価 Cr の 4 種類の重金属類の使用が禁止された。 HBCD の追加等，拡大 RoHS の検討継続中である。 REACH 規制は，予備登録はほぼ終了し運用開始している。
オーストラリア	AS 規格 1992 年設立。ISO，IEC の委員会に参加し協力体制を確立している。該当製品規格の運用を行う。
ロシア	GOST-R 1925 年設立。旧ソ連邦の GOST は，ロシア共和国が継承している。 GOST の規格の範囲は，機械，電気，化学等 19 分野に及んでいる。
北米	UL 規格 1894 年火災保険業者組合から発足。各種製品に分類され，UL94 燃焼試験で代表される燃焼試験の合格と UL 認証試験の取得が必要。取得後，年 4 回の認証確認試験（フォローアップサービス）が行われる。最近，この中にマイクロコーンカロリーメーターが採用されている。

(つづく)

1 電気電子機器，OA 機器

表 4-1 世界における電気電子機器，事務機器の主要な難燃性規格（つづき）

地域	難燃規格の種類と概要
北米 （つづき）	CSA 規格 1919 年設立。CSA 認定なしではカナダ国内の販売使用ができない。UL との相互認証制度が運用されており，どちらかで認証を取れば 2 国で製造，販売が可能。 ANSI 規格 米国規格協会。原則として規格の作成は行わない。約 100 の協力団体の規格の認定を行い，承認業務を行う。米国 UL 規格は，ANSI／UL 508 番，米国 NPPA は，NPPA79 番等で発行される。 SEMI 規格 半導体業界を中心に日本，米国，欧州の委員により，SEMI 安全ガイドが作成され，半導体関連の売買契約に使用される。
中国	GB, 中国国家基準 2002 年 5 月，CCC の新規認証制度発足。IEC 規格をベースとして作成。EMC 電磁環境両立性に該当する家電製品は，IEC 製品安全と CISPR に基づく EMC の両方を満足して初めて CCC マークの認証となるように運用を開始し，現在に至っている。
日本	JIS 基本的に IEC 規格の内容に準拠した規格を採用，UL とのハーモナイゼーションも盛り込まれている。 電安法 2001 年 4 月電取法から電安法に変更し，IEC 規格に準じた内容にして政府の認可業務を廃止し，政府が指定した民間の認証機関での型式認証制度に変更した。認定品が不具合を生じた場合は，認証を廃止し，罰金額が最高の 1 億円に改定されている。 具体的には，IEC60950 をベースに UL60950，EU60950，J60950 等各国の電気標準規格が制定され，IEC60950 の中に難燃性規格が制定されており，その内容は UL の定めた難燃性規格になっている。 民間の認証を取り扱う指定機関は，コスモスコーポレーション，ユベックインターナショナル，TUV ラインランド，電線総合技術センターである。 事務機器（複写機） ISO60950 に準拠した特性の要求。 各製造メーカーによる独自目標規格による運用。

導入されている。認定を取得する方法として，電気用品の技術基準として取得する方法と，国際規格 IEC で所得する方法の 2 つがある。海外へ輸出する製品は，民間の認定機関で一緒に取得することができる。民間の第三者認定機関は，コスモスコーポレーション，ユベックコーポレーション，TUV ラインラ

第4章 応用分野別の難燃規制と要求特性

ンド,電線総合技術センターであり,海外ではUL(米国)が担っている。電安法は,先に述べたように国際基準IEC60950に相当し,標準ベースには,UL60950,EU60950等各国の電気安全基準が制定されている。IEC60950には,第12,13項に燃焼性試験法が決められており,これはULで決められている試験法と同じである。

1.2 UL94燃焼試験[1~4]

高分子材料,製品のUL燃焼試験では,UL94燃焼試験,高分子製品性能評価試験UL746A,B,C,高分子成形品試験UL746D,プリント回路基板UL746E,音響機器UL1270,VTRUL1409,TVUL1410,事務機器UL114が関係の深い規格として挙げられる。この中で,特に関係の深いUL94燃焼試験をまとめておきたい。

試験法は,表4-2に示すように5種類の試験法が規定されている。注意すべきことは,試験炎の調整である。試験炎の温度は,試験炎の高さ(還元炎と

表4-2 UL94燃焼試験の種類と標示

試験法	標示	国際規格の標示
水平燃焼試験	HB	HB40, HB70
20 mm垂直燃焼試験	V-0, V-1, V-2	V-0, V-1, V-2
500 W(125 mm)垂直燃焼試験	5VA, 5VB	5VA, 5VB
薄肉材料垂直燃焼試験	VTM-0, VTM-1, VTM-2	VTM-0, VTM-1, VTM-2
発泡材料水平燃焼試験	HBF, HF-1, HF-2	FH-3, FH-2, FH-1

表4-3 UL試験用試験炎

試験方法	試験炎の高さ(mm)	ガス流量(mL/分)	銅ブロック温度上昇時間(秒)
水平燃焼試験 20 mm垂直燃焼試験 薄肉材料の垂直燃焼試験	20 ± 1(IEC, 20 ± 2)	105(IEC, ± 5)	44 ± 2
125 mm垂直燃焼試験	40 ± 2(内部青色炎) 125 ± 10(全体)	965 ± 30	54 ± 2
発泡材料の水平燃焼試験	38 ± 2	規定なし	規定なし

1 電気電子機器，OA機器

酸化炎の高さ）とガス流量によって決まるが，温度の検証は，決められた銅ブロックの温度上昇時間によって検証される。国際規格の試験炎のパワーは次式によって決められている。

試験炎のパワー ＝ ガス流量（mL）× ガス発熱量（mJ/m^3）

UL試験では，純度98％以上のメタンガスが使われる。試験炎を調整するには流量計によってガス濃度を設定値に設定して空気量を調整し，試験炎の高さが規定値になるようにして，銅ブロック温度が $100 \pm 2℃$ から $700 \pm 3℃$ に上昇するまでに要する時間を測定する。次に，表4-2に示したUL94燃焼試験の各種試験について概要を説明する。

1.2.1 UL94水平燃焼試験

試験試料設置方法と試験方法の概要を図4-1に示す。長さ 125 ± 5 mm，幅 13.0 ± 5 mm，厚さ3.0～3.2 mm（最少厚試験片半径は最大13 mm）の試料を図4-1に示すように配置して炎を当てる端から 25 ± 1 mm，$100 \pm$

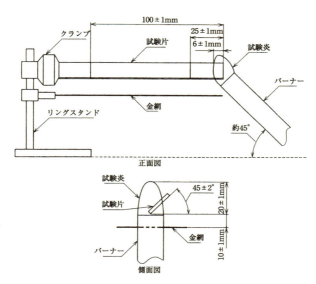

図4-1　UL94水平燃焼試験の試験片の設置と試験法

第 4 章　応用分野別の難燃規制と要求特性

1 mm のところに標線を引き試験試料とする。

　クランプで止めていない方に炎を持っていき，金網の端から深さ 6 ± 1 mm になるようにバーナーを当て，できるだけ着火するようにする。燃焼炎が 25 mm 標線を超えてから時間を測定して 100 mm になるまでの時間，または 100 mm まで超えない場合は 25 mm を超えてから消炎までの時間を測定する。試験片の燃焼時間を次式で計算する。

$$V = 60L/T$$

　ここで，V は燃焼速度，L は炎による燃焼距離，T は時間（秒）で，炎が 100 mm を超えた時は 375 mm とする。このようにして測定した結果から次のように判定する。

　　（A）厚さ 30〜13 mm では，75 mm 標線間燃焼速度 ＜ 40 mm／分
　　（B）厚さ 3 mm 未満では，75 mm 標線間燃焼速度 ＜ 75 mm／分
　　（C）10 mm 標線の手前で燃焼が停止する

　30〜32 mm で HB と判定された試料は，試験を行わないで自動的に最少厚 1.5 mm までを HB と判定する。

1.2.2　UL94（20 mm）垂直燃焼試験（図 4-2 参照）

　この垂直燃焼試験は，高分子材料の燃焼試験の中で最も一般的な試験法であり，多くの難燃材料はこの規格の UL94, V-0 を達成することを目標に難燃化の研究が行われている。試験試料の設置方法，試験方法の概要は，図 4-2 に示してあるので参照されたい。

　試験片の長さ，幅は水平燃焼試験と同じである。垂直に設置した試験片の下から 6 mm の所を，長軸が垂直になり試験片の下端が脱脂綿の上 300 ± 10 mm になるようにクランプする。脱脂綿は最大厚さ 6 mm で，50 mm 四方に広げ，重さ 0.08 g 以下とする。

　実際の試験は，バーナーの筒の上端が試験片の下端から，10 ± 1 mm になるようにして，試験片の下端中央に炎を当て，その距離を 10 秒間保つ。試験片の長さが変化する場合には，その前後を適正にバーナーを動かす。接炎中に溶融落下，有炎落下がある場合にはバーナー内部に落下物が入らないように

1 電気電子機器，OA 機器

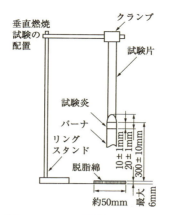

図 4-2　UL94 垂直燃焼試験法

表 4-4　UL-94（20 mm）垂直燃焼試験の判定基準

判定基準	V-0	V-1	V-2
各種試料の接炎時間（t_1 または t_2）	≦ 10 秒	≦ 30 秒	≦ 30 秒
コンデショニング毎の一組の試験片の合計残炎時間（5 本の試験片の $t_1 + t_2$）	≦ 50 秒	≦ 250 秒	≦ 250 秒
第 2 回目の接炎後の各試験片の接炎時間及び残じん時間の合計（$t_2 + t_3$）	≦ 30 秒	≦ 60 秒	≦ 60 秒
クランプまで達する残炎または残じん	なし	なし	なし
燃焼物または落下物による脱脂綿の着火	なし	なし	あり

バーナーを 45°傾ける。糸状の落下物は無視する。試験片に 10 ± 0.5 秒接炎した後，試料から 150 mm 以上離れた場所にバーナーを遠ざけて同時に残炎時間を測定する。この操作を繰り返す。判定は表 4-4 に示した基準によって行う。

　この試験方法は，微妙な変動が起こりやすく，試験試料の作製方法，試験までの試料保管条件（湿度，温度），炎の調整，炎の当て方，ドリップ性の判定等の試験条件の標準化を行うことが重要である。

1．2．3　500W（125 mm）垂直試験

　この試験は，棒状試験片と板状試験片の両方が必要になる。棒状試験片の長さおよび幅は水平試験と同じである（図 4-3）。厚さは最少厚を選択する。板状試料は，150 ± 5 mm × 150 ± 5 mm で，最少厚を選択するが，13 mm を超えてはならない。試験片は図 4-3 に示すようにセットする。棒状試料は 5 個一組，板状試料は 3 個一組として試験炎が試験片に対して 20°の角度で当たるようにして，青色の先端が試験片に接するように配置する。炎は，5 ± 0.5 秒接炎，5 ± 0.5 秒離し，これを接炎が 5 回になるまで繰り返す。5VA，5VB の合格基準を表 4-5 に示す。

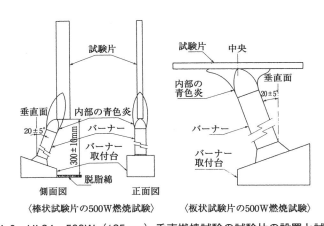

図 4-3　UL94，500W（125mm）垂直燃焼試験の試験片の設置と試験法

表 4-5　500W（125 mm）垂直試験の判定基準

判定基準	94-5VA	94-5VB
各試験片の 5 回目接炎後の残炎時間と残じん時間の合計	≦ 60 秒	≦ 60 秒
棒状試験片からの有炎落下物による脱脂綿の着火	なし	なし
板状試験片の貫通孔の有無	なし	あり

1 電気電子機器，OA機器

1.2.4 薄肉材料の難燃性試験

薄肉材料の難燃性試験は，薄くて試験片が変形したり，収縮したり，20 mm 垂直試験ではクランプまで燃え尽きてしまって試験ができないものが対象となる。試験法と試験試料のセット方法は図4-4に示す。

200 mm の試験片は，最小厚さ，最大厚さで行い，長さ200 ± 5 mm，幅50 ± 1 mm のものを使用する。最小厚さと最大厚さの結果が異なる場合は，中間の厚さでも試験を行う。試験片は，125 mm の所に標線を引き，試験片の長軸は，長さ 200 mm で直径が 12.7 ± 1.5 mm の棒に，125 mm の標線が出るようにしっかりと巻きつける。試験片の巻き終わりは，125 mm の標線より上で，残り 75 mm の部分を感圧テープでしっかりと止めた後，棒を引き抜く。硬いサンプルは，ニクロム線をサンプル上端から 75 mm の所に巻きつけることにより感圧テープで補強するか，ニクロム線のみで止める。

試験は，5個1組について行い，接炎時間以外は 20 m 垂直試験と同じで，テープで留めていない方の試験片の下端の中央に接炎する。判定基準は，20 mm 垂直試験による基準とほぼ同じで，V-0，V-1，V-2，VTM-0，VTM-1，VTM-2 である。

1.2.5 発泡材料の難燃性試験

発泡材料の水平試験は，試験片の長さ 150 ± 5 mm，幅 50 ± 1 mm で最小

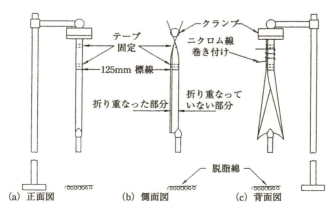

図4-4 UL94 薄肉試料燃焼試験の試験片の設置と試験法

第4章　応用分野別の難燃規制と要求特性

厚さ，最大厚さで試験する。この両者の結果が一致しない場合は中間厚さで行う。金網がバーナーのウィングチップの上方 13 ± 1 mm，脱脂綿の 175 ± 25 mm 上方になるようにセットする。試験片の一方の端から 20, 60, 125 mm の所に標線を引いて，60 mm 間隔に近い方の試験片の端の金属の折り曲げた所に接触するように置き，38 ± 2 mm の青色炎のバーナーを金網の折り曲げた端の下に素早く置いて接炎する。試験炎を 60 ± 1 秒当てた後，バーナーを離して時間を測り始める。炎が 25 mm 標線に達した時点でもう一つの計測装置をスタートさせる。判定基準は次の通りである。

① HBF：25 mm と 125 mm 間で燃焼速度が，40 mm／分以下または 125 mm 標線手前で燃焼が停止する。
② HF2, HF1：60 mm 標線手前で燃焼が停止するもの（詳細は表 4-6 参照）。

表 4-6　発泡材料難燃性試験の燃焼性クラス

判定基準	HF2	HF1
各試験片の残炎時間	5個の試験片の4個が2秒を超えない。 残り1個が10秒を超えない。	5個の試験片の4個が2秒を超えない。 残り1個が10秒を超えない。
各試験片の残じん時間	≦ 30 秒	≦ 30 秒
燃焼物また落下物による脱脂綿の着火	なし	あり
各試験片の損傷長さ	＜ 60 mm	＜ 60 mm

注）60 mm 標線手前で燃焼の止まるもの

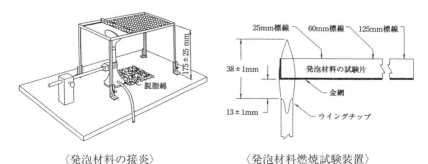

〈発泡材料の接炎〉　　〈発泡材料燃焼試験装置〉

図 4-5　UL94 発泡試料燃焼試験の試験片の設置と試験法

1 電気電子機器，OA機器

表4-7 電気電子機器，複写機，AVC（Audio, Video, Computer）に要求される難燃性

対象製品	要求される難燃性
電気電子機器 （一般用）	電気用品安全法 　IEC規格（IEC60950），UL規格，ISO規格との相互認証制度 JIS規格 　IEC，ISO規格，UL規格とのハーモナイゼーション UL規格 　UL94（燃焼性試験），UL746A, B, C, D（高分子材料成形品試験） 　UL746E（高分子材料，プリント配線基板） 　UL1270（音響機器），UL1410（TV），UL1409（VTR） 要求特性 　UL94，HB，V-1，V-2，V-0，5VA，5VB，相当
複写機	J60950，事務機器の安全性 基本的には安全性の高い難燃性を要求 ①外部プラスチックス（スイッチボタン，ノブ，銘板） 　UL94 垂直＞HB ②外装プラスチックス（エンクロージャー） 　防火板＞5V，機器補強用＞HB ③内装プラスチックス（防火用エンクロージャー） 　発火源近傍＞V-0，その他＞V-1 ④防火用エンクロージャー（内部プラスチックス） 　インチカバー，ダクト，ハウジング等＞V-2 ⑤高電圧近傍部品 　部品＞V-2 使用される高分子材料 　ABS，変性PPE，PC／ABS，PC，PCアロイ，PET
AVC製品	品種と要求される難燃性 　TV（CRT／PDP）　　〜V0　（HIPS，PPE／PS） 　TV（LCD）　　　　〜V0　（PC／ABS，PPE／PS） 　ムービー　　　　　〜V0　（PC／ABS） 　プロジェクター　　〜V0　（PC／ABS，ABS） 　デジカメ　　　　　〜V0　（PC／ASA，PC／ABS） 　ノートPC　　　　　〜V0　（PC／ASA） 　　　　　　　　　　※（　）内は使用される樹脂

第4章　応用分野別の難燃規制と要求特性

　ここまで，電気電子機器，OA機器の代表的な難燃規格と要求される難燃性について電気用品安全法（IEC，ISO），UL規格を主として説明してきたが，要求される難燃性をまとめて表4-7に示す。製品の種類によって多種類の要求性能があるが，代表的な電気製品，複写機，AVC（Audio，Video，Computer）を対象として示している[1〜4]。

1.2.6　ULフォローアップサービスにおけるMCCの導入

　最近，UL認定試験取得後，市場で販売される認定製品の検証を行うためのフォローアップサービスにおいてMCC（マイクロコーンカロリーメーター）を使用することが決められている。ULフォローアップサービスとは，UL規格の認証取得後，その製品の品質が維持されているかを年4回にわたって抜打ちチェックする制度である。従来，UL94の燃焼試験とFTIR，DSC，TGA等の分析が行われていたが，2014年から燃焼試験（UL94試験またはMCC

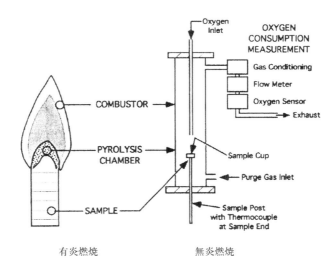

有炎燃焼　　　　　　　　　無炎燃焼

図4-6　MCC（マイクロコーンカロリーメーター）燃焼試験原理図
ASTM，D7309-13，又はR, E, Lyons *et al.*：*J. Appl. Anal. Apl. Phys.,* **71**(1), 27 (2004) 参照。
有機材料の種類によらず燃焼において発生する熱量と消費される酸素量の関係は，酸素1kg当たり13.1mJという原理にもとづいて酸素消費量を測定。

の2種類から選択可能）と3種類の分析試験を実施することが決まり，既に米国，ドイツ，台湾で実施されている。

このMCCは，従来のコーンカロリーメーターとは測定原理は全く同じであり，燃焼時に発生する熱量は，そこで消費される酸素量との関係が酸素1 kg当たり13.1 mJであるという原理に基づいている。これは，米国航空局で研究開発された試験法であり，特徴は，0.5〜50 mgで定量的な試験ができ，ペレットや少量の試料で試験も可能で，従来の125 mm × 130 mm × 13 mm（約100 g）の大きさの成形サンプルが必要なくなる。また既に，ASTM D7309においても規格化されている。

コーンカロリーメーターの基本原理，特徴その他詳細は，別項で説明するのでそちらを参照されたい。

2 電線およびケーブル[5〜7]

電線およびケーブルは，要求される性能上，厳しい安全性が要求されており，各種難燃性規格が制定されている。その範囲は図4-7に示すように各種製品に及んでいる。電線およびケーブルの基本構造は，導体の上に絶縁層が被覆され，その上に保護被覆層が設けられた構造となっている。高電圧用は，保護被覆層のみにPVC，CRゴムのような難燃性に優れた材料が使用され，内部は非難燃材料が使われている。これが600 V級の低電圧ケーブルとなると，絶縁層と保護被覆層の両方に難燃材料が使われる場合もある。これは，難燃材料は電気特性が低下するため高電圧絶縁用としては使用できないからである。

電線およびケーブル分野で特徴的なことは，環境安全性の問題から従来のPVC被覆材料に代わり，ノンハロゲン難燃性のPE，架橋PE，EPDM等を被覆したEM電線およびケーブルを実用化したことである。

EM電線およびケーブルは，表4-8に示すように多くの種類がある。EM電線およびケーブルの特徴は，難燃剤として無機水和金属化合物の水酸化Mgが主体で使用されているため，環境安全性が高く，燃焼時に発生するハロゲン系ガス，煙，一酸化炭素，二酸化炭素の発生量が少ないという特徴を持ってい

第4章 応用分野別の難燃規制と要求特性

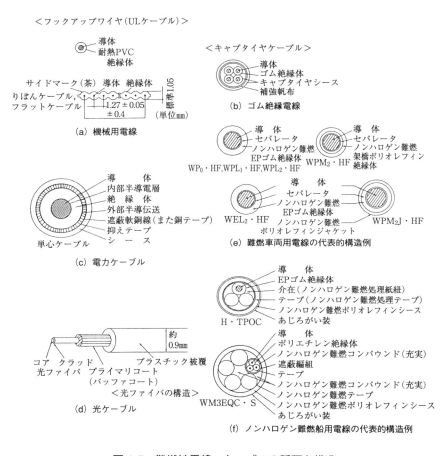

図4-7 難燃性電線,ケーブルの種類と構造

る。EMケーブルに要求される代表的な要求値と現在使用されている製品の特性例を表4-9,表4-10に示す。

電線およびケーブルの難燃性試験方法をまとめて図4-8に示すが,特徴的なことはIEEE383に規定されている実大サイズの製品に適用されるグループケーブルの燃焼試験である。国際的に知られている試験法であり,大規模燃焼

2　電線およびケーブル

表 4-8　EM 電線およびケーブルの種類と規格番号

用途	記号	品種	JIS 番号（JCS 番号）
高圧電力用	6.6KVCE/F 6.6KVCET/F	6.6kV 架橋 PE 絶縁耐燃性 PE シースケーブル	JIS C 3606：2003 JCS4226：2000
低圧電力用	600VCE/F	600V 架橋 PE 絶縁耐燃性 PE シースケーブル	JIS C 3606：2002 （JCS4418：2003）
	600VEE/F	600VPE 絶縁耐燃性 PE シースケーブル	
	600VEEF/F	600VPE 絶縁耐燃性 PE シースケーブル平形	
	600VCEE/F	600V 架橋 PE 絶縁耐燃性 PE シースケーブル	
	UB/F MB/F	屋内配線用 EM ユニットケーブル 分岐付 EM ケーブル	
屋内用絶縁電線	600VIE/F	600V 耐燃性 PE 絶縁電線	JIS C 3612：2002 （JCS3416：2003）
	600VIC/F	600V 耐燃性架橋 PE 絶縁電線	（JCS3417：1998）
制御用ケーブル	CEE/F	制御用 PE 絶縁耐燃性 PE シースケーブル	JIS C 3401：2002 （JCS4409：2003）
	CCE/F	制御用架橋 PE 絶縁耐燃性 PE シースケーブル	
屋内用通信電線	TIEF/F TIEE/F	耐燃性 PE 絶縁屋内用平型電線 PE 絶縁耐燃性 PE シースケーブル	（JCS9074：1999）
屋内用構内ケーブル	TKEE/F	耐燃性 PE シース通信用構内ケーブル	（JCS9076：1999）
屋内用ボタン通信ケーブル	BTIEE/F	耐燃性 PE シース屋内用ボタン電話ケーブル	（JCS9075：1999）
通信ケーブル	CPEE/F	市内 PE 絶縁耐燃性 PE シースケーブル	（JCS5420：1999）
	PCPEE/F	着色識別 PE 絶縁耐燃性 PE シースケーブル	（JCS5421：1999）
高周波同軸ケーブル	5C-2E/F ほか	耐燃性 PE シース高周波同軸ケーブル	（JCS5422：1999）
TV 受信用同軸ケーブル	TVECX/F	TV 受信用 PE 絶縁耐燃性 PE シース同軸ケーブル	（JCS5423：1999）
	TVEFCX/F	TV 受信用発泡 PE 絶縁耐燃性 PE シース同軸ケーブル	

（つづく）

第4章 応用分野別の難燃規制と要求特性

表 4-8 EM 電線およびケーブルの種類と規格番号（つづき）

用途	記号	品種	JIS番号（JCS番号）
TV受信用同軸ケーブル（つづき）	S-5C-FB/F ほか	衛星放送 TV 受信用発泡 PE 絶縁耐燃性 PE シース同軸ケーブル	(JCS5423：1999)
警報用ケーブル	AE/F	警報用 PE 絶縁耐燃性 PE シースケーブル	(JCS4396：1999)
	AE/F 屋内	屋内警報用 PE 絶縁耐燃性 PE シースケーブル	

表 4-9 EM 電線，ケーブルの代表的な規格値と製品特性

項目		特性	規格（JCS）
引張	引張強さ（MPa）	12.3	10 以上
	伸び（%）	650	350 以上
熱老化 90℃×96 h	強さ残率（%）	95	80 以上
	伸び残率（%）	98	65 以上
耐油性 70℃×4 h	強さ残率（%）	87	—
	伸び残率（%）	102	—
加熱変形（%）		0.5	10 以下
耐寒性（℃）		−55	−50 以下
体積抵抗率（Ω・cm）		8.00E15	—
酸素指数		80	150 以下
燃焼時発生ガスの酸性度		pH4.5	pH3.5 以下

表 4-10 EM 電線，ケーブルの有害性ガス発生量の例

項目	エコ材料	PVC
耐熱（許容）温度	75℃	60℃
難燃性	JIS60°傾斜合格	JIS60°傾斜合格
ハロゲン化水素ガス発生量	0 mg/g	200〜300 mg/g
発煙量	80〜120	200〜300
燃焼時発生ガスの酸性度	pH4〜5	約 pH2
ダイオキシン発生	可能性なし	可能性あり
鉛溶出	可能性なし	可能性あり

2 電線およびケーブル

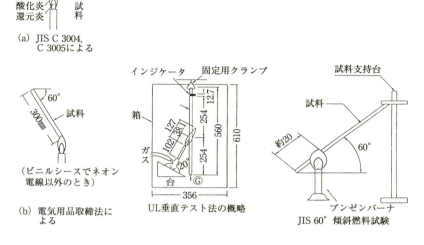

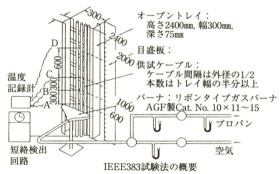

図 4-8 EM 電線, ケーブルの難燃性評価試験法

試験として実際の火災事故を模擬した挙動を観察できる。

電線およびケーブルは社会の重要なインフラの基本であり，しかも火災時の危険性が高く，要求される特性が厳しくなっている。難燃性と共に優れた電気特性，物性，安定した長期信頼性が要求されている。

第 4 章　応用分野別の難燃規制と要求特性

3　建築[8〜10)]

　建築分野での火災事故は，年間 6 万件以上の全火災発生件数に対して 3 万件以上を占めている。全死傷者数では，約 2,000 人中の半数を建築分野で占めている。最近の建築分野では，表 4-11 に示すように，多くの熱可燃性樹脂，ゴム，熱硬化性樹脂が使用されているので，火災件数，死傷者数が増加する一因となっていると推定される。

　建築関係での難燃性規格は，建築基準法に決められているが，規格の中には規制緩和と規格の定量化の考え方が導入されている。規定された基準に合格すれば，従来不燃材料になり得なかった材料でも不燃材料として使用できることになっている。

　建築材料は，大きく構造材と内装材に分類されているが，構造材には，難燃性規格を合格しても使用性能を保証するための評価基準が確立されていないと使用できない場合が多く，有機材料は，不燃材としては使用できない場合が多い。

　一方，内装材料の場合は建築基準法で決められた表 4-12 に示すような防火材料の不燃，準不燃，難燃の認定に合格すれば認定され，基準法の内装制限に基づいて使用できる。しかし，一番低い難燃レベルの建材は，用途が限定されているので準不燃以上を目標にして認定を取得することが好ましい。建築用に使用されている不燃材料，準不燃材料，難燃材料の代表的な例を図 4-9 に示す。

　建築材料にも有害性ガス試験の規格があり，図 4-10 に示すような発生ガスの有害性試験が決められている。試験装置の中で試験試料を燃焼させその中にマウスを暴露し，8 匹のマウスの行動停止時間までの時間を測定し，平均行動停止時間が 6.8 分以上であることが規定されている。

　建築基準法の中にコーンカロリーメーターの発熱量試験が採用されており，不燃，準不燃，難燃材料について次の規格が規定されており，性能評価基準が明確にされている。その内容を表 4-13 に示す。

(1) 不燃材料

発熱量試験（ISO5660準拠）コーンカロリーメーター試験

不燃性試験（ISO1182準拠）基材試験

(2) 準不燃材料

発熱量試験（(1)に同じ）

模型型試験（ISOWD17431準拠）改良模型箱試験

(3) 難燃材料

発熱量試験（(1)に同じ）

模型箱試験（(2)に同じ）

（この他，ガス有害性試験がある）

現在，建築用材料の中で注目されている一つに木材の難燃化技術があることは，第3章において記述しているので参照されたいが，耐火木材は，木材の細胞内までポリリン酸塩，非晶性ホウ酸塩等を注入して難燃化する方法が採用されている。無機化合物を注入するためのコストがかかるが，耐火性を向上するための多くの耐火木材の特許が取得され，実用化が注目されている。

耐火塗料も建築用難燃耐火材料として活躍している材料の一つである。アクリル樹脂，EVA水性エマルジョン，合成ゴムラテックス等の中に発泡剤として窒素化合物を添加し，炭素供給剤としてペンタエリスリトール，多価アルコール，デキストリン等，反応助剤としてリン酸アンモン，リン酸メラミン等，さらに水，滑剤，安定剤を添加して作られる。塗料としては鉄骨表面に厚さ数mmに均一に塗布して乾燥させる。火災時にはこの塗膜が発泡して30から50倍に膨張して断熱効果により内部の鉄骨を保護する（図4-11）。

防火塗料は，JIS K 5661に規定されており，防火塗料1種（発泡性のもの），2種（発泡性で下塗用と上塗用に分類），3種（厚塗用）の3種類がある。試験法は，JIS A 1321に規定されている。

第4章　応用分野別の難燃規制と要求特性

表4-11　建築用プラス

プラスチックスの種類	適用区分 地盤改造	構造 型枠・仮設材料	構造 空気膜構造物	構造 積層材料	構造 補強材料	外装 外壁材料	外装 外部建具	内装 床仕上材料	内装 壁仕上材料	内装 天井材料	内装 内部建具	内装 金物	内装 透光部材
熱可塑性プラスチックス ポリ塩化ビニル		○	○			○	○	○	○	○	○	○	○
ポリビニルアセテート									○				
ポリビニルプロピオネート								○	○				
塩ビ・ABS共重合体									○				
ビスコース								○	○				
ニトロセルロース													
酢酸セルロース								○	○				
酢酸ブチルセルロース													○
エチルセルロース													
ポリメタクリル酸メチル	○					○		○	○	○			○
ポリカーボネート													○
ポリエチレンテレフタレート			○			○			○				
線状ポリエステル		○				○							
ポリスチレン		○				○			○				
ポリスチレン・ブタジエン													
ポリアミド		○				○			○		○		
ポリアセタール											○		
低密度ポリエチレン		○			○				○				
高密度ポリエチレン													
ポリプロピレン						○			○				
ポリイソブチレン													
線状ポリウレタン	○							○	○				
フッ素樹脂			○										
シリコーン													
熱硬化性プラスチックス フェノール				○		○			○	○			
レゾルシノール				○									
ユリア	○			○							○		
メラミン				○					○				
ポリエステル	○	○	○			○		○	○		○		○
ポリウレタン						○		○	○		○		
エポキシ					○	○		○	○		○		
フラン													

チックスの種類と応用

プラスチックスの種類		適用区分 屋根		ジョイント構成材料	シーリング材料	ボード・パネル類	各種半製品 塗料・コーティング・ライニング材	接着剤	熱絶縁材料	音絶縁材料	造園材料
		ルーフライト	防水材料								
熱可塑性プラスチックス	ポリ塩化ビニル	○	○	○	○	○	○	○	○	○	○
	ポリビニルアセテート						○	○	○		
	ポリビニルプロピオネート						○				
	塩ビ・ABS共重合体			○					○		
	ビスコース										
	ニトロセルロース						○				
	酢酸セルロース						○				
	酢酸ブチルセルロース						○				
	エチルセルロース						○				
	ポリメタクリル酸メチル	○			○		○				
	ポリカーボネート	○				○					
	ポリエチレンテレフタレート		○								
	線状ポリエステル						○				
	ポリスチレン					○			○	○	
	ポリスチレン・ブタジエン					○		○			
	ポリアミド		○				○				
	ポリアセタール										
	低密度ポリエチレン		○		○	○			○		
	高密度ポリエチレン					○					
	ポリプロピレン					○					
	ポリイソブチレン		○		○						
	線状ポリウレタン				○				○	○	
	フッ素樹脂				○						
	シリコーン		○		○						
熱硬化性プラスチックス	フェノール					○		○	○		
	レゾルシノール							○			
	ユリア					○		○			
	メラミン					○					
	ポリエステル	○				○					○
	ポリウレタン				○		○	○	○		
	エポキシ						○	○			○
	フラン					○					

第4章　応用分野別の難燃規制と要求特性

表 4-12　建築基準法における防火材料の評価試験法と認定基準

	試験，認定基準の内容
防火材料の種類と評価試験	① 不燃材料 試験時間：20分 試験法：発熱性試験（ISO5660準拠，コーンカロリーメーター試験），または不燃性試験（ISO1182準拠，不燃性試験） ② 準不燃材料 試験時間：10分 試験法：発熱性試験（ISO5660準拠，コーンカロリーメーター試験），または模型箱試験（ISOWD17431準拠，改良模型箱試験） ③ 難燃材料 試験時間：5分 試験法：発熱性試験（ISO5660準拠，コーンカロリーメーター試験），または模型箱試験（ISOWD17431準拠，改良模型箱試験） ④ 備考 全ての試料にガス有害性試験（旧告示1231号準拠）も付加
防火材料の認定基準	① 試験中の試料の観察 　変形，溶融，亀裂がないこと ② 発生ガス 　有害な煙，ガスが発生しないこと ③ 発熱量 　最大発熱速度　　200 kW/m² 以下 　総発熱量　　　　8 mJ/m² 以下

表 4-13　防火難燃材料の性能基準

試験法	判定基準
不燃性試験	(1) 炉内温度の上昇が20℃以下 (2) 重量減少率が30%以下
発熱量試験	加熱開始後 (1) 総発熱量　8 mJ/m² 以下 (2) 最高発熱量が200 kW/m² を超えることがない。 　（10秒を超えて継続しない。） (3) 防火上有害な裏面まで貫通する亀裂，または穴がない。
模型箱試験	(1) 総発熱量が20 mJ/m² 以下 (2) 200 kW/m² を超える発熱量が10秒を超えない。
ガス有害性試験	8匹のマウスの平均行動停止時間は＜6.8分

3　建築

- ●不燃材料　＝不燃性能：20分間
- ●準不燃材料＝不燃性能：10分間
- ●難燃材料　＝不燃性能：5分間

不燃性能とは
1. 非燃焼性
2. 非損傷性
3. 非発煙性

各防火材料は，それより性能の優れた材料を含む

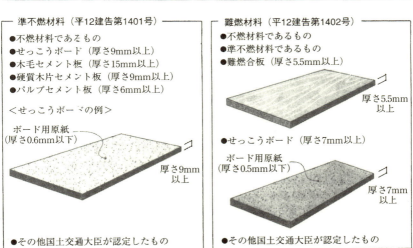

図 4-9　建築用不燃材料，準不燃材料，難燃材料の例

第4章 応用分野別の難燃規制と要求特性

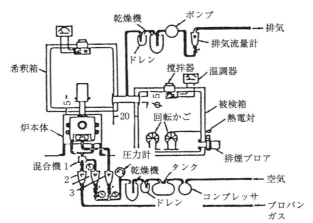

＜試験法の概要＞図のような装置で試験材料を燃焼させ，その生成ガスに8匹のマウスを暴露させる。マウスが行動不能に至るまでの時間を測定し，標準材料（赤ラワン）の場合と比較する。

図 4-10　有害性試験装置の概要

4　自動車

　自動車用難燃材料は，主として内装材料として要求性能が規定されている。日本における内装材料の難燃性は，道路運輸車両保安規制第20条第4項に規定されている。この内容は，米国規格のFMVSS302号（1972年）内装材料の難燃性試験法と難燃規格にほぼ準拠しており，JIS D 1201，ISO3795ともほぼ同一である[11,12]。

　規定されている主なものは，座席，座席ベルト，頭部後傾抑止装置，天井張り，内装材等が挙げられる（図4-12）。内装材料の難燃性技術基準を表4-14に示す。

　規定されている試験方法は，図4-13に示すように，試験試料を水平に設置し水平方向の燃焼速度を評価する判定基準が採用されている。決められている難燃性は，搭乗者が事故時に安全に外部に避難できることを基準としているのでそれほど厳しくない。海外の規格を見てみても基本的な基準はほぼ同じであ

4 自動車

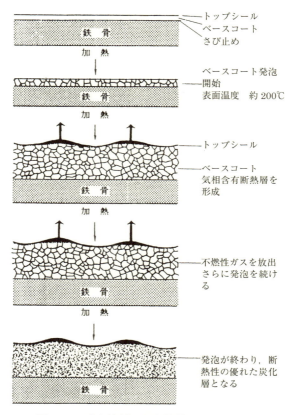

図 4-11 防火塗料の発泡機構

る（表 4-15）。

その他，内装材料の難燃性試験としてフォッギング試験がある。これは，DIN75201 に規定されている試験で，ガラス窓のくもり防止による搭乗者への安全性確保のための規格であるが，難燃剤の中のリン酸エステルの揮発によるガラス窓のくもり対策を意味している。試験は，厚さ 10 mm 以下，直径 80 mm の試験試料を 160℃，16 時間加熱処理をして発生する揮発物を 20℃で凝縮して計量し，その値が 1 mg 以下であることが決められている。そのた

第 4 章 応用分野別の難燃規制と要求特性

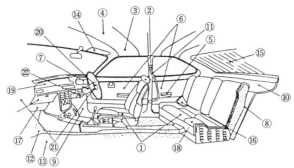

①座席, ②座席ベルト, ③天井張り, ④コンバーチブルトップ, ⑤アームレスト, ⑥ドアトリム, ⑦フロントトリム, ⑧リアトリム, ⑨サイドトリム, ⑩リアパッケージトレイ, ⑪頭部後傾抑止装置, ⑫カーペット, ⑬マット, ⑭サンバイザ, ⑮サンシェード, ⑯ホイールハウスカバー, ⑰エンジンコンパートメントカバー, ⑱マットレスカバー, ⑲インストルメントパネルパッド, ⑳ステアリングセンタパッド, ㉑エアバッグ, ㉒ニーボルスター

図 4-12 自動車内装材料の種類

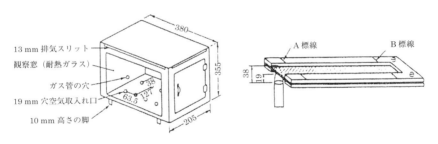

図 4-13 自動車内装材料の燃焼試験法

め, 難燃剤, 加工助剤, 安定剤等の選択に注意が必要である。実際の内装材料に使用されている難燃材料と難燃剤の種類を表 4-16 に示す。

表 4-14 自動車用内装材料の難燃性技術基準

基準	内容
適用範囲	この技術基準は，自動車の運転者室および客室の内装材料にて適用される。
適用車種	自動車（二輪自動車，側車付二輪自動車，キャタピラおよびソリを有する軽自動車，大型特殊自動車ならびに小型特殊自動車を除く）
適用部品	座席，座席ベルト，天井張り，コンパーチブルトップ，アームレスト，ドアトリム，フロントトリム，サイドトリム，リアパッケージトレイ，頭部後傾抑止装置，カーペット，マット，サンバイザー，サンシェード，ホイールハウスカバー，エンジンコンパートメントカバー，マットレスカバー，インスツルメントパネルパッド，乗員が衝突したときに衝撃を吸収するよう設計されたステアリングセンターパッド，エアバックの膨張部分およびニーボルスターであって，車体に固定されているもの。 寸法の長さ 293 mm または幅 25 mm に満たないものは除く（年少者用補助乗車装置（チャイルドシート）も難燃性規制対象）。 これらの対象部品の車室内表面から 12 mm 以内にある材料が難燃化の規制対象になる。
試験片の採取	試験片の寸法は長さ 350 mm，幅 100 mm，厚さ 12 mm とし，当該部品より採取する。
試験方法	試験片：試験前に，温度 20 ± 5℃，相対湿度 50 ± 5％に 24 時間放置する。 試験：温度 20 ± 5℃，相対湿度 65 ± 20％に保たれた環境のもとで行う。 試験装置：JIS D 1210-1977 に規定する燃焼試験装置内で行う。 　※試験は水平燃焼試験方法による。 　　　バーナーの炎の高さ：約 38 mm 　　　接炎時間：少なくとも 15 秒
判定	難燃性の判定方法（5 個の試験片のすべてがいずれかの基準に入るものを適合とする） ①燃焼しないこと。 ②燃焼速度の最大値が 100 mm/分を超えないこと。 ③燃焼が A 標線に達してから 60 秒経過する前に停止し，かつ，A 標線に達した後の燃焼長さが 50 mm 未満であること。 　（A 標線とは試験片の自由端から 38 mm の位置に定められた線をいう） 燃焼速度の算定式 　　$B = 60 \cdot D/T$ 　　B：燃焼速度（mm/分），D：燃焼長さ（mm），T：燃焼時間（秒）

第4章 応用分野別の難燃規制と要求特性

表4-15 各国の自動車用内装材料の規格

規制国	日本	米国	EU	オーストラリア	GCC	中国
規格	保安基準第20条	FMVSS 302	EC指令95/28	ADR58	GS98	GB8410-94
適用時期	94.4	72.9	99.10	88.7	91.5	96.1
対象車種	全車種	全車種	バス	バス	全車種	全車種
要求性能（燃焼速度）	100 mm/分以下	4インチ/分以下	100 mm/分以下	易燃性でないこと	250 mm/分以下	100 mm/分以下
試験方法	水平燃焼試験	水平燃焼試験	水平燃焼試験＋溶融，垂直試験	水平燃焼試験	水平燃焼試験	水平燃焼試験

表4-16 自動車用室内難燃材料の種類と使用される難燃剤，適用部品

分類	高分子材料	使用される難燃剤	適用部品
シート，レザー，制振材	PVC，各種合成樹脂，合成ゴム，TPE，ゴムアス	リン酸エステル，水和金属化合物（助剤併用），IFR系難燃剤，臭素系難燃剤（助剤併用），窒素系難燃剤	シートカバー，ドアトリム，フロアーカバー
発泡材料	軟質，硬質 PU，TPE，合成ゴム，軟質 PVC	リン酸エステル，水和金属化合物（水酸化Al，助剤併用），IFR系難燃剤	シートクッション，クラッシュパッド，ドアトリム
布	各種繊維用合成樹脂	リン酸エステル，窒素系難燃剤（メラミン類，グアニジン類），各種金属化合物，臭素系難燃剤（助剤併用）	シートカバー，ドアトリム，ルーフトリム，カバー類，敷物類
成型品	PO，ABS，PA，アクリル樹脂，合成ゴム，TPE	水和金属化合物，リン酸エステル，臭素系難燃剤（助剤併用），IFR系難燃剤	パネル，メーターフード，コンソールボックス等
ハーネス	PVC，PO（PE，PP）各種合成樹脂	リン酸エステル，臭素系難燃剤（助剤併用），水和金属化合物（助剤併用），窒素系難燃剤（メラミン類）	動力，制御回路配線，配線用コネクター

5 鉄道車両

日本における鉄道車両用の規格は，昭和44年の鉄運第81号として規定された規格が運用されていたが，平成13年に改正され，国土交通省省令第151号，83条として発令された。この内容には次のような4つの火災安全対策が盛り込まれている。

(1) 車両用電線についての腐食，危機の発熱，火災の発生防止
(2) アーク，熱を発生する恐れのある機器は，適切な保護装置を設ける
(3) 旅客車の車体は，予想される火災及び延焼を防ぐ構造とする
(4) 機関車，旅客車及び乗務員が勤務する車室を有する貨物車には，火災が発生した場合に早期消火ができる装置を備える

規格の内容としては，特に電線，ケーブル，機器類の火災対策が規定されており，使用される材料は，表4-17に示す規定に合格することが定められている。試験方法に，図4-14に示すようにB5判試験試料によるアルコールランプによる試験と，図4-15に示すコーンカロリーメーターによる発熱量試験の

表4-17 鉄道車両難燃材料の難燃性規格

(1) 国土交通省令第83条（平成17年旧鉄運第81号）アルコールランプ燃焼試験

燃焼区分	アルコール燃焼中				アルコール燃焼後			
	着火	着炎	煙	火勢	着火	残じん	炭化	変形
不燃性	なし	なし	僅少	-	-	-	100 mm 以下変色	100 mm 以下表面変形
極難燃性	なし	なし	少ない	-	-	-	試験片上限未達	100 mm 以下変形
	あり	あり	少ない	-	なし	なし	< 30 mm	同上
難燃性	あり	あり	普通	炎が試験片上限超えず	なし	なし	試験片	線に達する変形（局部的貫通孔）

(2) 国土交通省令第83条（平成17年）発熱量試験規格

総発熱量 (mJ/m^2)	着火時間 (秒)	最大発熱量 (kW/m^2)
< 8	-	< 300
8を超え30以下	> 60	< 300

第4章　応用分野別の難燃規制と要求特性

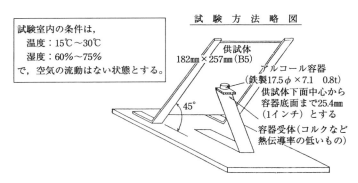

図4-14　鉄道車両用材料の燃焼試験法と判定基準
B%版試料のアルコールランプ試験

表4-18　鉄道車両における難燃性高分子材料の使用例

高分子材料	使用例
軟質塩化ビニル樹脂	床敷物, 電車用屋根布, 腰掛中張, カーテン用レザー, 吊革バンド, ガラス押さえ, 吸音材, 電線用被覆, 雨樋
硬質塩化ビニル樹脂	仕切り用心材, ダクト, 電線配管, 通風口整風板
不飽和ポリエステル系FRP	車体外板, 車体前頭部, 電車屋根被覆, パンタグラフカバー, 凍結器カバー, 天井, 天井風道, 便洗ユニット, 汚物タンク, 寝台, クーラー外板, 通風器, 窓枠, 雨樋, 各種電気機器ケース
不飽和ポリエステル樹脂	塗装下地パテ
ポリウレタン	腰掛クッション（従前）, 断熱材, 電車戸車
飽和ポリエステル繊維	腰掛クッション（近年）
メラミン樹脂	天井, 羽目板, 扉
ポリアミド（ナイロン）	腰掛表地, カーテン地, 幌地, 引戸戸車
エポキシ樹脂	床詰物, 各種電気絶縁材
ABS樹脂	肘掛け, 整風板
ポリカーボネート	整風板, 肘掛け, 荷棚板, 吊革取手, 窓ガラス（無機ガラスと複合）
メタアクリル樹脂	仕切り引戸, 灯具カバー, 電気機器カバー
塩化ビニリデン樹脂	断熱材, カーテン地, 腰掛表地, 荷棚網
ゴム類	空気ばね, 台車ばね, 空気ホース類, 窓ガラス押さえ
塗料	新幹線車体, 鋼製車体等塗装

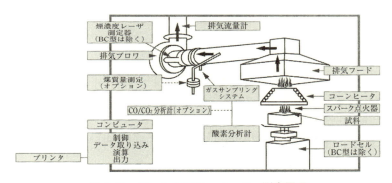

図 4-15　コーンカロリーメーター測定原理

表 4-19　鉄道車両用設備と使用材料に要求される難燃性

使用部位	難燃性区分	使用部位	難燃性区分
屋根上絶縁材	難燃性	床塗材	難燃性
天井板	不燃性	床詰物	極難燃性
内部化粧板	不燃性	連結幌	難燃性
吊り手，吊り手帯	難燃性	戸先，戸当りゴム等	難燃性
座席表地	難燃性	断熱材，防振材等	不燃性
座席織物	難燃性	電気絶縁材料	難燃性
日除け	難燃性	電線管類	難燃性
床上敷物	難燃性	電線被覆	難燃性

2つが規定されている。なお，コーンカロリーメーターについては，評価試験に関する別項で説明するので外観図のみを示しておきたい。

　実際に車両に使用される高分子材料の種類と使用される部位，部品，難燃性を表4-18，表4-19に示すので参照されたい[14]。

6　その他船舶，航空機，繊維

　船舶，航空機，繊維関係の難燃性規格，要求性能の骨子を表4-20に示すが，各項目について補足説明をしておきたい。

第4章　応用分野別の難燃規制と要求特性

6.1　船舶[15]

　船舶の安全規制については，国際的に統一が図られており，国際的な海事機関であるIMO（International Marine Organization）のSOLAS（Safety of the Life at Sea）で条約を取り決めている。日本では，この条約を基にして国土交通省で船舶防火構造規制が制定されている。最近は国際的な整合性がさらに進み運用されている。燃焼試験はSOLAS条約の第Ⅱ-2の火災試験コードとして決められており，ここで開発されたISO規格のほとんどが採用されている。

　表4-20に示されているように，最も注目される規格は，船舶防火構造規制（国土交通省規格）である。船舶の中で使用される天井材，床張材，仕切板，振動騒音防止用制振材等に適用されるIMO A254（18），IMO A653（16），IMO683による火炎伝播試験による燃焼試験規格がある。詳細は船舶防火構造規制の内容を参照されたいが，特徴的な規格としてIMO5659Part2に規定されている発煙性試験と有害性ガス試験がある。その内容を表4-21に示すが，特に有害性ガスが規定されていることに注目したい。これら規格の国内認定を取得するには海上技術安全研究所や船舶艤装研究所に問い合わせると良い。

表4-20　船舶，航空機，繊維等の難燃規格，要求性能と難燃化技術

分野	対象材料	対象製品，対象規格	要求性能と難燃化技術の特徴
船舶	合成ゴム 　（IIR，EPDM， 　CR，ACM） 熱硬化性樹脂 　エポキシ樹脂 熱可塑性樹脂 　耐熱性，耐水性 　に優れた汎用樹 　脂，耐熱エンプ 　ラ等	対象製品 　制振材 　床張材 　天井材 船舶防火構造規制 　（国土交通省規格） IMO（国際海事協会） 規格，A754 　A級，B級，仕切り IMO A683火炎伝播 試験，A683 　隔壁，天井表面材 　床表面材，床張材	難燃性，耐火性 防熱時間 　A級：0〜60分，B級：10〜60分 火炎伝播性試験 　IMO A653に規定 発煙試験，有害性ガス試験 　Ti（有害性係数），目標＜10 難燃化技術 　環境対応型難燃化技術が中心 　無機水和金属，縮合リン酸エステル， 　IFR系難燃系，窒素系難燃系 　耐熱性，振動減衰特性（動的tan δ） 　耐水性，金属接着性が要求される。

（つづく）

表 4-20 船舶，航空機，繊維等の難燃規格，要求性能と難燃化技術（つづき）

分野	対象材料	対象製品，対象規格	要求性能と難燃化技術の特徴
航空機	熱可塑性樹脂 フッ素系 汎用エンプラ系， 耐熱エンプラ系， 各種樹脂 合成ゴム (FKM, ACM, EPDM, Q)	室内装備材料 ①天井板，隔壁，仕切板，床板等 ②カーテン，座席クッション，調理室備品 ③アクリル窓，標識，座席ベルト ④荷物室内張り ⑤電線，ケーブル 対象規格 FAR（米国航空機関連規格）	FAR（米国航空機関連規格） 難燃性 　第3種，第4種，自己消炎性室内装備材料に該当する材料 試験法，規格値 ①垂直，水平，45°，60°燃焼試験 　　　　　　＞自己消炎性 ②平均燃焼距離　6〜25 cm ③平均燃焼時間　＜15秒 ④発熱量 　当初2分間最大値＜65 kW/m^2 ⑤発煙量，4分間光学密度＜200 難燃化技術 　縮合リン酸エステル，フォスフィン酸金属塩，高分子量臭素系難燃剤の選択，耐熱性基本配合の選択。
繊維	各種合成繊維 レーヨン，PET, PVC, PA, アクリル, PP, アラミド, メラミン， 羊毛，綿	対象製品 カーテン，カーペット，どん帳，各種繊維 対象規格 消防法 JIS L 1091 JIS L 1042（洗濯後） JIS L 1018（クリーニング後）	難燃性 溶融しない繊維　（厚手）　（薄手） 残炎時間　　　　＜3秒　　＜5秒 残じん時間　　　＜5秒　　＜20秒 残炎面積　　　＜30 cm^2　＜40 cm^2 試験法 　ミクロバーナー（薄手） 　メッケルバーナー（厚手） 難燃化技術 　リン系難燃剤，窒素系難燃剤，臭素系難燃剤を使用。洗濯後の難燃性の低下に注意。残じん性の付与には，放熱性を制御する配合設計が必要。

6.2 航空機

　日本の航空機用材料の難燃規制は，世界の航空法の中心となっている米国のFAR (Federation Aviation Regulation) に準じている。航空機用材料は，次のように分類されている。

　（A）　機体構造材料
　（B）　装備材料-機能部品材料，室内装備材料

第 4 章　応用分野別の難燃規制と要求特性

表 4-21　船舶防火構造規制で規定されている発煙性と有害性ガス係数

項目	規格値および参考値
発煙性	隔壁，および天上の表面　$Ds < 200$ 床表面，一時甲板床張材　$Ds < 400$
有害性ガス係数	Toxic Index　< 10（規格値の場合と参考値の場合あり） 計算方法 　$Ti = \Sigma$測定濃度／各種ガス致死濃度（30 分） 注）各種ガス濃度（30 分）ppm CO：1,450，CO_2：600，HCl：310，HBr：50，HF：590，HCN：140， アクロレイン：1.7，ホルムアルデヒド：3.2，SO_2：120，NO_2：350

　難燃製品についてはこの中の，主として室内装備材料の規格が適用されている。機体構造材料は金属材料，軽量高強度の炭素繊維複合材料が挙げられ，機能部品材料には，電気電子機器，燃焼系等装置，エンジン系装置等，ほとんどが金属系材料である。

　航空機材料の耐火性，難燃性試験法の名称および規格値は，表 4-20 に記述してあるが，試験法については一般にあまり知られていないので表 4-22 に示した。

　最近，日本製旅客機の製造が進められているが，航空機用材料に関する関心が今後高まっていくことが予想される。詳細は，FAR 規格，日本の航空法を参照されたい。

6.3　繊維

　繊維に関する難燃規格は，日常身近に接する製品であり安全性に対する関心が高く，古くから規制されている。日本国内では昭和 23 年東京都条例でカーテン，どん帳などの規制が施行されている。全国に統一的に施行されたのは昭和 43 年の消防法に基づく運用である。

　日本の繊維製品の規格の中から代表的ないくつかを説明したい[16,17]。

6.3.1　消防法

　昭和 44 年に制定された最もよく知られている繊維製品の難燃性規格である。不特性多数が出入りする公共建築物，高層建築，地下鉄等の防炎，防火対

6 その他船舶，航空機，繊維

表 4-22　航空機用室内装備材料に適用される燃焼試験

試験装置	試験方法・条件
垂直法	(1) 試料：50 mm × 325 mm　実用部品の最小厚 (2) 火源：ブンゼンまたはチリルバーナー 　　　10 mmϕ　843℃，炎の高さ　40 mm (3) 評価： 　　　　　　　クラス A　　クラス B 　延焼長　　　60S　　　　20S 　炎除去後 　消火時間　　≦15S　　　≦15S 　ドリップ時間　≦3S　　　≦5S
水平法	(1) 試料：垂直法と同じサイズ 　　　対象　40〜294 mm (2) 火源：垂直法と同じ (3) 点火時間：15S (4) 試験長：254 mm，40 mm (3) 評　価： 　　　　　　クラス B-2　　クラス B-3 　最　大 　消火速度　62.5 mm/min　100 mm/min
45度法	(1) 試　料：200 mm × 200 mm 　　3 試料 　　厚さは実用時の最小厚 (2) 火　源：ブンゼンまたはチリルバーナー　10 mmϕ 　　840℃，炎の長さ　26 mm (3) 評　価：30 秒 (4) 評　価： 　消火時間の最大透過時間　≦15S 　残　　　じ　　　ん　　　≦10S

(つづく)

213

第4章 応用分野別の難燃規制と要求特性

表4-22 航空機用室内装備材料に適用される燃焼試験（つづき）

試験装置	試験方法・条件
60度法	(1) 試　料：3試料　伸長　暴露長　610 mm (2) 火　源：ブンゼンまたはチリルバーナー　955℃,炎の高さ 75 mm (3) 点火時間　30秒 (4) 評　価 　　　延　焼　長　　≦76 mm 　　　自己消火時間　≦30 S 　　　ドリッピング時間　≦3 S

象物に使用するカーテン，繊維，どん帳等には，防炎性能を有する製品の使用が義務付けられている（消防法第8条）。この防炎製品の認定には，消防庁の指導による第三者認定機関である防炎製品認定委員会が性能を認定し，認定した製品には防炎ラベルが付けられる。また，直接子供が手や口に入れる可能性のある製品は，毒性試験，皮膚障害試験が行われる。防炎製品の種類によって表4-23に示すような性能基準に合格することが義務付けられている。

試験方法としては，繊維製品に使用される特有のバーナーである図4-16に示すミクロバーナー，メッケルバーナーを具えた試験装置によって決められた大きさの試料の燃焼後の残炎時間，残じん時間，炭化面積，炭化長を測定して表4-23によって判定する。試料の大きさ，試験方法，試験条件等は消防法第8条を参照されたい。

6.3.2　JIS L 1091

JIS L 1091は，繊維製品の試験法，性能規格の代表として規定されており，次のような各種試験法が制定されている。

① A法：A-1法　45°ミクロバーナー法　薄地の製品
　　　　A-2法　45°メッケルバーナー法　厚地の製品
　　　　A-3法　水平法　特殊用途の製品
　　　　A-4法　垂直法　同上

6 その他船舶,航空機,繊維

表 4-23 消防法防火対象製品の性能基準

種類,性状		測定項目	判定基準数値	
布	溶融しない製品		薄手布	厚手布
		残炎時間	3 秒	5 秒
		残じん時間	5 秒	20 秒
		炭化面積	30 cm^2	40 cm^2
	溶融する製品	上記の溶融しない製品 3 項目の測定項目の他に下記の 2 点を含む。炭化長 接炎回数	20 cm 3 回	
合板 繊維板		残炎時間 残じん時間 炭化面積	10 秒 30 秒 50 cm^2	
じゅうたん等		残炎時間 炭化長	20 秒 10 cm	

② B 法:表面延焼法,表面の燃焼速度を試験(厚地用)
③ C 法:燃焼速度法,燃焼速度を測定(薄地用)
④ D 法:接炎試験,加熱・溶融・燃焼終了までの接炎回数測定(溶融繊維用)

試験方法の中で,ミクロ(メッケル)バーナー法は,消防法と同一の試験装置を使用する。この 2 つの試験における性能基準を表 4-24,表 4-25 に示す。難燃性区分によって製品を分類し,用途に応じて選択し,使い分けられる。

繊維製品の試験方法は,ほとんどが消防法と JIS 規格に準じた試験方法が採用されていると考えて間違いない。

第 4 章 応用分野別の難燃規制と要求特性

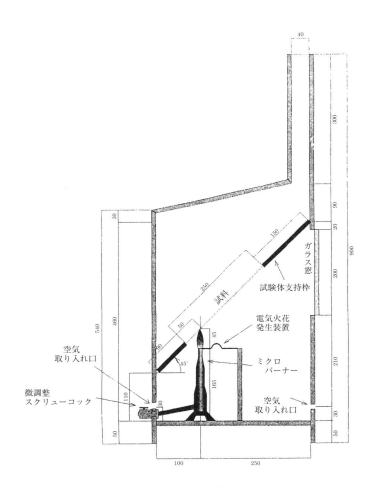

（a）45 度ミクロ（メッケル）バーナー法の試験装置概略図

図 4-16　消防法第 8 条，

6 その他船舶,航空機,繊維

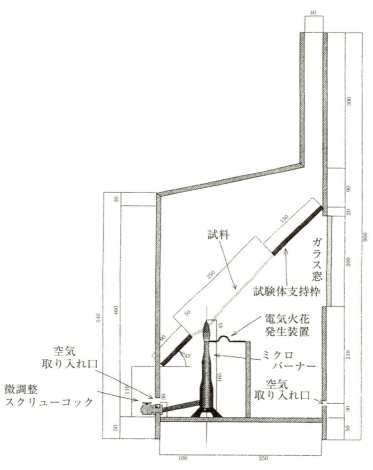

(b) たるませ法の試験装置概略図

防火製品試験装置

第 4 章　応用分野別の難燃規制と要求特性

表 4-24　JIS L 1091，A-1 法による難燃性区分

試験方法 測定項目 区分	A-1 法							
	1 分加熱				着炎 3 秒後			
	炭化面積 (cm²)	残炎時間 (s)	残じん時間 (s)	炭化距離 (cm)	炭化面積 (cm²)	残炎時間 (s)	残じん時間 (s)	炭化距離 (cm)
1	45 を超えるもの	3 を超えるもの	5 を超えるもの	20 を超えるもの	45 を超えるもの	10 を超えるもの	15 を超えるもの	20 を超えるもの
2	45 以下	3 以下	5 以下	20 以下	45 以下	10 以下	15 以下	20 以下
3	30 以下				30 以下	3 以下	5 以下	

備考：試料の質量が 450 g/m² 以下のものに適用する。

表 4-25　JIS L 1091，A-2 法による難燃性区分

試験方法 測定項目 区分	A-2 法							
	2 分加熱				着炎 6 秒後			
	炭化面積 (cm²)	残炎時間 (s)	残じん時間 (s)	炭化距離 (cm)	炭化面積 (cm²)	残炎時間 (s)	残じん時間 (s)	炭化距離 (cm)
1	60 を超えるもの	5 を超えるもの	20 を超えるもの	20 を超えるもの	60 を超えるもの	20 を超えるもの	30 を超えるもの	20 を超えるもの
2	60 以下	5 以下	20 以下	20 以下	60 以下	20 以下	30 以下	20 以下
3	40 以下				40 以下	5 以下	20 以下	

備考：試料の質量が 450 g/m² を超えるものに適用する。

文　　献

1) 西澤仁，これでわかる難燃化技術，工業調査会（2003）
2) 酒井健一，難燃材料活用便覧，テクノネット社（2002）
3) 山下武彦，第 21 回難燃材料研究会講演資料，発明会館（2012）
4) 技術情報機器の安全性（J60590），（2008）
5) 乾泰夫，難燃材料活用便覧，テクノネット社（2002）
6) 西澤仁，難燃剤・難燃化材料の最前線，シーエムシー出版（2015）
7) 清水修，エコ電線の最近の動向，第 54 回 JECTEC セミナー資料（2003）

8) 高木任之, イラストレーション建築基準法, 学芸出版社 (2001)
9) 鉄骨造の耐火被服, 彰国社 (1995)
10) 西澤仁, 日本ゴム協会誌, **87** (2), (2014)
11) JIS D 1201
12) FMVSS 302
13) 大塚順一, 難燃材料活用便覧, テクノネット社 (2002)
14) 遠藤三郎, 相原直樹, 難燃材料活用便覧, テクノネット社 (2002)
15) 船舶防火構造規制
16) 消防法第 8 条
17) JIS L 1091

第5章
難燃材料の加工技術

1 コンパウンディング,押出および射出加工における課題

　現在,各種産業分野における難燃材料の需要量が増加してきており,それに伴って難燃材料の加工技術の重要性が増加している。高分子材料に難燃剤が添加されると,一部を除いて加工性は低下する。それは,粘性流動性の低下,難燃性のブルーム　ブリード,変色,着色,加工設備に対する粘着,腐食等の問題が起こりやすくなるためである。現在,難燃剤量の低減と,加工設備,加工技術による加工性の改良の両面から対策が検討されている。本章では,加工設備,加工技術について記述する。

2 コンパウンディング技術

　難燃材料のコンパウンドは,高分子材料に難燃剤を添加,混合,分散して製造される。この混練工程には次の方式が一般に使われている。
　① 密閉式混練機
　　　バンバリーミキサー,インテンシブミキサー,ニーダー
　② 開放式混練機
　　　オープンロール(実験室レベル)
　③ 2軸押出機

第5章　難燃材料の加工技術

同方向回転方式，異方向回転方式，サイドフィード方式（粉末，ペレット），自動注入方式（液状）

熱可塑性樹脂のペレット，ゴム，エラストマーでのバルク状，PU，エポキシ樹脂のような液状など様々な状態によって混練設備，混練条件が異なる。ここでは，ペレット，バルク状材料を対象として説明したい。また，実際の混練に際しては，ポリマーの性状（粘度，形状，溶融温度，熱分解温度等の熱的性質），難燃剤の性状（形状，軟化温度，熱分解温度等），混練条件（設備，充填率，温度，時間等）の設定が重要になる。

2.1 密閉式混練機によるコンパウンディング
2.1.1 密閉式混練機の基本構造

密閉式混練機の基本構造は，図5-1に示すように密閉チャンバー内にローターが設置されてそれが異方向に噛み合わせ回転をしながら材料を練り砕いて難燃剤を練り込む構造となっており，バンバリー型ミキサー，インターナルミ

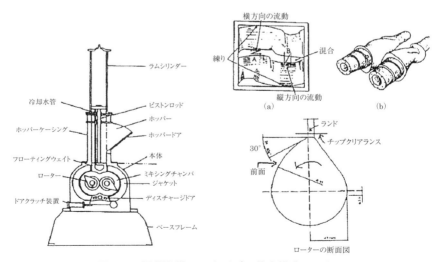

図5-1　混練設備BMタイプの基本構造ローター

222

表 5-1 混練設備の種類と進歩
—インターナルミキサーの種類と特徴—

比較項目		ロール	接線式	噛合式
構造				
運転中ロータ間距離		可変	一定	一定
ロータ間クリアランス		小（適正値選定）	大きい	中
混練機構				
		せん断・冷却	せん断・冷却・噛込み	せん断・冷却・噛込み
操作		手動	自動	自動
混練機能	せん断性	○	◎	◎
	混合性	×	○	◎
	噛込性	△	◎	○
	冷却性	◎	△	○

森部高司, 日本ゴム協会誌, **81** (12)（2008）

キサー，KN加圧型ミキサーに分類されている。混練り効率が高く，特にゴムエラストマー，PVC，難燃材料のような機能性材料のコンパウンディングによく使われている。

ニーダーと呼ばれる混練機は密閉式混練機と原理は同じであるが，円柱状のチャンバーの中に2本の羽根が設置され，上部から投入されたポリマーと難燃剤は，お椀の中で羽根によって回転させられながら混練される。このニーダーの方は練りが穏やかであり，せん断発熱が小さく，練り時間が比較的長く設定できる。

密閉式混練機は，表5-1[2)]に示すように接線式と噛合式がある。その噛合式の方がローターと壁の隙間だけでなく，ローターとローターとの間が広くて混練効果も効いてくるので，構造的には大きくなるが冷却効果も期待されることから最近評価が高まってきている。

第 5 章　難燃材料の加工技術

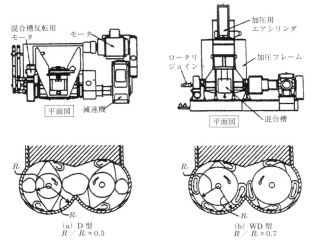

図 5-2　混練設備ニーダーの基本構造と混練挙動
松本真一他, 日本ゴム協会誌, 81 (12) (2008)

図 5-2[3)]には, 加圧型ニーダーの構造, ローター形状を示してあるので参照されたい。混練機の中に 2 本のローターが配置され, 上部には, 配合剤の外部への飛散を避けるため加圧シリンダーを配置した構造になっており, 材料が接触する混合槽, 側板, ローター, 加圧蓋は, ジャケット構造となっていて冷却効率が高い。

2. 1. 2　混合方法, 混合条件

実際の練りは, ポリマーを投入した後, 難燃剤を逐次投入する逐次混練法と, 難燃剤等の配合剤を先に投入し, ポリマーを後で投入するアップサイドダウン方式, さらには 2 つをミックスした投入法が実際に行われている。

これらの混練機を使用するのは, ゴム, エラストマーで行われている方法であり, ベースポリマーがゴム, エラストマー (TPE) の場合に使用されるのが一般的である。密閉式混練機は, ローター羽根の先端とチャンバー内壁との隙間の TC (Tip Clearance) と呼ばれる間隙に大きく影響され, 図 5-3 に示すような難燃剤のポリマーへの取込機構はこの TC の構造に大きく依存していると考えられている[4)]。

2 コンパウンディング技術

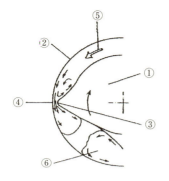

①ローター(→方向に回転)
②チャンバー内壁(静止)
③ローターブレード(先端)
④クリアランス(チップ先端)TC
⑤ローター回転による圧力方向
⑥横方向への流れ(切り返し)

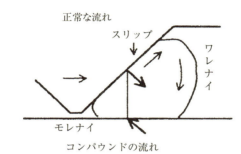

図5-3 添加剤の混練時のポリマーへの取込み機構

　これら混練中の材料の練り挙動は，図5-4[5]に示すように工程中の電力量の変化を追跡して管理される。分散がほぼ終了する点が図中のBITの位置と考えられている。実際の終了排出時点は，分散のさらなる均一化を考えて，少し経過した後にしている。混練が終了したコンパウンドは，分散性，その他特性試験が行われる。
　難燃剤混練中に注意することは，特に温度管理である。そのために混練機チャンバー内容積に対する適正充填率，温度センサーの位置，冷却制御が大切になる。難燃剤の分解温度が高い場合は温度変動が多少ラフでも構わないが，熱分解温度が低い場合は冷却効率を良くする必要がある。一般的には，ニーダーを使用して少し時間がかかっても穏やかな混練を行うほうが良い。

225

第5章　難燃材料の加工技術

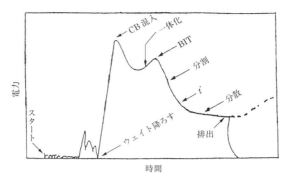

図5-4　混練工程での電力チャートの変化と混練状態

　次に大切なことは難燃剤の分散である。ポイントは，可塑剤，軟化剤のようにコンパウンドの粘度を下げる配合剤は，できるだけ後で投入することである。コンパウンドがばらばらにならない程度で後工程に廻すことがポイントとなる。そうしないとコンパウンドにせん断力が働かず分散不良を起こし易い。分散性は，拡大鏡下での分散粒子の数，同じく分散画像解析を利用した判定を利用すると良い。

　難燃剤混練時に重要な特性となる難燃剤の軟化点と熱分解挙動（TGA）を表5-2に示すので実際の条件設定の参考にしていただきたい。

2.2　2軸押出機によるコンパウンディング
2.2.1　2軸押出機と付帯設備

　2軸押出機は，図5-5[6)]に示すように2本のスクリューが同一バレル内で異方法，同方向に回転する方式で，単軸と比較して材料の混練効果が高く，プラスチックス，エンプラの機能性複合材料のコンパウンド製造に使われている。難燃材料のコンパウンディングには，局部的な発熱を避けることが重要であるため同方向回転が主として使用されている。異方向と同方向（低速，高速）の特徴を表5-3に示すので参照されたい。特に重要なことはスクリュー構造の選定であり，2軸押出機の場合は，多くのノウハウが含まれている。スクリューは，4～6分割されており，特に磨耗の厳しいゾーンだけを取り替えら

2 コンパウンディング技術

表 5-2 代表的な難燃剤の熱特性

難燃剤	融点,軟化点		熱分解特性 (TGA),引火点,昇華温度	
ハロゲン系難燃剤				
塩パラ 70	流動点	85〜105℃	−	
デクロランプラス	−		揮発分	100℃, 4 hr, 100 mmHg < 0.15%
HBCD	軟化点	185〜195℃	5%分解温度	250℃
DBDPO	軟化点	>300℃	〃	370℃
TBBA エポキシ	末端	TBP 封止	〃	358℃
EBTBPI	軟化点	>300℃	〃	440℃
臭素化 PS	軟化点	Br 61% 190℃	〃	365℃
	軟化点	Br 70% 235℃	〃	363℃
TBBSPC	軟化点	160〜200℃	〃	340℃
リン系難燃剤				
TPP	液状		5%分解温度	205℃,引火点 230℃
TCP	〃		〃	222℃, 〃 234℃
RDP	〃		引火点	302℃
BPA-DP	〃		〃	334℃
APP	−		熱分解温度	240〜270℃
リン酸メラミン (NP)			〃	310℃
IFRFP (2100)	融点	>270℃	5%分解温度	281℃
IFR (Clariant 312)	−		熱分解温度	>300℃
ホスフィン酸金属塩	−		〃	>350℃
窒素系難燃剤				
MC	融点	>360℃	昇華温度	320℃
メラミンリン酸塩	〃	>340℃	(メラム) 分解温度	400℃
リン酸グアニジン	〃	257℃	分解温度	60℃
リン酸メラミン	−		吸熱効果	>200℃ リン酸メラミン脱水
(モノ,ピロ,ポリ)				>350℃ 分解 ポリリン酸メラミン精製
無機化合物				
水酸化 Al	−		210℃ 前後脱水・吸熱	
水酸化 Mg	−		350℃ 前後脱水・吸熱	

れる構造となっている。

2.2.2 コンパウンディング方法

　2軸押出機を使用する際は,ホッパー部,バレル部から,ポリマー,難燃

第5章　難燃材料の加工技術

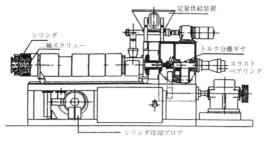

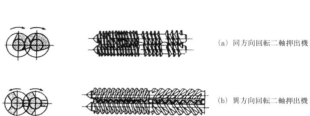

(a) 同方向回転二軸押出機

(b) 異方向回転二軸押出機

図5-5　2軸押出機と同方向，異方向回転スクリュー構造

表5-3　2軸押出機の特徴

	異方向回転	同方向回転（低速）	同方向回転（高速）
輸送，推進作用	ギヤーポンプの原理	単軸と同じく摩擦効果，材料の噛合い部で共周り防止効果を示す	同左
輸送効果	大	中	同左
分離混合作用	大	中～大	
せん断作用	小	中～大	
セルフクリーニング	小	中～大	
エネルギー利用効果	大	中～大	
発熱	小	中	大
温度分布	小	中	小
滞留時間分布	小	中	小
最高回転数	小	小	大
rpm	35～45	26～35	250～300
最大スクリュー	小	小	大
有効長 L/D	10～21	7～18	30～40
応用範囲	硬質PVCパイプシート，異形品	硬質PVC押出窓枠用	ポリマーブレンド混練用

剤，加工助剤，安定剤等の配合剤を供給するフィード方式が用いられる。当然スペースに限りがあるので種類が多すぎると予備ブレンドを行う場合もある。難燃コンパウンドの場合は，配合剤の種類が多くないので通常のサイドフィード方式で行われる場合が多い。原則としてリン酸エステルのような液状難燃剤は，定量吐出ポンプを使用してバレルから注入する。その場合，スクリューの注入箇所，時間あたりの注入量に注意することである。粉末状配合剤は，定量送り込み装置を使用してホッパーから投入する方法，予備ブレンドを行いホッパーあるいはバレルから投入する方法等がある。

実際にPPへのIFR（intumescent系，AP750）難燃系（APP + PER + 窒素化合物）と，ナイロンへのリン系難燃剤のホスフィン酸金属塩（Exolit OP 1312）の2軸押出機（Berstoff ZE 25/40D）によるコンパウンディング時のスクリュー構造と混練方法を表5-4，図5-6に示すので参照されたい[7]。

2軸押出機のスクリューは，図5-7に示すように，基本的に局部的な発熱による温度上昇の危険性の低い噛み合わせ同方向回転方式が使われている。構造は，図5-8に示すようにローターのD_0/D_1を考慮して設計する。例えばノンハロゲン難燃材料の場合は，この比率が1.45～1.74程度になり，品質を重視

表5-4 2軸スクリュー押出機によるPP，ナイロンのコンパウンディング
―スクリュー構造とコンパウンド方法―

	コンパウンド方法
PPへのExolit AF 750（IFR系）30%配合	AP750（APP + PER + 窒素化合物）からなる難燃剤は，分解温度が約180℃と低く，分解，変色しやすいため図5-6に示すスクリュー構造を（25 mm 2軸押出機，30～40D）を使い，次の方法を使用して良好な結果を得ている。 (1) せん断発熱制御型スクリュー構造を使用 (2) 難燃剤をサイドフィード方式で投入 (3) エアーナイフ，ストランドペレタイズ方式使用 (4) 破砕後，迅速乾燥方式を使用
ナイロンPA66に対するExolit OP 1312配合（フォスフィン酸金属塩）	難燃剤をフォスフィン酸金属塩（Exolit OP 1312）を使用し，ナイロンの混練において，図5-6に示すスクリュー構造を使用して分解，変色の少ないコンパウンディングを試み，良好な結果を得ている。 (1) 難燃剤はサイドフィード方式にて投入 (2) 温度制御に優れた高温混合型スクリューを使用

第 5 章　難燃材料の加工技術

(1) PP に対する Exolit750（リン系難燃剤）混合用
　　設定温度と構造

(2) PA に対する Exolit1312（ホスフィン酸金属塩）混合用
　　設定温度と構造

図 5-6　難燃材料に適した 2 軸押出機用スクリュー構造の例

噛み合い型			
スクリューの種類		スクリュー形状	用途
同方向回転	深溝	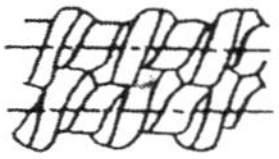	深溝異方向回転が出現するまで硬質 PVC 用に使用された。
	浅溝	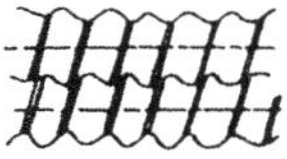	反応,重合,重合後処理,コンパウンディング，脱揮などに使用される。また，熱硬化性樹脂の成形にも使用される。
異方向回転	深溝	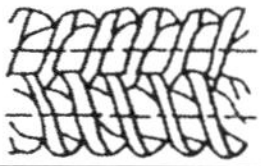	主として硬質 PVC 押出用に使用されてきた。高粘度樹脂の低温押出用に適する。
	浅溝		同方向浅溝と類似の用途に使用されている。

非噛み合い型			
スクリューの種類		スクリュー形状	用途
異方向回転	マッチド（matched）	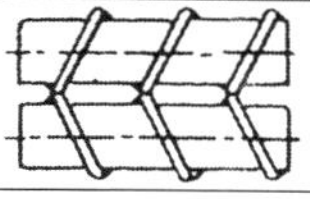	樹脂の挙動は単軸押出機に類似している。ミキシングゾーンを挿入することによって 2 軸の特性を発揮する。
	スタッガード（staggered）	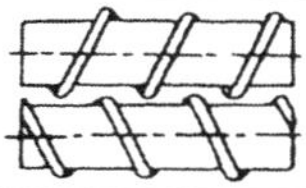	樹脂の溶融挙動はソリッドベッドの粉砕が速く，単軸の欠点を除去する効果がある。

注)　非噛み合い型同方向回転は実用化されていない。

図 5-7　2 軸押出機のスクリュー組合わせと構造

2 コンパウンディング技術

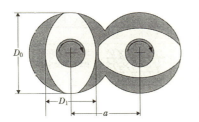

D_0 = 広幅方向のスクリュー径
D_1 = 狭い方向のスクリュー径
a = ロータ軸間の距離
ロータ径の比率　= D_0/D_1
比トルク値　　　= $M_d/a3$

図 5-8　2 軸押出機のスクリュー構造（D_0 / D_1）

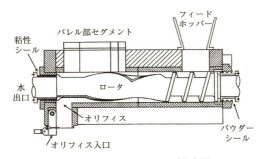

図 5-9　Transfer Mixer 概略図

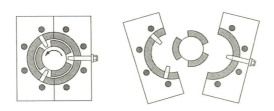

図 5-10　バレル開放式 Transfer Mixer

する場合は，1.46 を，高充填配合の場合は，1.74 が採用されている。

　欧米では，図 5-9 に示す Transfer Mixer や Buss Koneader のような設備が良く使われるが，日本では，2 軸押出機，ニーダー，密閉式混練機が使われる場合が多いようである。最近の設備は，図 5-10 に示すようにバレルが開閉できて掃除も簡単にできるので粘着しやすい難燃材料にも適している。

231

3 押出成形加工技術，射出成形加工技術

　難燃材料応用製品は，ほとんどが押出あるいは射出成形によって加工されているが，一般の非難燃製品の成型加工と比較して，難燃材料は固く，加工時の粘度が高くなるため，加工が難しくなる。そのためには，表5-5，表5-6，表5-7 に示すように難燃材料の配合設計の段階から粘度の低い，流動性の優れた材料とその適正な加工性指標である粘度や圧力損失等の評価試験，さらには加工設備の検討，加工条件の検討が強く望まれる。加工の難しさ，加工サイクルの増加は，製品のコストアップと製品不良発生に影響してくる。

3.1 難燃材料の材料設計から見た加工性の向上
　成型加工性に優れた難燃材料は次のような性質を具えている。
① 粘度が低く，優れた流動性を有し，生産性が高い
② 粘弾性特性の一つである圧力損失が小さく加工中の圧力低下が小さい
③ 加工中の熱安定性が高く，劣化，ゲル化，ヤケ等を起こしにくい
④ ブルーム，ブリードが少なく，加工設備，金型等への粘着，変色が少ない
⑤ 環境安全性が高い
⑥ 加工中に難燃性，物性の変化が小さい

　上記の条件にあてはまるような，材料配合が必要になるが，特に重要なことは表5-5，表5-6 に示した，流動性に優れた材料配合である。表5-5 は，流動性を向上する代表的な難燃剤の効果を示したものであるが，補足説明をしておきたい。
　無機系難燃剤の配合には特に注意が必要である。それは，難燃効率が低く，多量の難燃剤を配合する必要があることからコンパウンドの粘度が上昇するからである。現在，EM 電線，ケーブル用コンパウンドは，160 部の水酸化Mg を配合している。そのため粘度が高く流動性を改良するのに苦労する。流動性に優れたベース樹脂の選択，ベース樹脂の極性を上げての分散性の改良，粒子

3 押出成形加工技術，射出成形加工技術

表 5-5 流動性，加工性に優れた難燃材料の配合設計

項　目	開発技術	内　容
無機系難燃剤－主として水和金属化合物難燃系	①粒子径・粒子形状の検討による流動性向上	粒子形状を丸型，鱗片状にしたり，これらをブレンドすることにより流動性を改良する技術．細粒ほど難燃効率が高い．表面処理技術の併用も重要である．
	②表面処理による流動性の改良	粒子の凝集を防ぎ，分散を改良するために脂肪酸，シランカップリング剤，チタネートカップリング剤が使用されているが，アミノシラン化合物，シリコーンポリマー，ゾルゲル法，多層表面処理により流動性を改良する技術が検討されている．
	③難燃効率を上げ，添加量を低減して流動性を改良	難燃効率を向上するための難燃助剤の研究，錫酸亜鉛の表面処理により難燃効率を向上させる技術，硝酸塩の処理による難燃性向上効果などが注目される．
リン系難燃剤	①リン酸エステル系難燃剤による流動性改良	リン酸エステル系液状難燃剤の可塑化効果による流動性の向上．
	②APPと難燃助剤による難燃効率向上による添加率低減	APPと各種窒素含有化合物との併用，金属化合物（Zn化合物，Mn化合物）との併用による難燃効率向上，添加量低減による流動性向上．
シリコーン系化合物	①シリコーン系難燃剤 ②シリコーン油 ③超高分子量シリコーン化合物などの添加による流動性改良	シリコーン系化合物，高分子量シリコーン油，超高分子シリコーン化合物は，ベースポリマー中に分散し，分子の滑りやすさを増し，流動性を向上させる効果が高い．固相における効果的な難燃性付与効果とともに今後注目される．
ナノコンポジット化と従来技術との併用，その他	ナノコンポジット化とリン系難燃剤，無機系難燃剤，ハロゲン系難燃剤との併用	EVA，PA，PPなどのナノコンポジット材料と従来の難燃系を併用した材料は，より少量の難燃剤の添加量で優れた難燃性が得られる．将来加工性の優れた難燃材料として期待される． その他として微量で効果のある有機金属化合物のような脱水素触媒による環化，チャー生成促進反応を利用した難燃化による加工性改良．

第 5 章 難燃材料の加工技術

表 5-6 難燃材料の適正加工性指標(粘度, 圧力損失等)による加工性評価

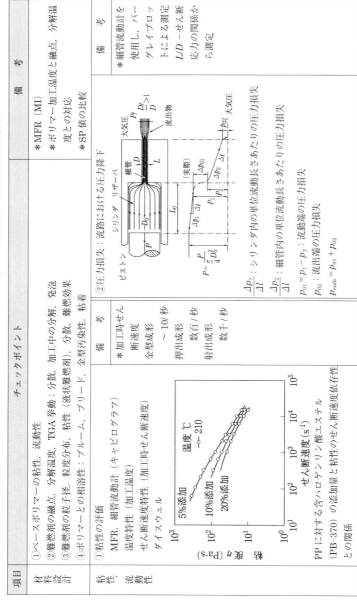

項目	チェックポイント	備考
材料設計	①ベースポリマーの粘性, 流動性 ②難燃剤の融点, 分解温度, TGA挙動:分散, 加工中の分解, 発泡 ③難燃剤の粒子径, 粒度分布, 粘性(液状難燃剤), 分散, 難燃効果 ④ポリマーとの相溶性:ブルーム, ブリード, 金型汚染性, 粘着	＊MFR(MI) ＊ポリマー加工温度との対応 ＊SP値の比較
粘性流動性	①粘性の評価 MFR, 細管流動計(キャピログラフ) 温度特性(加工温度) せん断速度特性(加工時せん断速度) ダイスウェル PPに対する含ハロゲンリン酸エステル(PB-370)の添加量と粘性のせん断速度依存性との関係	＊加工時せん断速度 金型成形 ～10 秒 押出成形 数百/秒 射出成形 数千/秒 ②圧力損失:流路内における圧力降下 $\frac{\Delta p_1}{\Delta l}$:シリンダ内の単位流動長さあたりの圧力損失 $\frac{\Delta p_2}{\Delta l}$:細管内の単位流動長さあたりの圧力損失 $p_{01}=p_1-p_2$:流出端の圧力損失 p_{02}:流出端の圧力損失 $p_{ends}=p_{01}+p_{02}$	＊細管流動計を使用し, バーグレイブロットによる測定 L/Dーせん断応力の関係から測定

234

3 押出成形加工技術,射出成形加工技術

表 5-7 難燃材料の加工性(押出,射出成形)向上技術

	加工性向上技術
流動性に優れた難燃材料の開発	<u>ベース樹脂の選択</u> ・MFR の大きな流動性に優れた材料の選択 　(流動性向上,低圧力損失) ・耐熱性,難燃性に優れたグレードの選択 　(加工時の劣化,ゲル化防止) <u>難燃性と相溶性に優れた極性を有するグレードの選択</u> 　(ブルーム,ブリード改良,難燃性向上) <u>難燃剤の選択</u> ・難燃性に優れ,流動性を低下させない種類とグレード 　(リン酸エステル,シリコーン化合物,芳香族系樹脂) ・高難燃効率配合設計による添加量低減による流動性向上 　(相乗効果,難燃助剤,チャー生成促進剤,ナノコンポジット材料の活用(従来難燃系併用)) <u>適正な加工性評価技術によるチェック</u> 　(粘度の測定,圧力損失の測定)
加工設備	<u>押出機</u> 　適正押出機(押出量,絞り比,ベント有無) 　スクリュー構造(フルフライト,バリヤー,ミキシング等) 　CR(圧縮比,L/D,溝深さ,冷却方式等) 　ブレーカープレート,メッシュ,ヘッド,ダイ構造 　押出条件(温度,圧力,真空度,せん断速度,冷却条件等) <u>射出成形機</u> 　インライン,プリプラ(内装,外装),電動式,油圧式,ハイブリッド方式,フィードスクリュー構造(押出機と同じ,適正設計) 　逆流防止方式(先入先出,ゲートカット,スクリュー方式) 　ヘッド(計量部温調,計量精度,圧力) 　金型設計(ベントホール構造,温調,ランナーレス,バリレス等)
解析技術,制御技術	シミュレーション解析による流動挙動の解析 可視化技術による流動挙動の解析 温調精度向上 オンライン試験技術(粘度,分散,ゲル,可塑化現象)

径の細粒化,難燃助剤の使用による難燃効率の向上等による水酸化 Mg 配合量の低減が行われているが十分ではない。

　従来,水酸化 Mg についての粒子径,粒子形状の検討は行われていないの

で，同じ水和金属化合物として，水酸化Alの流動性向上のための粒子径，粒子形状と樹脂（EEA，不飽和PET）の検討結果を図5-11，図5-12，図5-13に示す[8,9]。粒子形状が細かくなると流動性が低下し，粒子形状が丸くなるほど流動性を改良する効果があることがわかる。

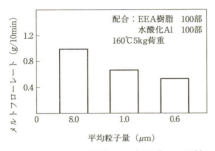

図5-11　EEA樹脂での水酸化Alの粒子径と流動性の関係

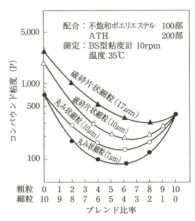

図5-12　不飽和PET樹脂での水酸化Alの細粒タイプと粗粒タイプのブレンド比とコンパウンドの粘度との関係

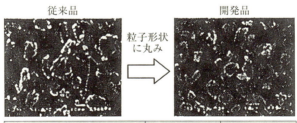

項　　目	従来品	開発品
平均粒子径（μm）	10	9
BET比表面積（m²/g）	2.6	0.6
コンパウンド粘度（P）	1,850	930
ゲルタイム（min）	89	7

図5-13　EEA樹脂での水酸化Alの粒子形状とコンパウンドの粘度との関係

3 押出成形加工技術, 射出成形加工技術

表面処理によっても流動性を制御することができる。EEA 樹脂への水酸化 Al 配合と EVA 樹脂への水酸化 Mg 配合における表面処理と流動性の関係について図 5-14, 図 5-15, 図 5-16 に示す[8,10]。表面処理剤としては, 高級脂肪酸, シランカップリング剤, シリコーンポリマーが使用されているが, 表面処理の有無と処理剤の種類によって流動性が異なることが理解できる。

難燃コンパウンドの流動性を向上させる難燃剤として最も効果の高いものがリン酸エステル系難燃剤である。通常の加工助剤は, 石油系炭化水素を主成分としているため可燃性であり, 難燃コンパウンドには使用できないが, リン酸エステルは, 加工助剤としての効果も有するため難燃コンパウンドの流動性を

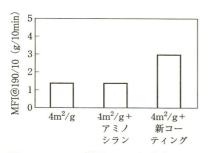

図 5-14 EEA 樹脂での水酸化 Al の表面処理とコンパウンドの流動性の関係

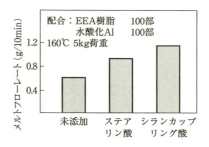

図 5-15 EEA 樹脂での水酸化 Al の表面処理とコンパウンドの流動性の関係

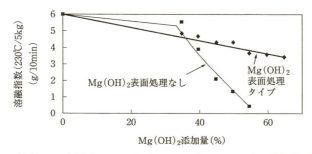

図 5-16 EVA 樹脂での水酸化 Mg のシリコーンポリマーによる表面処理とコンパウンドの流動性の関係

第5章 難燃材料の加工技術

向上させるためには優れている。通常，TPP や BDP，RDP 等が使用される。

ABS に石油系加工助剤とリン酸エステルの TPP，RDP を配合した時の流動性 MFR と射出成形によるスパイラルフローの試験結果を図 5-17，図 5-18，表 5-8 に示す[11]。TPP，RDP は石油系加工助剤と比較しても MFR が大きく，流動性に優れ，スパイラルフロー値が大きく，射出成形性が優れていることが理解できる。

また，PP の加工性に対するハロゲン含有リン酸エステル（ReoflamPB370）の流動性向上効果の検証も行われている[12]。その結果を表 5-9，図 5-19 に示

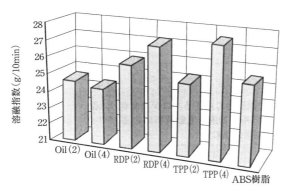

図 5-17　ABS の流動性に対するリン酸エステルの効果

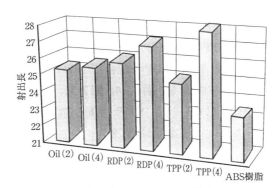

図 5-18　ABS の射出成形スパイラルフローに対するリン酸エステルの効果

表5-8 ABSの流動性に対するリン酸エステルの効果

材料組成		MFR 200℃/5 kg g/10 min	スパイラルフロー	
			圧力（psi）	長さ
一般 ABS		4.3	359	33.5
〃	1.2% RDP	5.1	371	34
〃	1.2% TPP	5.2	390	42.2
〃	1.2%鉱物油	4.2	348	33.1
〃	2.4% RDP	5.8	405	35.8
〃	2.4% TPP	6.1	411	35.6
〃	2.4%鉱物油	4.3	377	31.1
難燃 ABS		5.7	477	42
〃	1.2% RDP	8.8	479	41.1
〃	1.2% TPP	8.3	495	40.9
〃	1.2%鉱物油	8.3	477	40.3
〃	2.4% RDP	9.7	504	41.8
〃	2.4% TPP	9.7	517	42.2
〃	2.4%鉱物油	8.4	479	40.3

表5-9 PPの流動性に対するハロゲン含有リン酸エステルの効果
（流動解析によるパワーロー指数の比較）

% PB-370	1-n	τ^* （Pa）
5	0.632	1.229 E + 04
10	0.629	2.558 E + 04
20	0.789	1.017 E + 05

す。ここでは，PB370の添加量と粘度のせん断速度依存性を調べ，添加量が増加すると粘度のせん断速度依存性がやや大きくなり，パワーロー指数が増加して高せん断速度までニュートン流動に近い流動特性を示すことが指摘されている。

その他，流動性を向上する難燃剤としてシリコーンポリマーがある。シリコーンポリマーは，分子の滑り効果が高くコンパウンドの流動性を向上させる効果がある。従来難燃剤として上市されているシリコーン系難燃剤，シリコー

第 5 章　難燃材料の加工技術

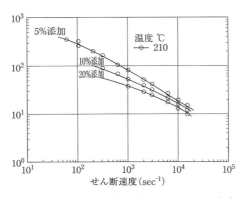

図 5-19　PP の流動性に対するハロゲン含有リン酸エステルの効果（粘度のせん断速度依存性）

ンゴム，分子量の高いシリコーン油が使用できる。最近，超高分子量のシリコーンポリマーを少量 PE，PP のようなベースポリマーにブレンドすると加工時の流動性が向上することが報告されている[13]。また，成形加工時のウェルドラインを改良する効果があることも指摘されている。PE に対する超高分子量シリコーンの粘度，流動性の向上効果を図 5-20，図 5-21，図 5-22 に示し，TPO の成型加工時のウェルドライン改良効果を，ウェルドラインの破壊強度の変化で示した結果を図 5-23 に示す。

　これらシリコーンが，燃焼時に白色の断熱効果の高い無機燃焼残渣を生成し，シリコーン分子内に含まれる有機成分の燃焼時に生成するカーボンチャーと一緒に壊れにくいバリヤー層を形成することが知られており，難燃効果にも寄与することが考えられる。

　シリコーンポリマーの欠点としては，他のポリマーとの相溶性が良くないので少量しか使用できないことに注意したい。現在市販されているシリコーン系難燃剤は，分子内に極性基を導入して一般用ポリマーとの相溶性を改良してあるので，難燃剤として使用する場合は多量に添加することができる。

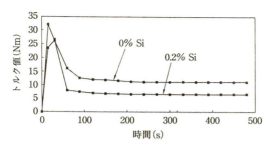

図 5-20　PE に対する超高分子量のシリコーンポリマーの流動性向上効果

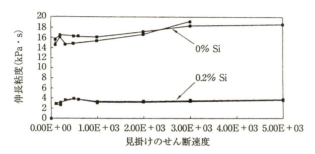

図 5-21　PE に対する超高分子量のシリコーンポリマーの伸長粘度への効果（細管流動計による測定）

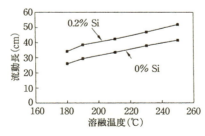

図 5-22　PE に対する超高分子量のシリコーンポリマーの射出成形スパイラルフローへの効果

第 5 章　難燃材料の加工技術

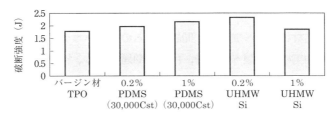

　　TPO：　オレフィン系可逆性エラストマー
　　PDMS：ポリジメチルシロキサン
　　UHWS：超高分子量シリコーン
　　Cst：　センチストークス（粘度）

図 5-23　TPO 成型加工における超高分子量シリコーンポリマーの成型時ウェルドライン改良効果

3．2　押出機および付帯設備から見た加工技術のポイントとトラブル対策

　押出機および付帯設備の選択と難燃材料の加工を行うための注意点を挙げておきたい。

3．2．1　難燃材料の粘度（流動性），加工性指標の測定と加工性の定量的な解析

　加工する難燃材料の流動特性を把握するために，粘度，粘度のせん断速度依存性と温度特性，細管内を流れる時の圧力損失，粘弾性特性（弾性率，動的 tan δ）等を測定し，整理把握しておくことが重要である。これらのデータを活用して適正な加工条件（温度，圧力，加工速度等）を決定する。検討時の代表的な流動特性の指標となる粘度のせん断速度依存性と温度依存性を図 5-24 に示す。

3．2．2　適正な押出機の選択

　製造する製品のサイズ，要求性能，加工し易さを考慮して押出機のサイズ，スクリュー構造，温調精度，生産スピード等を決定し，選択，設計する。代表的な押出機の構造とバレル，スクリュー，ヘッド，ダイを図 5-25 に示す。

3．2．3　フィード部の重要性

　材料を供給するフィード部から材料のペレットを供給するが，ポイントは，適正量の安定したフィードと高速押出に適した充分な供給量である。そのためペレット形状（円柱状），表面の粘着性に注意したい。強制フィード方式やペ

3 押出成形加工技術，射出成形加工技術

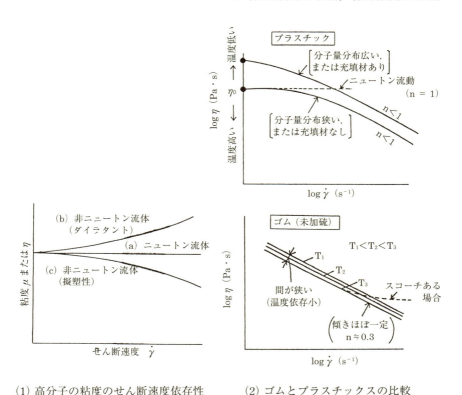

(1) 高分子の粘度のせん断速度依存性　　(2) ゴムとプラスチックスの比較

図 5-24　高分子材料の粘度のせん断速度依存性，温度特性

レットの乾燥を兼ねたホッパードライヤーの使用も欠かせない。

3. 2. 4　スクリュー構造の重要性

　押出加工は，大部分がスクリュー構造に依存しているといっても過言ではない。一般的には，図 5-26 に示すフルフライト構造を使用するが，難燃材料は，硬く，可塑化し難いので図 5-27 に示す混練効果の高いバリヤースクリュー，あるいはミキシングスクリューが多く使われる[20]。EM 電線，ケーブルの押出しには，特別工夫されたバリヤー構造のスクリュー，あるいはバリヤー構造とミキシング構造のスクリューも使われている。ここでは，バリヤー

第 5 章　難燃材料の加工技術

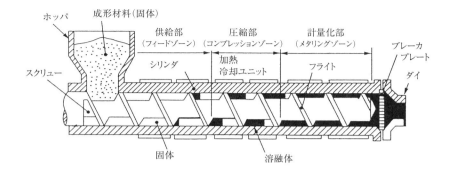

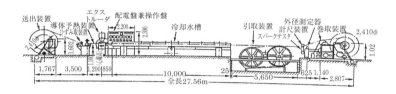

図 5-25　押出機の構造と代表的な押出ライン（電線，ケーブル）

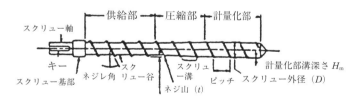

図 5-26　一般的なフルフライトスクリュー構造

構造の特徴を説明しておきたい。
　良く知られたバリヤー構造の草分け的存在であるマイファーBMスクリューの構造（図 5-28）[21)]を例に説明する。この構造は，スクリューの先端に近い圧縮部直後の計量部のフライトの3ヵ所にサブフライトを取り付け，フルフライトスクリュー部でのフライトとバレルの隙間（スクリュー径の約 100〜250 分

3 押出成形加工技術，射出成形加工技術

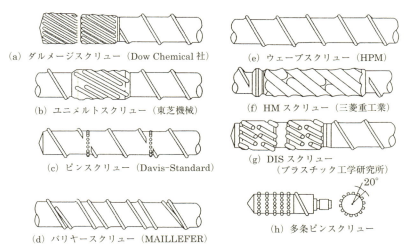

(a) ダルメージスクリュー（Dow Chemical 社）
(b) ユニメルトスクリュー（東芝機械）
(c) ピンスクリュー（Davis-Standard）
(d) バリヤースクリュー（MAILLEFER）
(e) ウェーブスクリュー（HPM）
(f) HMスクリュー（三菱重工業）
(g) DISスクリュー（プラスチック工学研究所）
(h) 多条ピンスクリュー

図 5-27　各種バリヤータイプ，ミキシングタイプスクリュー構造

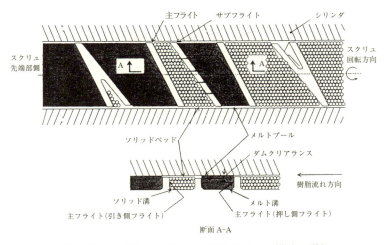

図 5-28　マイファーBMタイプスクリュー構造の詳細

の1)より、サブフライトとバレルの隙間を数倍に広げて設計する。そうすることによって、可塑化されないペレットは、サブフライトでは停止して進まず、可塑化して溶融した材料だけが前へ進んでいくことになる。この効果によって均一に可塑化された難燃材料だけがヘッド方向に送られ、スムーズな押出ができる。そしてバリヤー構造、ミキシング構造は、スクリュー溝内の材料温度の変動が小さく安定した流動性を示し、ヤケ、ゲル化の心配も少なくなる。要するに、良く混練されるため温度変動幅が小さくなり、スムーズで安定した押出しが可能となる。また、スクリュー構造は、スクリュー溝内を流れる時、ペレットがいくつかの塊となって流れるフレークアップ現象が起こり、ペレットの間に含まれる空気量が多くなるため、熱と酸素の影響によって起こる材料の劣化、ゲル化を防ぐ効果に優れていることも大きな特徴である。

3.2.5 生産性の向上

生産性の向上のために、押出量を上げるための材料設計とともに、スクリュー構造、送り出し、引き取りの改良、バレル内面の粗面化等が行われる。特に図5-29に示すバレル内面の粗面化は、押出量を上げるために行われている。これは、図5-30に示すようにバレル内面と難燃材料の摩擦がスクリュー表面と難燃材料の摩擦より大きい時に初めて難燃材料が押し出されるという押出の原理に基づいて採られている方策である。最近、高速押出機に多く採用されている。

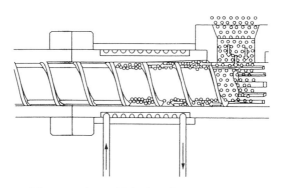

図5-29　バレル内面の粗面化と押出量の増加

3　押出成形加工技術，射出成形加工技術

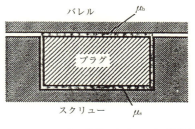

①スクリュー駆動（指で回転）
②スクリュー（ボルト）　③樹脂（ナット）
④シリンダ（指の面で摩擦抵抗）

Ⅰ　$\mu_s \geq \mu_b$　プラグがスクリューに付着して回転のみで輸送されない

Ⅱ　$\mu_s < \mu_b$　プラグが前進する

　　押出しの原理　　　　　　　摩擦力のバランス

バレル内面―難燃材料の摩擦力 ＞ スクリュー表面―難燃材料の摩擦力

図 5-30　バレル，スクリューと難燃材料の摩擦力のバランスと押出量の関係（押出量の増加の条件）

3.2.6　ブレーカープレート部での絞り比（推進流と背圧流の比）の制御

押出機のブレーカープレートにおけるメッシュの調整による難燃材料の推進流と背圧流（逆流）の制御による絞り比の調整は，図 5-31 に示すように可塑化，混練りの促進のために有効な方策となる。

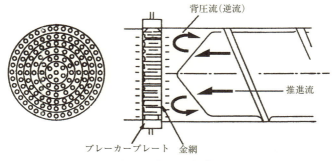

絞り比＝背圧流／推進流

図 5-31　ブレーカープレート（メッシュ）における推進流と背圧流と可塑化，混練効果の関係

第5章　難燃材料の加工技術

3.2.7　ダイ温調，温調精度の向上による流量の安定化，ゲル化防止

ブレーカープレートを通過した材料は，ヘッドを通過してダイ部に進むが，ヘッドでは，難燃材料が既に十分可塑化され，均一な粘度になっているので，流動抵抗の小さな流路を考えておけば問題が起こることは少ない。ダイ部での均一な流動を行うためには温度制御が有効である。図5-32に温調を含めたダイの構造を示す。

ダイは製品形状に対応した形状で作られるが，ダイアングル，ダイランド長，コンパウンドスペース等を難燃材料の流動性，粘弾性に基づいて設計する。図5-33にはパイプ状製品を対象として代表的なダイの形状を示した。

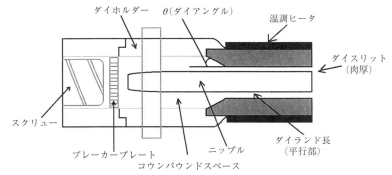

図5-32　ダイ構造と設計のポイント及び温調の位置

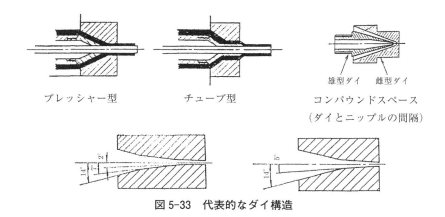

図5-33　代表的なダイ構造

3 押出成形加工技術, 射出成形加工技術

3. 2. 8 押出加工におけるトラブル対策

難燃材料の押出加工は, 先に触れたように難燃剤の添加により粘度が上がり, ハロゲン化合物や一部のリン化合物の存在により粘着, 変色が起きやすい。粘度の上昇は, 特に無機難燃剤の水和金属化合物の場合に起きる。一般の樹脂, ゴムの場合と異なった工夫が必要になる。特にスクリュー構造の検討が最も難しい。表5-10には, 発生するトラブルとその対策を示した。特に対策に注目していただきたい。

表5-10 難燃材料押出加工における不良対策

項目	原因	対策
脈動 押出量が変動して外径が波打つ現象	ホッパーペレットのブリッジング バレル, ダイ温調不良 スクリュー可塑化不足 スクリュー計量部温調不良 メッシュの目詰まり スクリュー回転数の変動	ペレット形状改良 (円柱) フィード方法良 (振動, 押込み) 温度条件変更 スクリュー構造調整 ブレーカープレート金網交換 電圧変動チェック
押出量減少 次第に押出量が減少する現象	ブレーカープレート金網目詰まり ホッパー部ペレット供給不良 ヤケ, 可塑化不良 温度条件の変動	金網交換 異物, ヤケのチェック 滞留部分のチェック ホッパーフィード安定性確認 ペレット形状の確認
ウェルドライン クロスヘッドのスクリュー反対側に発生する融着線	材料の温度低下 (粘度の上昇) 配合剤の分散不良 ダイ部の温度低下, 温調不良 可塑化不良 (粘性の上昇) ヘッド構造の不適正	ヘッドの温度確認 ヘッド, バレル温度, 温調点検 ヘッド構造の改良 (ウェッジリング, シングルハート構造) 温調ダイの設置 配合剤分散改良 (堆積防止) 材料の流動性向上(温度,材料組成の変更)
メルトフラクチャー 押出表面の肌荒れ現象 (ポリマー構造破壊)	押出速度上昇によるポリマーの構造破壊 ダイ構造不良 (ダイランド, アングル調整) ダイ温度設定, 温調不良 ポリマー粘度不良 (流動性向上) 可塑化不良	ポリマー流動性向上 (フッ素ポリマー少量添加, 滑剤添加) 温度調整 (温度上昇) ダイ温度調整 ダイ材質,構造変更(アングル,ランド長, コンパウンドスペースの変更) スクリューでの可塑化促進

(つづく)

表 5-10 難燃材料押出加工における不良対策（つづき）

項目	原因	対策
目やに 　ダイの表面に堆積する異物	ダイ内面と難燃材料の摩擦により削り取られることによる堆積	ポリマー 　難燃剤との相溶性向上 　難燃剤の分散改良 　滑剤の配合（バイトンフリーSC ダイトマー，プラペルパー等） 　ポリマー粘性調整（グリーン強度向上） ダイ材質，ダイ構造 ダイ内面の材質変更 　テフロン，タングステンカーバイト，ジルコニアセラミック ダイ構造 　ランド長短縮，アングル小，ダイーニップル間隔調整，ダイ温調
フィッシュアイ 　フィルム，製品の一部に生ずる魚の目状の丸い塊	異物混入 温調不良 分散不良 ゲル化，可塑化不良	樹脂温度調整，均一化 異物管理，除去 温調精度向上 材料の耐熱性向上 ゲル化防止剤の添加
ヤケ，ゲル化 　樹脂の分解，架橋により発生する小さな塊	温度上昇による劣化，架橋 分散不良 局部加熱，滞留 材料熱安定性不良 加硫剤，架橋剤によるヤケ 難燃剤の分解，架橋	温度条件調整 添加剤分散改良 耐熱性付与剤添加 カーボン配合時のゲル化防止（温度管理 ＜150℃） 熱分解温度の高い難燃剤の使用
ボイド	樹脂中の水分 巻込みエアー 配合剤中の水分，揮発分 架橋不足，加硫不足	乾燥（ホッパードライヤー） ベント押出 適正架橋，適正加硫（温度，圧力）
ブルーム，ブリード 　固体，液状物資の表面析出現象	難燃剤，加工助剤の相溶性不足 製品表面への異常な応力負荷 加工中の異常な乱流による配合剤の析出	相溶性の高い難燃剤，加工助剤の選択（ポリマーとの極性調整） 加工工程中での製品負荷応力の低減
粘着，変色 　難燃剤の金属への粘着，変色	ハロゲン系難燃剤等の押出機内部への粘着	耐熱性（熱分解温度の高い）難燃剤の選択 ポリマーとの相溶性の高い難燃剤の選択

3 押出成形加工技術，射出成形加工技術

3.3 射出成形機および付帯設備から見た加工技術のポイントとトラブル対策

　射出成形は，難燃製品の製造方法の中では，押出成形と共に最も広く採用されている加工方式である。特に電気電子機器，OA機器は，大型製品から小型製品までほとんどが射出成形によって作られている。特徴的なことは，金型の中に射出することによって成形されることであり，金型技術が製品品質を大きく左右する。金型は，加工技術の中でも特徴的な技術分野を構成しており，多くの専門的な内容を含んでいるのでここでは詳細は触れない。

3.3.1 適正な射出成形機および付帯設備の選択

　射出成形機は，大きく分けて図5-34に示すように押出部と射出部が一体となったインライン方式と押出部と射出部が別れたプリプラ方式に分類できる。その特徴を表5-11に示す。製品の種類，大きさ，寸法精度，生産性等によって選択することになる[21]。

3.3.2 スクリューと先入れ先出し逆流防止機構

　スクリュー構造は既に押出加工において記述した内容とほぼ同じであるので省略するが，スクリュー，ピストン先端の計量部における逆流防止による先入先出しは，射出量の精度，材料の滞留によるトラブル防止の意味から重要なポイントとなる。図5-35に示すようにいくつかの工夫がなされている[22]。

3.3.3 射出ノズルから，金型内ランナー，ゲートまでの流動経路

　射出ノズルは，射出成形機から金型キャビティ入口までの流動経路の入口で

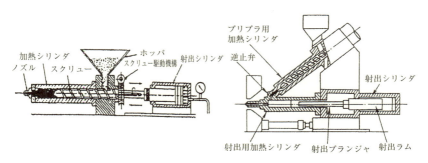

インライン方式　　　　　　　　　　　プリプラ方式

図5-34　射出成形機の分類

第5章 難燃材料の加工技術

表5-11 射出方式とその特徴

項目	インライン方式	内装プリプラ	外装プリプラ
材料フィード	スクリューが前後に動くので材料切れが起こりやすい。逆流防止弁の構造によりフィード性が悪い。	フィード安定性が高く、材料切れが起こりにくい。	フィード安定性がよく、材料切れが起こりにくい。
可塑化	容量が大きくなると可塑度の変動が起こりやすい。	均一可塑化が可能。	均一可塑化が可能。
材料交換性	可塑化、射出が同一線上で行うため中間の滞留がなく良好。	射出プランジャーがスクリュー径より大きいためやや劣る。	スクリューと射出が直交関係にあり、やや劣る。
経済性	射出容量当たりの投入動力が大きい。型締装置に対する射出量が限定される。	小動力で大きな射出量が得られやすい。装置がコンパクトで型締力に対して大きな射出容量の組合わせが可能。	サイクルに適した可塑化能力。必要射出量が得られやすい。小動力で大きな射出量が得られる。
応用面	高い射出能力。ハイサイクルに適す。材料交換性が良く、多品種少量生産に適す。	金型構造上製品投影面積が型締め方向に対して小さい。大型製品に適す。	製品、要求に応じた対応が可能。

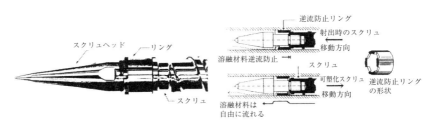

図5-35 計量精度向上と材料の対流防止のための逆流防止機構

ある。この経路では、材料の温度変化、圧力降下による成形サイクルの変動が起きやすい箇所であり、形状、内径、長さの設定が重要になる。この流動経路では、難燃材料の高い粘度、やや多い揮発分含有量、細管内壁との摩擦抵抗が通常の樹脂と異なる挙動を示すため流動抵抗の上昇をどのように見るか、一般

的には流路をやや大きめにせざるを得ない。ゲート形状はダイレクトゲートが好まれる。細管内を通過する時の圧力損失は大きくなることは明らかであり，成型加工性全体が低下することになる。難燃材料の加工性指標である粘度のせん断速度依存性，温度依存性，圧力損失値，応力緩和係数等を測定してこのような課題を予測することが重要である。

3.3.4　射出成型加工のトラブル対策

難燃材料の射出成型加工のトラブル対策を表5-12にまとめて示す。ここでは，金型に関する対策も含めて示してある。ヤケ，ウェルドマーク，シルバーストリーク，ショートショット，外観不良等が代表的な不良として挙げられる。

そして最後に，代表的なゴムエラストマー，熱可塑性樹脂の押出加工条件と射出成形加工条件を表5-13及び表5-14にまとめて示した[16,23]。

表 5-12 難燃材料の射出成形加工におけるトラブル対策

項目	成形加工条件および材料	射出成形機および金型
ヤケ，変色 スクリュー中での滞留，温度上昇による発生	原因 　温度，圧力設定不良（高すぎ） 　シリンダー温度上昇 　射出圧，速度上昇によるせん断発熱 　難燃材料の耐熱性不良 　材料の流動性不良によるせん断発熱 　　　　　　　　　　（圧力損失大） 対策 　射出圧，射出速度調整 　射出温度 　背圧制御 　耐熱性配合（熱加工安定剤配合） 　材料の流動性調整（圧力損失低下） 　加工助剤の検討	原因 　背圧過大（せん断発熱大） 　キャビティ充填率の不適正 　ランナー，ゲート径の細さ 　ゲート位置不良 　スクリュー構造（CR, L/D） 対策 　キャビティ充填率の適正化 　ランナー，ゲート径の調整 　ゲート位置の調整 　背圧制御
バリ発生，ヒケ 金型 P/L へのはみ出し，P/L 面のヒケ	原因 　キャビティ充填率の過剰 　計量精度不良 　射出圧力過大，射出温度高すぎ 　型締力の過大 対策 　適正充填率の設定 　計量精度調整 　射出圧，温度設定見直し 　型締力調整	原因 　金型精度不良，投影面積過大 　P/L 平行度不良，剛性不良による撓み，バリレス構造不良 対策 　金型寸法，精度見直し 　P/L 面精度向上 　P/L 面間隙の調整 　キャビティ偏芯調整 　バリレス構造見直し
ウェルドライン 樹脂の流れ方向の合わせ目融合不良	原因 　樹脂の粘性流動不足 　樹脂可塑化不良 　温度，圧力設定不良 　背圧制御不良 　難燃剤の分散不良による界面への堆積 対策 　温度，圧力設定修正 　スクリュー背圧調整 　スクリュー構造検討 　樹脂の流動性改良 　難燃剤の分散改良（界面への堆積対策）	原因 　金型内流動経路設計不良 　ゲート位置不適正 　スクリュー構造不適正 　　　（低可塑化効率） 対策 　金型内流路設計の改良 　ランナー，ゲート径の調整 　ゲート位置調整 　スクリュー構造検討

(つづく)

3 押出成形加工技術,射出成形加工技術

表 5-12 難燃材料の射出成形加工におけるトラブル対策(つづき)

項目	成形加工条件および材料	射出成形機および金型
シルバーストリーク(銀条) 成形品の表面に生成する銀白状の条痕	原因 　ペレット吸水率の上昇 　温度上昇(樹脂の熱分解) 　スクリューエアー巻き込みによる 　ノズルからのエアー吸い込み 対策 　ペレット乾燥 　成形温度調整 　成形サイクルの短縮 　滞留時間短縮 　スクリュー回転数を下げる 　背圧上昇	原因 　スクリューでの背圧低下 　ノズル部での射出の不均一 　温調精度不良 対策 　温調精度向上 　スクリュー構造検討 　ベント
発泡,ボイド 成形品内部の泡	原因 　ペレット水分,揮発分 　保圧の低下 　射出速度が高い 　成形温度の上昇 対策 　材料内部の水分,揮発分の除去(乾燥) 　保圧上昇 　射出速度調整(成形サイクルを短く) 　成形温度調整	原因 　金型温度の低すぎ 　ゲート位置の不適正 　滞留部での樹脂の滞留 対策 　厚肉部の近辺にゲート設定 　金型温度上昇 　樹脂滞留部を少なく
ショートショット 樹脂の流れ不足	原因 　樹脂の流動不良 　発生ガスによる樹脂の流動不良 　成形圧不足 　温度低下 対策 　樹脂流動性向上 　樹脂,難燃剤の乾燥 　成形圧,成形温度を上げる 　射出速度上昇	原因 　肉厚分布の設計不適正 　ランナー径の不適正 　ゲート位置の不適正 対策 　肉厚分布の適正設計 　ランナー径調整 　ゲート位置の適正化 　ガスベント設置 　真空引き設置

第 5 章　難燃材料の加工技術

表 5-13　ゴム，エラストマー，熱可塑性樹脂の押出加工条件（℃）

材料	C1	C2	C3	C4	ヘッド	ダイ
NR	60	70	80	85	90	90
SBR	65	75	85	90	95	95
BR	70	75	80	85	100	110
EPDM	75	80	90	95	110	120
CR	70	80	80	85	90	100
NBR	75	75	85	90	90	95
HNBR	80	90	100	105	110	120
LDPE	140	160	180	185	190	195
PE（中高密度）	170	220	200	265	270	280
PVC	140	155	185	185	185	1,190
PFA	300	350	360	365	370	370
PTFE	260	390	300	310	330	340

表 5-14　代表的な樹脂の射出成形条件

	HDPE	PP	PS	ABS	PMMA	PA	PC
金型温度（℃）	40〜60	40〜60	40〜60	50〜70	50〜60	50〜70	70〜90
シリンダー（℃）							
ノズル	190	210	210	220	220	240	290
1	190	210	200	220	210	230	290
2	180	200	190	210	210	230	270
3	170	190	190	200	200	220	260
投入部	160	180	170	190	290	215	250
射出圧（MPa）	30〜100	50〜80	50〜80	50〜90	50〜100	80〜100	30〜120
射出率（cm^3/s）	50〜250	400〜600	500〜1,000	150〜350	50〜130	30〜300	50〜250
保圧力（MPa）	20〜70	35〜50	35〜55	35〜65	35〜65	70〜85	20〜85
冷却時間（s）	3〜6	7〜12	5〜10	4〜8	5〜8	6〜11	4〜7
スクリュー回転数（rpm）	40〜80	40〜80	80〜100	30〜100	40〜60	50〜100	40〜70

注）難燃材料は，難燃剤の種類，配合量によって異なるので，ここで示した条件より約 10℃ 高い温度を上限として条件設定をした方がよい。

文　　献

1) 高次博, 成形加工, **13** (4)（2001）
2) 森永新司, 日本ゴム協会誌, **81** (12)（2008）
3) 松本真一, 日本ゴム協会誌, **81** (12)（2001）
4) 編集員会, 日本ゴム協会誌, **73** (5)（2000）
5) 藤道治, ゴムの選定, 応用とトラブル対策, テクノシステム（2009）
6) 沢田慶司, 押出成形技術入門, シグマ出版（2001）
7) B. Nass et al., Flame Retardants 2003 London（2003）
8) 岡本英俊, 神奈川科学アカデミー難燃セミナー資料（2002）
9) 高橋行彦, 高分子難燃化の技術と応用, シーエムシー出版（1997）
10) 水酸化Mg, Magniffiin 技術資料
11) P. Y. Moy, PMADRETIC, **45**, 47（1997）
12) E. Papazoglov et al., EMC Corporation Report
13) K. J. Rion et al., J. Vinyl Addit. Technol., **6** (1)（2000）
14) 東レダウコーニング, シリコーン技術資料
15) 酒井忠基, プラスチックスエージ, **56** (6)（2010）
16) 成形加工学会, 先端加工技術Ⅰ, プラチックスエージ社（2012）
17) 三菱重工業, 押出機技術資料
18) 松田製作所, 射出成形機技術資料
19) 西澤仁, これでわかる難燃化技術, 工業調査会（2003）
20) 沢田慶司, 押出技術, 工業調査会（2006）
21) 成型加工学会, 先端成形加工技術, シグマ出版社（1999）
22) 西澤仁, 新しい難燃剤, 難燃化技術, 技術情報協会（2008）
23) 西澤仁, 日本ゴム協会誌, **86** (4)（2015）

第6章
難燃性評価技術の基本と進歩

1　燃焼試験の種類と燃焼条件

　高分子材料の難燃性評価技術は，世界各国の規格の中に決められている。第4章の産業分野別難燃規制と要求特性の項と重なる部分があるが，ここでは，難燃化技術の研究で最もよく使用されているコーンカロリーメーター試験，酸素指数試験，有害性ガス試験，発煙性試験，UL試験の中の電気エネルギーを使用した試験，固相における難燃機構に関する評価試験について，第4章では示していない試験法と試験精度を上げるための試験試料の調整法，試験方法間の相関性等をまとめる。

　難燃性を評価するには，表6-1に示すような試験方法，試験条件の決定が重要になる。現在，既に表6-2に示すように世界各国で多種類の試験方法が規格化されており，製品，用途に応じた適正な試験方法と試験条件が決められ運用されている[1,2]。

2　コーンカロリーメーターによる発熱量試験

　有機化合物が燃焼する時に発生する熱量は，物質ごとに異なるが，これを燃焼の際に消費した酸素量で割るとほぼ一定である。言い換えると有機材料が一定の酸素を消費して燃焼すればその際に発生する熱量は有機材料の種類によら

第6章 難燃性評価技術の基本と進歩

表6-1 難燃性評価技術における燃焼条件の種類

項目		内容
試験項目	燃焼性	発火性，着炎性，火炎伝播性，残炎，残塵，燃焼速度，燃焼温度，可燃性，自消性，質量変化，炭化長・面積
	遮熱性	裏面温度，銅板温度，裏面着火，着炎，部材温度
	構造強度への抵抗性	鋼材温度，たわみ量，破壊，脱落，亀裂，溶融，耐衝撃性，注水試験，変形
	発煙性	透光率（減光係数），ろ紙吸着（質量法），観察
	ガス有害性	官能（臭気，出涙など），行動停止時間，ガス分析
試験体	大きさ・形状	試験片，試験版，実大，矩形，円形，短冊型など
	厚さ	薄物または厚物（フィルム・シート），単体，積層，実断面
	前処理	浸漬，洗濯，乾燥，一定温度，温冷熱繰返し，促進耐候，デシケータ中で状態調節
	取付方法	水平，鉛直，斜
火源		炎（都市ガス，液化石油ガスの号種，アルコール，軽油，重油，薪，天然ガス），熱（熱，ガス），アーク，火花
加熱方法		所定の加熱曲線（時間，温度），一定温度，一定時間，接炎回数，一定温度で材料により加熱時間を変える。酸素供給量の増減。

表6-2 世界各国の代表的な規格と難燃性評価試験

種類	概要
接炎試験	JIS K 7201（酸素指数試験） UL-94 垂直，水平 電気用品法 JIS A 1321（建築基準法） JIS K 6911（熱硬化性樹脂） ASTM E 84（建築材料，水平燃焼） BS 478（拡炎試験） IEC 553（一般材料試験）
加熱発火試験	UL-746 A（着火性） UL-1410（熱棒着火性） AS 100（発火性） ASTM D 1927（プラスチック着火性）
荷電発火試験	UL-746 A（高電圧耐アーク着火性） ASTM D 495（耐アーク性） IEC112（耐トラッキング性） UL-1410（耐コロナ着火性）

(つづく)

2 コーンカロリーメーターによる発熱量試験

表6-2 世界各国の代表的な規格と難燃性評価試験(つづき)

種類	概要
発煙試験	ASTM 162.60(輻射板による材料表面燃焼性) ASTM E 84.61(建築材料表面燃焼性) N3S(発煙性試験法) SAA. A 30 Part III 1970(オーストラリア初期火災試験) スウェーデン式箱型試験 建築基準法 JIS A 1321 JIS D 1201(自動車用内装材料) FMV SS 302(自動車用材料)
有害性試験	DIN法(ドイツ)ラット,LC_{50}測定(30分+14日) FAA(米国)ラット,行動停止時間 NBS(米国)ラット,LC_{50}測定(30分+14日) USRAD(米国)ラット,LA_{50}(致死面積),呼吸系病理 UITT(米国)マウス,RD(呼吸低下),LC_{50}(30分+10分) USF(米国)マウス,行動停止時間 JGBR(日本)マウス,行動停止時間
その他試験	コーンカロリーメーター(HRR,燃焼残渣,発煙,ガス),各種機器分析(TGA,DTA,DSC,FTIR,ガスクロ,NMR) ダイオキシン測定法 各種製品試験法(大型試験,IEEE383垂直トレイ試験)

ず一定で13.1 mJ/kgである。これは,1917年にThompsonによって発見され,HuggettとParkerによって検証された事実である.この誤差は5%以内であることが確認されている(表6-3)[3,4]。

これによって燃焼時の酸素消費量を追跡すれば発熱量を求めることができる.試験装置は,一定の温度で加熱する燃焼部,燃焼したガスをフードで集めダクトで排出する排気部,燃焼ガスをサンプリングし,酸素濃度を測定する計測部,測定したデータを処理する処理部に大別できる.原理図と装置の外観,コーン部の燃焼状態とコーンヒーター部の構造を図6-1,図6-2,図6-3に示し,ノンハロゲン難燃材料の発熱量曲線,コーンヒーターの加熱容量と発熱量曲線の関係,各種ポリマーの発熱量曲線を図6-4,図6-5,図6-6に示す.

コーンカロリーメーターは,現在,ISO5660,ASTM1354,NFPA2614に規定されており,建築基準法,JR車両用材料規格には,発熱量を規格値に採

第6章 難燃性評価技術の基本と進歩

表6-3 有機化合物および高分子材料の構造と燃焼熱

有機化合物および高分子	燃焼熱 (mJ/kg)	燃焼熱 (mJ/kgO$_2$)
メタンガス	50.63	12.54
メタノール	19.94	13.29
PE	43.20	12.63
PP	43.23	12.62
PS	39.75	12.93
PC	29.78	13.13
PVC	16.90	12.00

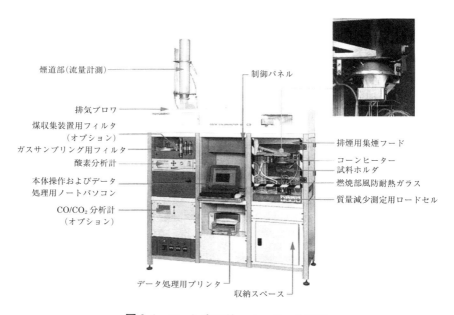

図6-1 コーンカロリーメーター外観図

2 コーンカロリーメーターによる発熱量試験

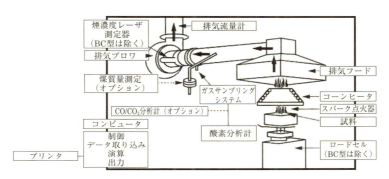

図6-2 コーンカロリーメーター原理図

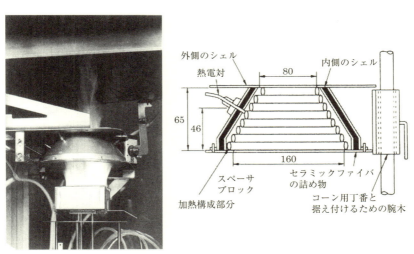

図6-3 コーン部の燃焼状態とコーン部のヒーター構造

第 6 章　難燃性評価技術の基本と進歩

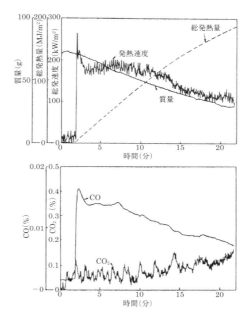

図 6-4　ノンハロゲン難燃材料の発熱量曲線

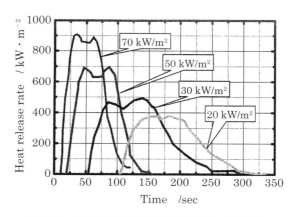

図 6-5　加熱熱量の相異による発熱量曲線の差

2 コーンカロリーメーターによる発熱量試験

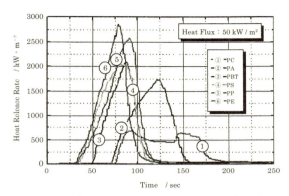

図6-6 ポリマーの相異による発熱量曲線の差

用している。試験装置で取得できる項目を挙げると次の通りである。
① 最高発熱量（kW/m^2）
② 平均発熱量（kW/m^2）
③ 60，80，120秒の平均発熱量（kW/m^2）
④ 燃焼有効発熱量（kW/m^2）
⑤ 有効減光面積（m^2/kg）
⑥ 着火時間（秒）
⑦ 質量減少率（$g/m^2/s$）
⑧ CO，CO_2 発生量（kg/kg）
⑨ 煤収率（kg/kg）

　試料は，10 cm × 10 cm の正方形のシート試料を使用し，試料台の上にセットして決められたコーンヒーター容量（一般的には25～75 kW/m^2）で加熱し，電気スパークで発生したガスに着火し，着火後燃焼ガスは，密閉システムの中をある特定のスピードで通過しながら煙濃度，一酸化炭素，二酸化炭素濃度が測定される。その過程で燃焼中の試料の重量減少をセンサーで検出し，TGA挙動としてプリントアウトされ，生成チャー（バリヤー層）として記録される。

第6章 難燃性評価技術の基本と進歩

3 酸素指数測定試験

最も古くから採用されている試験法で,ASTM D2863,JIS K 7201 に規定されている代表的な材料の試験法である。材料が燃焼し始める最低の酸素濃度として求められる。空気中で燃焼し始めれば,酸素指数が約 18 になる。詳細は省略する。

4 発煙性試験,有害性ガス試験

発煙性試験は,国内,海外ともほとんどの方法が,発生する煙について光の減光係数を利用した方法が採用されている。光の減光係数は次式で求めた減光係数で示される場合が多い。

$$I = I_0 e^{-C_s L}$$

$$C_s = \frac{1}{L} \times \log_e \frac{I_0}{I} = \frac{2.303}{L} \times \log_{10} \frac{I_0}{I}$$

I_0 は煙のない時の光の強さ,I は煙のある時の光の強さ,L は光路長(光源と受光部間の距離)である。この煙濃度と煙中の見通し距離との間には,いくつかの実験例から次のような比例関係が成立し,次式が成立することが知られている。

$$C_s \times V = \text{Const.}$$

V は煙中の見通し距離を示す。発煙量は表 6-4 に示すようにその他いくつかの評価指標があり,各種規格,試験法によって異なるので注意したい[5]。

試験装置として欧米の NBS スモークチャンバーと国内の JIS A 1321 の試験装置を図 6-7,図 6-8 に示す。

世界の主な規格の中で発煙量を規定している規格は多く,そのほとんどがこの減光係数を規格値として選択している。代表的な世界の発煙性規格と各国の発煙性規格値を表 6-5,表 6-6 に示すので参照されたい[1]。

4 発煙性試験,有害性ガス試験

表 6-4 各種発煙性評価係数

表示法	略号	単位	定義	備考
重量濃度	c	mg/m³	単位体積中の粒子重量	
粒子濃度 個数濃度	c, N Z	1/cm³ MPPCF	単位体積中の粒子数	
視程		m, ft	物体が確認できる距離	
単位長あたり 透過度	T	1/m 1/ft	単位長の煙層を通過してくる光量 F と煙のない場合の光量 F_0 の比	$T = (F/F_0)^{VL}$
単位長あたり 透過率	T	%/m %/ft	透過度を%で示したもの	
単位長あたり 減光度		1/m 1/ft	単位長の煙層による減光分と煙のない場合の光量の比	$O_m = 1 - T$
単位長あたり 減光率	O_m, S, E	%/m %/ft	減光度を%で示したもの	
単位長あたり 減光係数	μ, σ C	1/m	単位長あたりの透過度の逆数を自然対数で示したもの	$\mu = \dfrac{1}{L} \ln(F/F_0)$
単位長あたり 光学的濃度	L, OD	1/m, 1/ft dB/m	単位長あたりの透過度の逆数を常用対数または dB で示したもの	$D = \dfrac{1}{L} \log(F/F_0)$
(重量) 発煙係数	K	m²/g	ある温度における単位重量の燃焼に伴う発煙量	$K = \dfrac{\mu V - a}{W}$
比光学密度	D_S	無次元	単位面積あたりの発煙量	$D_S = D \dfrac{V}{AL}$
(変色法)	coh 単位, nuds, する		オーエンスの濃淡表,リンゲルマンチャートによる単位と	
散乱光強度			ある角度に散乱される光の強さ	
イオン電流 減光率	$\dfrac{\Delta I}{I_0}$	無次元	煙によるイオン電流の減少分 ΔI と煙のない場合のイオン電流 I_0 の比較	

第 6 章　難燃性評価技術の基本と進歩

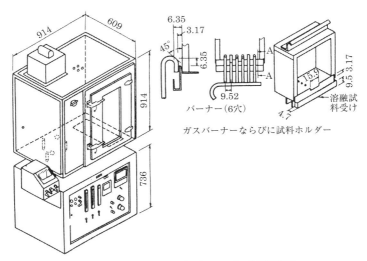

図 6-7　NBS スモークチャンバー試験装置

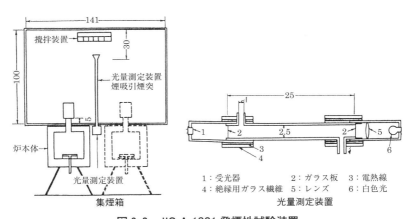

図 6-8　JIS A 1321 発煙性試験装置

4 発煙性試験，有害性ガス試験

表6-5 世界の主な発煙性規格と試験方法

規格または方法	試料寸法	燃焼方法	空気供給	燃焼室	燃焼時間
JIS A 1321	180 × 180 mm（接炎面積）厚さ25 mm以下	都市ガスおよび電気ヒーター	換気なし	1.41 × 14.1 × 1 m 高	難燃材料6分，その他10分
JIS D 1201	6 × 10 mm 厚さ3 mm	着火都市ガス自己燃焼	11.4 L/min（N_2, O_2混合ガス）	気流による	—
車輛用材料の難燃性試験方法	182 × 257 mm 厚さ実物	都市ガス	150 ± 30 L/hr	400 × 400 × 1,250 mm高	30秒または3分
ASTM E 84	幅20 inch 長さ19.5 ft	自由燃焼	240 ± 5 ft/min	気流による	—
ASTM D 2843	25.4 × 25.4 × 6.2 mm	同上	換気なし	300 × 300 × 790 mm	4分
NBS法	$2\frac{9}{16} \times 2\frac{9}{16}$ inch 厚さ実物	火炎または非火炎（パイロット炎で調節）	同上	24 × 24 × 36 inch	20分
Lawrence 輻射研究所法	同上	同上	換気 0〜20倍/hr	同上	—
Common-wealth Exptl. Bldg. Station	直径50 mm	火炎または非火炎（O_2電気花火で着火）	参用気中のO_2 10〜20%	5.7 m^3	最高温度になるまで
Michigan Chem 法	2.5 × 2.5 mm 厚さ0.3 mm	ろうそく型	気流のO_2含量を調節	気流による	—
建築研究所法	1〜20 g	温度調節	自然対流	125 L	—
NRC法	1〜40 g	火炎または非火炎（O_2電気花火で着火）	強制気流のO_2含量を調節	気流による	—

第 6 章　難燃性評価技術の基本と進歩

表 6-6　世界の主な発煙性規格値

国	対象品目	発煙性およびグレード	試験方法
米国	航空機，壁・天井 〃 航空機，繊維，カーテン 航空機，電線・ケーブル	$D_S \leq 100$（1.5 分値） $D_S \leq 200$（1.5〜4.0 分値） $D_S \leq 100$（4.0 分値） $D_S \leq 15$（20 分値）	NBS 法
スイス	建築材料	最大光吸収度 > 90% 　　〃　　> 50〜≦ 90% 　　〃　　0〜≦ 50%	XP-2 法
オーストリア	建築材料	最大透視不能濃度 （Obscuration） 0〜≦ 50（%） > 50〜≦ 90（%） > 90　　　（%）	ONORM・B3800 Part 1
オランダ	建築材料	平均発煙係数 $R = 100 \log_{10}\left(\dfrac{I_0}{I_{\min}}\right)$ ≦ 5 > 5〜≦ 60 > 10〜≦ 150 > 150	NEN 3833
日本	建築材料	発煙係数 $CA = 240 \log_{10}\left(\dfrac{I_0}{I}\right)$ ≦ 30 ≦ 60 ≦ 120	JIS A 1321
日本	自動車材料	減光係数 C_S < 0.2 0.2〜< 1.0 1.0〜< 2.4 ≧ 2.4	JIS D 1201，FMVSS
ドイツ	車両	許容透視不能濃度 （Obscuration） ≦ 10 11〜40 41〜70 71〜100	DVS 99/35
日本	通信ケーブル	$D_S > 150$	NTT 仕様
日本	船舶床張材	$D_S > 250$ $D_S > 60$	船舶防火構造規制

4 発煙性試験, 有害性ガス試験

　難燃材料の有害性ガス試験は, ハロゲン系ガス (塩素, 臭素, フッ素), 一酸化炭素, 二酸化炭素, ダイオキシン, フラン, ホスフィンガスが対象となるが, 通常ダイオキシンは, 特殊な場合を除いてほとんど行われない。ほとんどがハロゲン系ガスを対象としたものである。ハロゲン系ガスを対象として代表的な製品の規格および規格値と電線, ケーブルの規格を表6-7, 表6-8に示

表6-7 世界におけるハロゲン系ガスを主体とした有害性規制の代表例

国	対象品目	有害性ガス規制	規格および試験方法
日本	通信ケーブル	・ノンハロゲンであること ・燃焼ガス吸収源のpHが3.5以上	NTT仕様
日本	通信ケーブル	・ハロゲン化水素の発生量が350 mg/g以下, フッ化水素の発生量が200 mg以下	総務省
日本	原子力ケーブル	・ノンコロウシブPVCに対し, HClガス発生量100 mg/g以下	電力仕様 (ノンコロウシブPVC)
日本	船舶床張材	・ノンハロゲンであること	船舶防火構造規制
英国	軍調達製品	・毒性係数Tindexの報告を義務づけ Tindex = $\Sigma (C_r/Cf_n)$ n …成分ガスの番号 C_r…人間が当該ガスに30分曝されたときの致死濃度	英国海軍技術基準 NES No. 713
フランス	壁装カーテンカーペット	・HClNまたはHClの発生の可能性のあるN$_2$, Cl$_2$は室内空間の容積 (m^3) あたり5 gおよび25 gまで	内務省省令 (1975.11月) 市民安全保障庁 UTEC20-454
ドイツ	電子・電気機器筐体他	臭素系難燃剤 (特定) の使用禁止	ドイツ化学工業 ドイツプラスチック工業会
米国	建築材料	UPITT (ピッツバーグ法) による毒性試験データの提出 (1) 電線コンディットの絶縁材料 (2) 水道, ガス, 下水道およびその機材部品 (3) 内装材 　なおメーカーは, 煙毒性の判断のため, ハロゲン含有率, 煙伝播速度, 限界輻射熱量を提出する。	ニューヨーク州
ヨーロッパ	航空機用材料	煙の中の有害ガス成分 HF, HCl, SO$_2$, CO, NO + NO$_2$	エアバス工業団体

第 6 章　難燃性評価技術の基本と進歩

表 6-8　ハロゲン系ガスを規制した電線，ケーブル規格とガス試験方法

規格	JCS C 第 53 号　第 397 号規格 日本電線工業会規格		IEC754-1 国際規格	IEC754-2 国際規格	VDE0472 Part813 ドイツ規格
制定年度	1976	1990	1982	1992	1983
対象となるガス	HClガス発生量の定量（逆滴定）		ハロゲン化水素ガス発生量の定量	燃焼中発生する酸性ガスの導電率とpH値による間接的定量	燃焼中発生する酸性ガスの導電率とpH値による間接的定量
測定条件	0.2 M NaOH		0.1 M NaOH	蒸留水 1000 mL (pH 5〜7　10 μS/cm 以下)	蒸留水 170 mL (pH 5〜7　10 μS/mm 以下)
吸収液 エア流量	500 mL/min ± 100 mL/min		110 mL/min ± 5 mL/min	20 mL/mm²/h	10 + 3 L/h (166.7〜216.7 mL/min)
試料形状	約 0.5 g（正確に秤量）		0.5〜1g ± 0.1 mg	1000 ± 5 mg	最小 1 g
燃焼	300〜400℃　5分余熱 800℃　30分加熱		20 k/min で昇温 800℃　20分間	935℃以上 30分間	750〜800℃ 30分間
その他	換算式 $\frac{3.65 \times (B-A) f \times 200/100}{W}$ JCS C 第 53 号 3.7 $\frac{3.65 \times (B-A) f \times 200/50}{W}$ JCS 第 397 号 5 $n = 3$		換算式 $\frac{3.65 \times (B-A) f \times 400/100}{W}$ W：試験採取量 A：N/10 チオシアン酸アンモニウム消費量 B：空実験値 f：ファクター $n = 2$	Recommended values pH 値　4.3 以上 導電率　10 μS/mm 以下 $n = 3$	Performance 最初の 5 分間は 1 分ごと測定 さらに 25 分間は 5 分ごと測定 またはレコーダーによる経時測定
装置	電気炉　長さ　300 mm 燃焼管　内径　25 φ 　　　　外径　30 φ 　　　　長さ　650 mm		電気炉　長さ　100 mm 以上 燃焼管　19 mm × 25 mm × 70 mm 燃焼ボート　76 mm × 10 mm × 9 mm 洗浄瓶　55 ± 5 mm φ	電気炉　長さ　500〜600 mm 燃焼管　内径　32〜45 mm 　　　　長さ　620〜900 mm 燃焼ボート　長さ　45〜100 mm 　　　　　　幅　12〜30 mm 　　　　　　深さ　5〜10 mm	電気炉　長さ　約 170 mm 燃焼管　内径　18 mm 　　　　外径　22 mm 　　　　長さ　500 mm 燃焼ボート　最大長　85 mm
評価	滴定		ケーブル被覆材料	導電率と pH 値	pH 値
対象試料	低塩酸ビニル 一般ビニルシース		ケーブル被覆材料	ケーブル被覆材料 ノンハロ	可撓コード，ノンハロ絶縁シース材料

す[1]。

　この中で特徴的な規格として挙げられるのは，日本の電線ケーブル規格（現在のEMケーブル規格）の中で，ノンハロゲンの規格値を燃焼による発生ガスを蒸留水に吸収させた水溶液のpHを3.5以上と規定していることである。

　マウスやラットを使った難燃材料の有害性ガス試験がいくつか規定されている。第4章の建築材料の所で示したJIS A 1321に規定されているマウスを使用した試験も含めて世界の規格の中で制定されている規格名と試験方法をまとめて表6-9に示す。現状では，動物を使用した有害性のデータが要求されることは極めてまれであるが，環境安全性の要求が厳しくなると増加も予想される。

5　電気エネルギーを利用した難燃試験

　電気的エネルギーを利用した難燃試験は，UL，IEC，ASTMの各規格の中に規定されている。代表的試験方法として，表6-10にニクロム線を熱源として使用する試験方法，表6-11にアーク放電やトラッキング現象等放電現象を利用した試験方法の代表例を示す[6]。これらは，電気絶縁材料，電気製品において実際に起こり易い火災事故を模擬した試験方法である。その中からよく使用される耐トラッキング試験装置を図6-9に示す。これは，シート試料の表面に幅5 mmの金属電極をセットして，その電極間に規定の電圧を印加し，その中央の位置に，上部から0.1％の塩化アンモニウム水溶液を一定の周期で滴下して，電極間に放電を発生させ，電極間が炭化，放電によって短絡するまで試験を繰り返す方法である。一定電圧で試験をする場合は，滴下数でその難燃性を評価し，一定滴下数で電圧を変えて試験をする場合は，電圧値で難燃性を評価する。

第6章　難燃性評価技術の基本と進歩

表6-9　世界の動物（マウス、ラット）使用した有害性試験方法

方法	燃焼装置	炉温	空気流量	試料の量	一試験あたりの匹数	曝露モード	曝露時間	毒性測定	化学分析
DIN（独）	移動式環状炉	固定 200〜600℃	動的	固定、同一容積または同一重量	ラット一とも5、通常20少なく	頭だけあるいは体全体	30分	LC_{50}（30分＋14日）とその他	CO, CO_2, O_2, 選出ガス、COHb
FAA（米）	管状炉	固定 625℃	静的、循環	固定 $0.75\,g^{a)}$	ラット、3；少なくとも3回のテスト	体全体	30分	t_1とt_d^{a}	CO, CO_2, O_2, HCN, 選出ガス
NBS（米）	るつぼ炉	自動点火温度の25℃以上と以下	静的	変化、拡大量 8g	ラット、6	頭だけ	30分$^{b)}$	LC_{50}（30分＋14日）	CO, CO_2, O_2, COHb
USRAD（米）	輻射熱炉	固定 5 W/cm² 熱量	静的	表面積変化	ラット、6	頭だけ	30分	LA^{*}_{50}、t_1と全体の呼吸系病理	CO, CO_2, O_2
UITT（米）	管状炉	0.2%重量減少の温度から600℃まで上昇	動的	変化	マウス、4	頭だけ	0.2%重量ロスから30分$^{c)}$	RD^{**}_{50}、LC_{50}（30分＋10分）、SI、窒息範囲、組織生理学、$1.T_{50}$	CO, CO_2, O_2, HCN, 選出ガス
USF（米）	管状炉	固定あるいは上昇 200〜800℃	静的あるいは動的	通常1.0gで固定、LC_{50}を得るまでの変化	マウス、4；少なくとも2回のテスト	体全体	30分	t_1とt_d^{d}	CO, CO_2, O_2, 選出ガス
JGBR（日）	輻射熱炉	室温から600℃まで上昇	動的	表面積固定、324 cm²	マウス、8	体全体	15分	t_1	CO, CO_2, O_2, HCN, HCl, 選出ガス

* 致死面積
** 呼吸低下

a) 固定あるいは上昇加熱に改良されたFAA方法。着火および燻焼燃焼とLC_{50}の測定
b) 材料が急速に素性生成物を発生し、LC_{50}；≧2 mg/Lの場合は30 mg/Lに対して10分曝露を付加
c) 感覚刺激の測定を除外する
d) 材料の量を変えてLC_{50}とLT_{50}を測定するようにUSF方法を改良したPSC法

274

5 電気エネルギーを利用した難燃試験

表 6-10 電気エネルギー（ニクロム線）を利用した難燃試験

規格 試験条件		UL-746A 熱線着火性	UL-1410 熱棒着火性	IEC[a] 赤熱線着火性	CEE 熱棒着火性	AS3121 熱線着火性	AS-100 発火性
試料	適用対象	無線機器用絶縁材料	無線機器用絶縁材料	電源トランス	電源スイッチ	活電支持材料	材料一般
	寸法形状	5"×1/2"×min.		完成部品	完成部品	—	6g 以上、10g 以下 厚さ 9.5mm 以下
	試料数	5	2	—	—	—	—
	加熱温度	930℃	650℃	650〜960℃	300℃	600℃	300〜750℃
	加熱時間	着火まで(max.300秒)	着火まで(max.300秒)	30秒	120秒	着火まで(max.300秒)	5分（500℃・h⁻¹で昇温）
	火種	ニクロム線 φ0.5 mm	ニクロム線 φ4 mm	グローワイヤー	ホットマンドレル	ニクロム線 φ4 mm	電気炉
加熱	加熱方法	ニクロム線全長：10" 巻数：5 6.5W/1 inch	⇐1 Newton φ4 試料	⇐1 Newton φ4 試料	7.2 マンドレル (300℃) 6.2 1.2kg スパーク 電極 試料	スパーク 発生電極 φ4 試料	引火炎 試料 19 電気炉 空気炉
	試験手順	加熱源による発火を評価する （発火温度）	加熱源による発火を評価する （一定温度）	着火までの時間	加熱源により発生した可燃性ガスによる引火性を評価しない	試料を加熱し、可燃性ガスの引火性を評価する	試料を加熱し、可燃性ガスの引火性を評価する
評価	発火	着火までの時間	着火までの時間	着火までの時間	アークで着火しない	着火までの時間	発火しないこと
	燃焼	—	—	1秒以上の炎	—	炎の高さ	点火炎で着火しないこと
	類焼	—	—	ティッシュペーパーの類焼の有無	—	燃焼滴下物の有無	—

a) IEC TC 14 (CO) D による。

第6章 難燃性評価技術の基本と進歩

表6-11 電気エネルギー（放電現象）を利用した難燃試験

		UL-746A		ASTM D 495	IEC-112[a]	UL-1410
	規格	高電流アーク着火性	トラッキングレート	耐アーク性	耐トラッキング性	耐コロナ着火性
試料	適用[a]	無線機器用絶縁材料	—	スイッチなど	絶縁材料	無線機器用高電圧部品
	形状寸法	5" × 1/2" × 使用厚	5" × 1/2" × 1/8"	平面	>15 × 15 mm	完成品
	試料数	3				
条件	印加電圧	240 V / 32.5 A, ρ0.5	5.2 kV / 2.36 mA	12.5 kV / >10 mA	~600 V / 1 A	製品の最高電圧
	電極材料	銅, ステンレス鋼	ステンレス	タングステン	白金	—
	電極間隔	接触	> 4 mm	6.4 mm	4mm	—
	放電方法	(図)	(図)	(図)	(図)	導電ブルーブーシャージ (図)
	供給手順	40 回/分	2 分間	1/4〜1/2〜連続	30 秒に1滴滴下	15 分間以上
評価	発火・着火	着火の有無	発火, 赤熱の有無	発火までは下記	絶縁破壊（下記）前の燃焼	着火・燃焼
	漏洩電流	—	—	> 10 mA	> 0.5 A / 2 秒	—
	評価	着火までの回数	炭化導電路長 / 時間	炭化導電路形成時間	絶縁破壊（または燃焼）滴数	燃焼時間

a) IEC-112 は日本, 欧州の絶縁材料（特に活電支持）に適用されている。他は, 米国 UL のみに適用。

6 難燃性試験の精度を上げるためのポイント

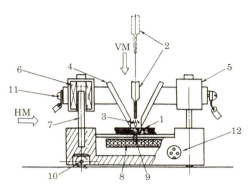

1：試　料
2：滴下ノズル
3：試験液
4：対向電極
5：接触荷重
6：スライドベアリング ｝電極接触精度向上用
7：スライドボール
8：加熱ヒーター
9：熱電対
10：移動台車
11：電力供給（漏洩電流検出）端子
12：加熱電源（温度上昇検出）端子
VM：垂直移動 ｝滴下精度向上用
HM：水平移動

図6-9　耐トラッキング性試験装置と試験方法

6　難燃性試験の精度を上げるためのポイント

　難燃性試験は，試験精度の向上が大きな課題である。燃焼現象そのものが周囲の温度，湿度，風，試料の形状，大きさ，試料の作成方法，試料のコンディショニング，熱源の種類等多くの変動要因に左右され易い。こうした中，いかにして試験精度を上げるかが極めて重要になる。

6.1　試験試料の形状，重量等の影響

　難燃性は，試料の比熱，熱伝導性により，また試料形状，厚さ，容積によって変わる。これは，試料の熱容量，燃焼時の空気の流れ，着火し易さ等が影響すると推定される。容積が大きくなると，厚さが厚くなると燃えにくくなることはよく経験する。酸素指数試験，発煙性試験での測定結果を表6-12，表6-13，図6-10に示すので参照されたい[1]。試験試料の作り方を標準化すること，試験条件をよく記録することが重要である。

6.2　試験試料作製場所のコンディショニング，試料中の水分，試験温度の影響

　試料保管中の湿度によって試料中の水分が変化する。この水分量が難燃性に影響を与える。特に繊維，木材，ポリエステル構造のポリマー（PA, PET等）でその影響が大きくなる（表6-14[1]，表6-15[7,8]）。

第6章　難燃性評価技術の基本と進歩

表 6-12　酸素指数試験の変動に対する試料形状の影響

材料	形状	酸素指数
PMMA	1.25 mm × 25 mm	16.8
	3.12 mm × 25 mm	17.4
PC	0.125 mm × 50 mm	21.3
	0.25 mm × 50 mm	22.2
	1.55 mm × 25 mm	26.1

表 6-13　発煙性試験の変動に対する試料の大きさの影響

材料	形状	最大比光学密度 D_{max}
発泡 PS	25 mm × 25 mm × 6.25 mm	56
	25 mm × 25 mm × 25 mm	86
	50 mm × 50 mm × 50 mm	100
発泡 PVC	25 mm × 25 mm × 6.25 mm	51
	25 mm × 25 mm × 25 mm	91
	50 mm × 50 mm × 50 mm	100

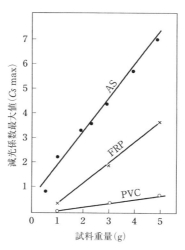

図 6-10　発煙性試験に対する試料重量の影響

6 難燃性試験の精度を上げるためのポイント

表6-14 酸素指数試験における試料中の水分の影響

材料	水分含有量	酸素指数
酢酸セルロース	0.1%	16.8
	4.9	18.1
ブチルセルロース	0.06	18.8
	2.8	19.9
ナイロン6.6	成形直後	24.3
	飽和水分量 8%	30.1

表6-15 建築用天井(PC)の燃焼試験への雰囲気中の湿度の影響

雰囲気条件	温度上昇(K)(天井)	温度上昇(K) 1.8 m 高	温度上昇(K) 1.2 m 高	温度上昇(K) 0.6 m 高	時間(分)	CO最大濃度(ppm)	CO_2平均濃度(ppm)
20%相対湿度	162	112	48	37	14.5	1,492	487
80%相対湿度	291	174	61	35	12.0	2,072	735
両者の比率	1.8	1.6	1.3	1.0	0.8	1.4	1.5

(建築用天井材料(PC)のコーナー式燃焼試験)

6.3 熱源の選定と発熱エネルギーの確認

燃焼に使用する熱源の種類によって当然発熱量が異なる。UL試験に都市ガスを使用したという話があるが,発熱量が異なる熱源を使用しても疑問に思わないのでは笑い話では済まされない。表6-16[10]に示すように熱源による発熱量を確認し,試験の際には時々その発熱量を確認する必要がある。ULに決められている銅板の温度上昇速度をチェックすることでも良いが,実際のその発熱量を実測することを奨めたい。

6.4 燃焼条件の標準化の必要性

UL94燃焼試験,その他試験の接炎時間による変動が起きやすい。接炎時間は可能な限り一定に決めることが重要である(図6-11)[1]。炎の位置,角度,接触点,ニクロム線の場合の接触具合,耐トラッキング試験の金属電極の設置

279

第6章 難燃性評価技術の基本と進歩

表6-16 燃焼試験用各種熱源の発熱量

熱源	接炎時間（sec）	全発熱量（kJ）	最大発熱量（kW/m²）
マッチ	2～35	6	18～20
タバコ	30	24	16～24
拡炎（小）	30	8	18～32
〃 （大）	30	15	6～37
混合炎（小）	30	50	58
〃 （大）	30	—	120
電気スパーク	—	< 100 mJ	—
電気アーク	1	0.4	—
〃	5	15	—
電気バルブ　　　60W	30	3	—
〃　　　　　　100W	30	8	—
電気ホットプレート 1 kW	30	30	—
電気ラジエーター	30	90	20～25
紙（もみつぶし）			
1/2 枚	85	175	7～10
1 枚	152	340	7～22
2 枚	223	680	7～21
3 枚	333	1,020	5～22
4 枚	335	1,600	6～23
紙（折りたたみ）			
5 枚	380	1,680	14
10 枚	420	3,500	15
厚紙バスケット	360	3,400	10～40
	1,800	5,000	10～40

方法等いくつかの微妙な調整がデータの変動の原因となる。発煙性試験における喚気回数の影響もある。コーンカロリーメーター試験でも試料の変形が大きくデータに影響する（図 6-12，表 6-17）[1]。

6 難燃性試験の精度を上げるためのポイント

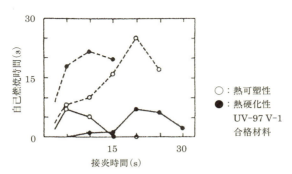

図6-11 UL94, V試験における接炎時間と自己燃焼時間の関係

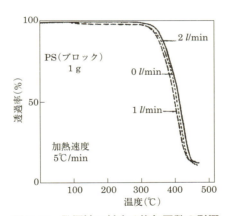

図6-12 発煙性に対する換気回数の影響

表6-17 ポリスチレンの発煙性に及ぼす換気量の影響

換気回数	最大比光学密度	
	有炎	無炎
0	470	460
3	465	250
6	465	100
12	465	80
20	465	45

7 固相における燃焼残渣（バリヤー層）の試験

　固相におけるバリヤー層に関する試験は，次のいくつかの方法によって評価されている．
　①　TGAによる熱分解曲線の測定（燃焼残渣量と難燃性は明確な相関性がある）
　②　バリヤー層の安定性の評価試験（バリヤー層の安定性が高ければ，燃焼中安定した断熱効果，酸素遮断効果を示し難燃性が高い）
　③　バリヤー層の成分分析（バリヤー層の成分を分析し，カーボン量，酸化金属元素の分析等により難燃機構解明のヒントが得られる）

　難燃材料のTGA曲線の代表例として，図6-13に示したのは，ABSに環状リン化合物3種類を配合した例であり，図6-14は，PLAの難燃触媒としての各種金属化合物を配合した例である[11,12]．両者とも難燃剤によるバリヤー層の生成挙動と生成量が異なり，難燃性との相関性が得られている．すでに述べているように燃焼残渣量と難燃性との関係は，明確な相関関係が得られている（図6-15）[13]．

　バリヤー層の安定性に関しては，燃焼残渣の機械的強度を測定したり（図6-16，図6-17），燃焼残渣表面の硬さ，発泡状態，削り破棄強度等を極めて薄い層に削り，その表面を測定することが行われている（図6-18）[14,15]．

　バリヤー層の成分分析に関しては，X線マイクロアナライザー，元素分析による金属成分の分析，FTIR，ガスクロマトグラフによる有機成分の分析が行われ，難燃機構の解明が試みられている．例として，図6-14に示した難燃触媒を含んだPLAのガスクロマトグラフィー（PyGC/MS）による熱分解生成物の分析結果を熱分解ルートと生成物の解析結果を含めて図6-19に示す[12]．

7 固相における燃焼残渣（バリヤー層）の試験

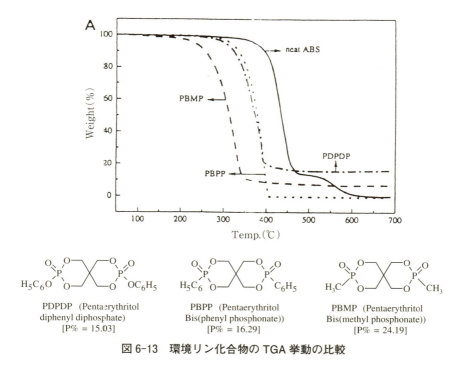

図 6-13 環境リン化合物の TGA 挙動の比較

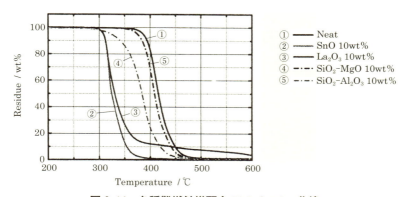

図 6-14 各種難燃触媒配合 PLA の TGA 曲線

第6章　難燃性評価技術の基本と進歩

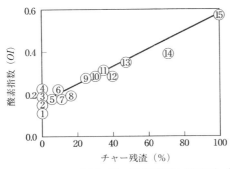

①ポリホルムアルデヒド，②ポリエチレンまたはポリプロピレン，③ポリスチレンまたはポリイソプレン，④ナイロン，⑤セルロース，⑥ポリビニルアルコール，⑦PET，⑧PAN，⑨ポリフェニレンオキサイド，⑩ポリカーボネート，⑪Nomex®，⑫ポリスルホン，⑬Kynol®，⑭ポリイミド，⑮カーボン

図6-15　燃焼残渣と難燃性（酸素指数）の関係

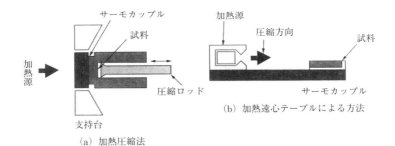

(a) 加熱圧縮法　　(b) 加熱遠心テーブルによる方法

図6-16　バリヤー層の機械的強度測定方法

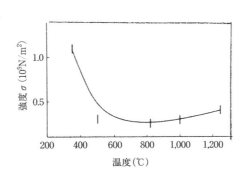

図6-17　IFR難燃バリヤー層の機械的強度測定結果
（図6-16の方法による）

7 固相における燃焼残渣（バリヤー層）の試験

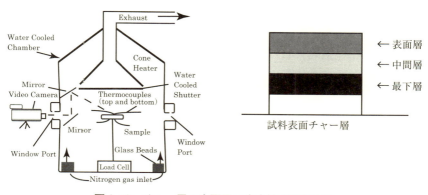

図 6-18 チャー層の表面層の安定性の評価方法

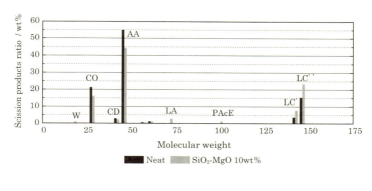

PLA の熱分解ルート

図 6-19 難燃触媒配合 PLA のガスクロ（PyGC/MS）による熱分解挙動の解明

285

8 難燃性評価試験，評価指標の相関性

難燃性試験は，種類が多く，使われている難燃指標の種類も多いため相互の相関性が問題となる。試験条件が異なり相関性を正確に求めることは大変難しいことであるが，多くの研究者の努力によって，いくつかの有用なデータが報告されている。代表的なものをいくつか引用して紹介したい。まず，コーンカロリーメーターと他の難燃性試験，指標との相関性が最も多いようであり，次にまとめて4つの例を示す。

① 発熱量，燃焼残渣とTGA曲線の関係

図6-20に示すようにTGA曲線の$\tan \delta$と最大発熱量の関係を見ると$\tan \delta$が緩やかなほど最大発熱量が低く，急なほど最大発熱量が大きくなる。同じく，TGA値とコーンカロリーメーターの燃焼残渣の関係を見ると500℃のTG値が低いほどコーンカロリーメーターの燃焼残渣も少ない（図6-21）。

② 酸素指数との関係

図6-22に示すように最大発熱量，平均発熱量との間で相関性が認められる。

③ ケーブルトレイ試験，フロアーカバー等の製品試験との関係

図6-23，図6-24に示すように発熱量，最大発熱量との間に優れた相関性が認められる。

④ 放散熱容量HRC（Heat Release Capaciy）と発熱量の相関性

Waltreらは，次式で示す放散熱容量という難燃性指標と提案し，コーンカロリーメーターのHRR（放散熱量），ポリマーの分子構造，チャー生成率との関係を考察し，さらにUL94燃焼試験，酸素指数との相関性を調査し提案している[19]。その関係式を次式に示す。

$$\eta_c = \frac{h_c^0 (1-\mu) E_a}{eRT_p^2}$$

h_c：熱分解ガスの完全燃焼熱（J/g），μ：熱分解，燃焼後の残渣量(g/g)，E_a：熱分解減量過程での活性化エネルギー（J/mol），T_p：最大減量速度を示す温度（K），e：定数，R：ガス恒数

HRCは，ポリマーの分子構造とは表6-18に示すような相関性を示し，さ

8 難燃性評価試験，評価指標の相関性

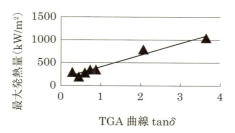

図 6-20　TGA 曲線 tan δ と最大発熱量の相関性[16]

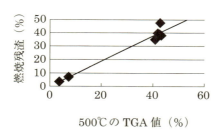

図 6-21　500℃の TGA 値とコーンカロリーメーターの燃焼残渣との相関性[16]

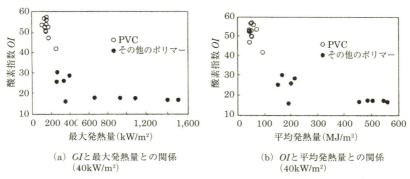

(a) GIと最大発熱量との関係
（40kW/m²）

(b) OIと平均発熱量との関係
（40kW/m²）

図 6-22　酸素指数とコーンカロリーメーターの発熱量の関係[17]

第6章 難燃性評価技術の基本と進歩

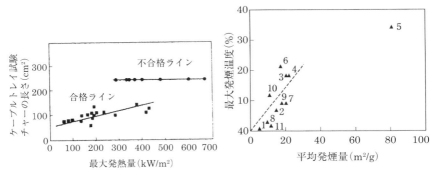

図6-23 ケーブルトレイ試験とコーンカロリーメーター最大発熱量の関係[18]

図6-24 フロアーカバー試験とコーンカロリーメーター発熱量の関係[1]

表6-18 各種ポリマーの放散熱容量（HRC）と全放散熱量およびチャー生成率との関係

種類	放散熱容量 (J/g・K)	全放散熱量 (kJ/g)	チャー生成率 (％)	分子量 (g/mol)
PE	1,676	41.6	0	28.6
PS	927	38.8	0	104.15
PP	1,571	41.4	0	42.09
PVC	652	11.3	15.3	62.48
PPS	165	17.1	41.6	108.16
PPO	409	20.0	25.5	120.15
ポリベンチジール-1,4-フェニレン	41	10.9	65.2	180.2
PEK	124	10.8	52.9	196.2
p-メチールフェニールイソフタールアミド	52	11.7	48.4	238.5
Kevlar	54	9.1	58.3	265.26
PEEK	155	12.8	46.5	288.3
ポリシロキシテトラアルキールビフェニールオキサイド	119	15.7	46.5	294.42
ポリベンゾイミダゾール	36	8.6	67.5	308.34
PAI	33	7.1	53.6	354.36
ビスフェノールフタールイミド	15	3.5	78.6	438.44
PEI	121	11.8	40.6	592.61

8 難燃性評価試験,評価指標の相関性

らには,先に示した各種難燃性指標の中の HRR,酸素指数,UL94V 試験とは,図 6-25,図 6-26,図 6-27 に示すような相関性があることを提示している[20]。これらの指標は,今後の難燃化技術の研究に有効な指針を与えてくれるだろう。

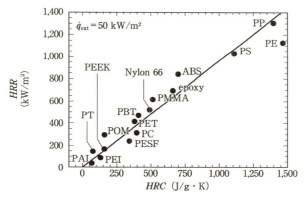

図 6-25　各種ポリマーの放散熱容量（HRC）と発熱量（HRR）の関係

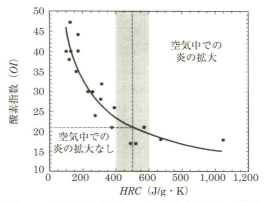

図 6-26　放散熱容量（HRC）と酸素指数との関係

第 6 章　難燃性評価技術の基本と進歩

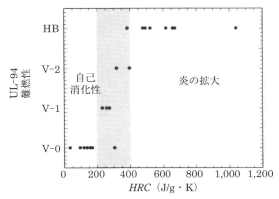

図 6-27　放散熱容量（HRC）と UL94, V との関係

文　　　献

1) 西澤仁, *Polyfile*, **34** (**402**) (1997)
2) 小瀬達男, 高分子難燃化技術と応用, シーエムシー (1996)
3) 東洋精機製作所, コーンカロリーメーター試験装置技術資料 (2007)
4) 近藤俊一, 材料試験技術, **57** (**2**) (2012)
5) 東京消防庁科研, 火と煙と有害ガス, 東京法令出版 (1990)
6) 高分子学会, 高分子材料の試験法と評価, 培風館 (1980)
7) 西澤仁, 難燃性高分子材料の長寿命化技術, シーエムシー出版 (2002)
8) S. H. Lewins et al., Flame Retardant Polymeric Materials, Wiley Inerscience (1975)
9) C. H. Hilado et al., Flammability Handbook for Plastics, Technomic Publishing (1998)
10) F. L. Fire., Combstion of Plastics, Vanmostrand Reihold (1991)
11) D. Hong et al., Polym. Degr. Stab., **93**, 82008 (2012)
12) 山下武彦, 難燃剤・難燃化材料の最前線, シーエムシー出版 (2015)
13) C. F. Cullis & M. H. Hirscher, Combustion of Organic Polymers, Oxford (1981)

14) I. S. Reshtonikov, *J. Appl. Polym. Sci.*, **67**, 1877 (1998)
15) J. W. Gilman *et al., Polym. Adv. Technol.*, **12**, 263 (2006)
16) 林茂吉, 西澤仁, 佐藤寿弥, 日本ゴム協会誌, **80 (11)** (2007)
17) E. D. Weil, *Fire Materials*, **16**, 157 (1992)
18) S. T. Grasov *et al., Plast. Engin* (1994)
19) R. N. Walter *et al., J. Appl. Polym. Sci.*, **87**, 518 (2003)

第7章
難燃剤の環境問題

1 難燃規制の進展と難燃剤の環境問題

　難燃規制は，1980年代から電気電子機器が発展する過程でいくつかの火災トラブルが発生したことから，消費者間での安全性への関心の高まり，UL規格，IEC規格の制定へと世界的に規制が進んできた。それに伴い，可燃性高分子材料の難燃化技術が注目され，進歩してきた。

　難燃剤の環境問題への関心が高まったきっかけは，1983年，スイス連邦研究所のBuser氏により，DBDPOを配合したプラスチックスを燃焼させたときに（燃焼温度510～630℃），臭素化ダイオキシン，フランが発生することが報告された時からである[1]。

　その後，ドイツ，北欧を中心に臭素化ダイオキシンの問題が議論され，1994年から1995年にかけ，ドイツとオランダでダイオキシン法が制定され，エコラベルとしてBAM（ブルーエンジェルマーク），北欧のノルデックスワン，TCO95等のエコラベルが複写機に関して運用された。1998年，BAMは，複写機からプリンター，ファックスまで拡張され，PBB，PBDE，塩素化パラフィンの使用禁止の規制が実施された。しかし，これは国の規制ではなく，自主規制であり，認定機関の定める条件に適合するかどうかによってラベルを取得するためのものであり，日本のメーカーもこれに対応した。図7-1にエコマークを示す。

第7章　難燃剤の環境問題

　　　　ドイツの"Blue Angel"　　北欧5か国の"White Swan"　　スウェーデンの"TCO"
図 7-1　EU のエコラベルマーク

　その後，EU の WEEE 指令（電気電子機器廃棄物指令）から RoHS 指令（電気電子機器に含まれる特定化学物質使用制限指令）が切り離され，有害物質の使用制限が6物質（PBB，PBDE，鉛，水銀，カドミウム，六価クロム）に絞られた[2]。

　2006年7月1日より RoHS 指令は，表 7-1 に示すような有害性物質の使用禁止を決定した。この RoHS 指令の運用開始は，これまでの複雑な臭素系難燃剤のダイオキシン問題から抜け出す一つの指針を打ち出したことで大きな意味を持っていたと考えられる。現在，EU のみならず日本，中国，韓国，アジア，南米，北米等世界各国に大きな影響を与えている。

　この EU の RoHS が施行されてから既にかなりの年月が過ぎ，改正の動きとして拡大 RoHS が検討されている。規制物質は従来と変わらず表 7-2 に示す通りである[2]。

　主な改正点は，次の通りである。
　① 従来，除外となっていた医療機器（カテゴリー8）と制御機器（カテゴリー9）が対象となり，さらにグレーゾーンとなっていた電気電子機器の新しいカテゴリー11が新設された。
　② CE マークを添付する。
　③ 表 7-3 に示す4物質を2015年までに優先追加検討物質とする。
　④ 次の改正 RoHS における使用制限物質の候補物資の優先度を，難燃剤，関連物質について見ると全体が6段階に分類された。

1 難燃規制の進展と難燃剤の環境問題

表7-1 RoHS指令の有害性物質と最大許容濃度

物質	物質名	最大許容濃度
重金属類	Cd（カドミウム）	0.01 %
	Pb　（鉛）	0.1
	Hg　（水銀）	0.1
	Cr(Ⅵ)（六価クロム）	0.1
臭素系難燃剤	PBB	0.1
	PBDE（penta.octa）	0.1

注）PBB

$(Br)_y$ —〈3'2' 4' 5' 6'〉—〈2 3 4 5 6〉— $(Br)_x$

PBDE

Br_m —〈　〉— O —〈　〉— Br_n

表7-2 改正RoHSと従来RoHSの比較[2]

項目	改正前のRoHS指令	改正RoHS指令
施行日	2006年7月1日	2013年1月3日
WEEE指令との関係	スコープはWEEE指令参照	WEEE指令と完全分離
対象製品	カテゴリー1〜7と10（カテゴリー8と9は対象外）	全ての電気電子機器（グレーゾーンであったケーブルおよびスペアパーツも対象として明文化された）
使用制限物質	鉛，水銀，カドミウム，六価クロム，PBB，PBDEの規制	改正前と変わらず
使用制限物質の追加	言及なし	最初3年以内，以降は定期的に追加
適用除外用途の有効期限	4年	カテゴリー1〜7および10は最大5年 カテゴリー8〜9は最大8年
RoHS適合性	言及なし	CE宣言書および技術文書を作成し，10年保管する

第7章 難燃剤の環境問題

表7-3 改正RoHS指令で優先的に禁止を検討する4物質（第一優先物質）

優先物質	略号	備考
ヘキサブロモシクロドデカン	HBCD Hexabromocyclododecane	発泡スチレン等の難燃剤
フタル酸ジ-2-エチルヘキシル	DEHP Di-(2-ethylhexyl)Phthalate	PVCの可塑剤，油圧剤，コンデンサーの誘電体
フタル酸ブチルベンジル	BBP Butyl Benzyl Phthalate	ポリサルファイド系樹脂の難燃剤，シーリング剤，コーキング剤
フタル酸ジブチル	DBP Di-n-Butyl Phthalate	PVC可塑剤，接着剤，印刷インキ追加剤

・第一優先物質：HBCD，TCEP，DEHP，DBP，BBP，臭素化グリコール

（第一優先物質は，2008年の規制物質の候補に挙げられていた物質である。）

・第二優先物質：三酸化アンチモン，TBBPA，DEP，MCCP
・第三優先物質：PVC

　EUのREACH規制は，従来の化学物質管理，規制管理を全体的にまとめてリスク管理をするという目的でEUが策定したRoHSに続くリスク管理規制である。

　REACHは，RoHSが予防原則に基づいているとすると，開示原則によっているということができる。表7-4にその比較を示した。REACHは，EUにおける化学物質の総合的な登録，評価，認可，制限を行う制度であるが，農業や医薬品は含まれていない。規制内容のポイントは，年間の製造量または輸入量が1トン以上の化学物質が対象であり，よく知られているように既に予備登録が2008年12月1日に終了しており，さらに第一段の本登録の締切りが2011年11月30日であった。第二段の本登録の締切りが2013年5月31日にすでに終了している。2018年5月30日までに段階的に実施されて行くことになっている。年間1トン以上使用する化学物質に課せられ，3～11年以内に化学物質登録が必要となる。未登録の化学物質を含有する製品は，EUでは

表 7-4 REACH と RoHS の比較

項目	REACH	RoHS
概念	開示原則	予防原則（電気電子機器）
規制内容	情報伝達，展示業務，届出義務	含有禁止
対象製品	全て	電気電子機器
リスク評価	事業者義務	－
対象物質	約 1,500 物質	6 物質
管理レベル	含有量（40 日以内に開示）	含有の有無
含有確認	分析確認困難	分析可能
業務	高懸念物質の含有量の調査，積上計算，含有変更情報の入手	機器の 6 物質含有部材，部品を調達
代替手段	高懸念物質は分析が困難なため供給者から入手	最悪の場合，自社分析可能

販売ができなくなる。REACH 規制の高懸念物質（SVHC-Substance of Very High Concerns）は，2008 年 6 月から逐次公表されてきているが，現段階での高懸念物質総数は，161 物質となっている。REACH 規制では，0.1 %（1,000 ppm）以上含有する高懸念物質が存在する場合に届け出の義務が必要となる。しかし，2015 年 12 月現在での難燃剤は，DecaPBDE が高懸念物質として挙げられているだけである。

中国，韓国における難燃剤に関する環境安全性に関する規制は，基本的には RoHS 規制に準じて実施されており，中国は，2007 年 3 月，RoHS 規制値を採用して運用を開始し，当初は，含有物質と非含有物質に分類した運用とし，次第に正式に移行する方向で規制を実施している。韓国では，2008 年 1 月，韓国版 RoHS を施行して運用している。

米国での規制は，各州によって異なり，カリフォルニア州，メイン州，ニューヨーク州等が比較的難燃製品への関心が高く，環境問題にも同様の傾向がある。詳細は各州の状況を調査する必要がある。

米国に，環境問題，リサイクルに関係した電気製品環境アセスメントツールと呼ばれている EPEAT（Electronic Product Environment Assessment Tool）がある。これは，電子製品が環境に与える影響を総合的に評価するシステムであり，有害性物質への取り組み，環境への影響，製品のリサイクル性を

第 7 章　難燃剤の環境問題

表7-5　世界各国の難燃剤の環境安全性に関連する代表的な規制

地域	規制	規制開始	規制内容
EU	RoHS／WEEE	2003年	ハロゲン系難燃剤使用禁止適用除外
		2006年	特定臭素系難燃剤使用禁止
	76／769／EEC	2006年	特定リン系難燃剤（TCP）規制の動き有，その他リン系難燃剤を順次調査する
ドイツ	BA（ブルーエンジェルマーク）	1993年	50g以上の部品へのPBB，PBDE使用禁止
		1998年	全ての部材でPBB，BDE，塩パラの使用禁止
		2003年	複写機外装部材へのハロゲン系化合物およびアンチモンの使用禁止
北欧	ノルデックスワン	1993年	PBB使用禁止
		1997年	PBB，PBDE，塩パラ使用禁止
		2003年	複写機外装部材へのハロゲン系化合物およびアンチモンの使用禁止，ハロゲン化合物使用禁止適用除外
日本	日本エコマーク	1999年	複写機外装部材へのPBB，PBDE，塩パラの使用禁止
北東大西洋	OSPAR条約	2001年	臭素系難燃剤の使用禁止
世界	バーゼル条約	1999年	有害廃棄物（廃プラスチックス）がもたらす環境汚染物質（アンチモン，リン系難燃材）の使用制限

データベースで閲覧できる。23の適用項目に分類し，ユーザーがより安全な選択ができる情報や各企業の実施状況を知ることが可能である。有害性物質の削減，RoHs規制への対応，難燃剤の管理状況等も含まれている。この中で採用されている試験方法は，IEEEのANSI基準に準じた試験法で評価されている。連邦政府機関では，購入の95％以上がEPEAT登録品であることが大統領令でも求められている。難燃剤の環境安全性に関する世界の主な規制について表7-5にまとめて示しておきたい[3]。

2　リン化合物の環境安全性

　リン化合物に関しては，リン酸エステルの安全性について議論がなされている。難燃剤として使用されているリン化合物は，一部の農薬に使用されているリン化合物と同じく有害性が高いとの印象があるが，日本難燃剤協会が中心となりそのリスクアセスメントが行われている。日本ではリン酸エステルの規制

2 リン化合物の環境安全性

表7-6 リン酸エステルの世界の環境規制動向[4]

地域	環境規制動向
日本	化審法　該当なし ＊FRTR法［第一種特定化学物質］ 　リン酸トリエチルヘキシル（TOP，CAS：75-42-2） 　リン酸トリ-2-クロロエチル（TCEP，CAS：115-96-8） 　リン酸トリトリル（TCP，CAS：1330-78-5） 　リン酸トリフェニル（TPP，CAS：115-86-6） 　リン酸トリノルマルブチル（TBP：126-73-8）
米国	＊カリフォルニア州 Proposition65，発ガン物質 　リン酸トリス-2-クロロエチル（TCEP，CAS：115-96-8） 　リン酸トリス-1,3-ジクロロ-2-プロピル（TDCP，CAS：13674-87-8） ＊ワシントン州12歳以下の児童対象製品への使用禁止 　リン酸トリス-2-クロロエチル（TCEP，CAS：115-96-8） 　リン酸トリス-1,3-ジクロロ-2-プロピル（TDCP，CAS：13674-87-8）
欧州	欧州ではREACH規制を中心に規制が行われ，発ガン性，生殖毒性，変異原性，環境残留性の高い物質（CMR物質，PBT物質）として規制が行われている。また欧州エコラベルもこの基準に準じている。 ＊REACH規制対象物質（候補）物質（SVHC） 　リン酸トリス-2-クロロエチル（TCEP，CAS：115-96-8） 　　生殖毒性カテゴリー1B（sunset date 2015年8月21日） 　リン酸トリキシレニル（TXP，CAS：25155-23-1） 　　生殖毒性カテゴリー1B ＊EUエコフラワー 　2,2-Bis{4-[bis(phenoxi)phosphoryloxy]phenyl}propane 　　　　　　　　　　　　　　（CR741，CAS：5945-33-5，BDP） 　Tetrakis(2,5-dimethylphenyl)-m-phenylene biphosphate 　　　　　　　　　　　　　　（PX200，CAS：139189-30-3，RDX） 上記物質は，EUエコフラワーの禁止リスクフレーズH413（生殖性に長期影響を及ぼす危険性）に該当していたが，追加試験の対応によりH413が正式に官報から除外された。エコラベルの使用が可能になった。 注）　その他リン酸エステルは，RoHS等その他エコラベルには該当しない。

はないが欧州では特定のモノマー型（低分子）リン酸エステルが対象になっている，表7-6にリン酸エステルの環境問題の現状を示す[4]。

第 7 章　難燃剤の環境問題

文　　　献

1) 西澤仁，これでわかる難燃化技術，工業調査会（2003）
2) 青木正光，難燃剤・難燃化材料の最前線，シーエムシー出版（2015）
3) 大越雅之，難燃剤・難燃化材料の最前線，シーエムシー出版（2015）
4) 宮野信孝，難燃剤・難燃化材料の最前線，シーエムシー出版（2015）

第8章
難燃化技術に要求される今後の課題と将来展望

1 難燃化技術に要求される今後の課題

　難燃製品を開発するためには，材料を難燃化する方法と構造上難燃性の高い複合構造にする方法がある。前者は従来実施してきた一般的な難燃化技術であり，後者は，難燃性材料を表面層とし，内部に可燃性材料を設けた構造で，製造方法の工夫によってフィルム，構造材等に適用されている技術である。また後者は，最近の製造技術，加工技術の進歩によってコストの安い製品を作れる可能性が高いが，ここでは，前者について考えてみたい。
　現在，難燃剤，難燃化技術に要求される課題を整理すると次のようになる。
① 難燃効率の高い難燃系の開発
② 環境安全性により優れている
③ 製品製造あるいは製品物性にできるだけ大きな影響を与えない
④ 適正コスト

　これらは，極めて当然のことであるが，それがまた難しい。お叱りを受けるかもしれないがあまり多く望まず，当面は①を主体にして，②をその次に考えてこれから十年程度先の実用化に向けて研究し，さらにその先は，全体を検証する実験を蓄積するようにしたらよいのではないだろうか。しかし，この①でもなかなか難しいのが現状である。

第 8 章　難燃化技術に要求される今後の課題と将来展望

2　難燃効率の高い難燃剤，難燃系の開発

2.1　基礎的な難燃化の科学の再構築

燃焼現象は，かなり複雑で変動が起こり易いので，できるだけ変動の小さい条件を設定して標準化し，難燃元素の難燃機構の研究を基本から追跡整理することによって，従来の難燃機構の研究成果（Van Kreven や Waiter 等の研究）と対照しながら難燃化のメカニズムを再構築する。

①　代表的な樹脂の分子構造と難燃剤の分子構造の関係
　　（分子内難燃元素の種類，量，結合状態）
②　難燃剤の分子構造と難燃効果の関係
　　（発生ガスの種類とラジカル捕捉性能，分子構造（難燃性の推定），熱分解挙動，酸素濃度と燃焼残渣量）
③　評価指標
　　（発熱量，ラジカル発生量，炭酸ガス発生量，燃焼残差，燃焼残渣の成分分析）
④　代表的な樹脂と難燃剤による実証実験

①～③の基礎実験と得られた結果から，実用的な評価試験によるデータの蓄積による難燃機構を整理する。

2.2　難燃剤開発に関する留意点

難燃剤の具備すべき条件に付いては第3章で触れているが，高難燃効率を目指す場合の開発の留意点をここで整理しておきたい。

①　熱分解温度，分解速度がベース樹脂の熱分解温度，分解速度にマッチする。
②　粉末の場合は，粒子径が細かく，分散性に優れる。
③　極性がベース樹脂と類似する（分散性良好,成形加工時の品質向上）。
④　難燃性元素を分子内に複数含み，可能であれば気相で効果の高い元素と，固相で効果の高い元素の両方を同一分子内に含む（図8-1，図8-2）[1~3]。臭素とリン，窒素とリン，リンとケイ素等の組み合わせである。

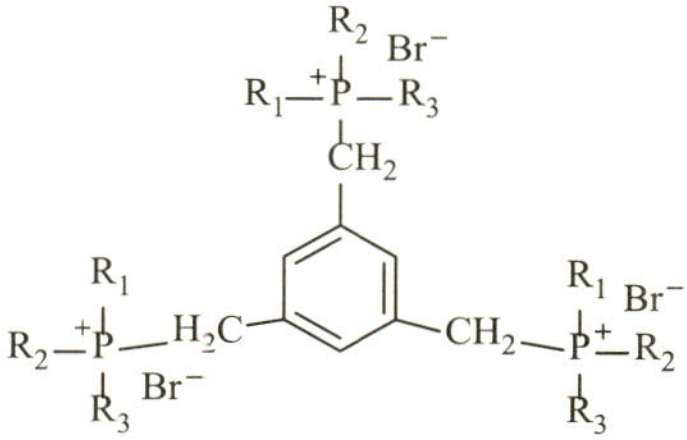

2 難燃効率の高い難燃剤，難燃系の開発

(1) 1,3,5-トリブロモメチルベンゼンフォスフューム塩

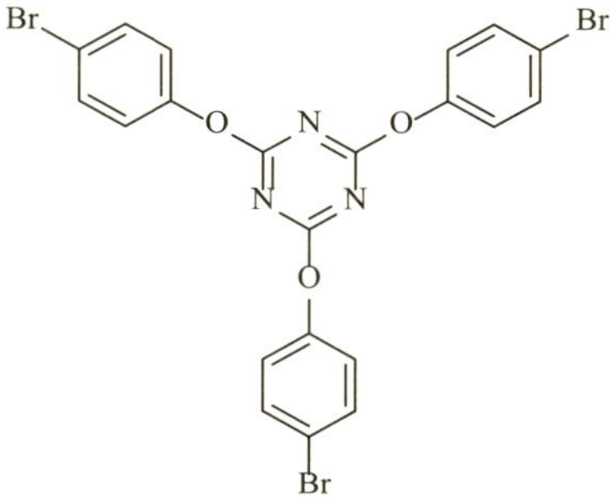

(2) 2,4,6-トリブロモフェノキシ-1,3,5-トリアジン

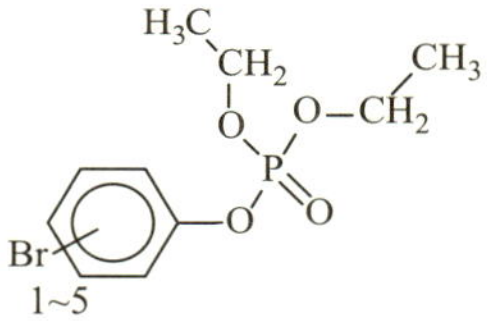

(3) ブロモフェニルジエチルフォスフェート

図 8-1 同一分子内に臭素とリン，臭素と窒素を含む高難燃効率を示す難燃剤の分子構造

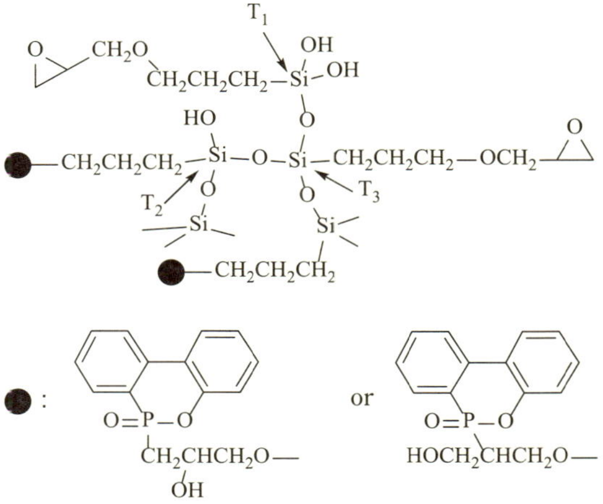

図 8-2 同一分子内にリンとケイ素を含む高難燃効率を示す難燃剤の分子構造

第8章　難燃化技術に要求される今後の課題と将来展望

⑤　難燃性元素量が同一であれば，添加型よりは，反応型を選択し，ベース樹脂に化学的に結合させる難燃剤を選択する。
⑥　分子構造的に環状構造，芳香族構造が燃焼時のバリヤー層の生成効果が高く，固相における難燃効果が高い。
⑦　ケイ素，ホウ素原子を含む分子構造は，バリヤー層内にガラス状，セラミック状の層を形成しやすいので難燃効果を向上させる。
⑧　無機系難燃剤の難燃効果は，ベース樹脂との親和性が高い方が分散性を高め，生成するバリヤー層の安定性を向上させる。

　難燃剤開発においては，上記のような原則を考慮して分子設計を行うことが重要である。さらに高難燃効率を示す難燃剤の開発で最も重要な着眼点は，何といっても新しい気相における難燃効果の開発である。難燃機構の項で示したアゾアルカン化合物，改良型ヒンダートアミン化合物の他にラジカルトラップ効果を示す有機化合物の開発が望まれる。難燃性の高い気体を燃焼時に生成する化合物が検討されている。その一つとして分解温度の異なる多くの化合物を合成しやすい窒素化合物が挙げられる。

　気相で効果が高く，安価なものは水である。加工条件で水を放出しない結晶水含有高分子材料の開発が最も効果的であるが，経時的に徐々に水分を放出するので難しい。米国のマサチューセッツアンバースト大学では，BHCD（bishydroxydeoxybenzoin）という燃焼時に水を発生する新しいプラスチックスを研究している報告があるが詳細は定かではない。また，最近ではカーボンナノチューブやフラーレンのラジカルトラップ効果が検討されているようである。

　最近，日本の市場に発表されている比較的新しい難燃剤を表8-1に示す[4～12]。新規難燃剤の開発は，それほど活発ではないがいくつかの例が出てきている。

3 難燃化技術の将来展望

表 8-1 最近の日本市場に登場した主な難燃剤

品名	メーカー	特徴
BDXP	大八化学	耐熱,耐加水分解性型改良リン酸エステル | 特性 | TPP | RDP | BDP | BDX | BDXP | |---|---|---|---|---|---| | 1%重量減温度（℃）| 200 | 259 | 284 | 280 | 347 | | 5%重量減温度（℃）| 231 | 323 | 371 | 323 | 401 | | 加水分解率（%）| 47.1 | 54.8 | 33.9 | 14.2 | 0 | ΔW試験条件：DTA（10℃/分），空気中加水分解 121℃飽和水蒸気中，96時間
ファイヤーガード ECX210	帝人	高含リン化合物（リン含有量，15%） 融点250℃，分解温度355℃，高耐熱性，高難燃性，低水溶解性，PMMAの透明性保持，PLA難燃化に好適
FP2100JC, FP2200S	ADEKA	耐熱，耐水性IFR系難燃剤 高難燃性，低発煙性，PP 24%配合でUL94, Vの達成
ノンネン73等	丸菱油化工業	芳香族系ホスフォン酸エステル系難燃剤 高難燃性，耐ドリップ性，耐熱性 | 特性 | ノンネン73 | ノンネン73N1 | ノンネン73N2 | |---|---|---|---| | 外観 | 白色粉末 | 白色粉末 | 微黄色粉末 | | 融点(℃) | 95〜105 | 95〜140 | 95〜140 | | 嵩比重 | 0.6 | 0.6 | 0.6 | | TGA 1%重量減温度(℃) | 250 | 240 | 230 |
STOX501	日本精鉱	三酸化アンチモン系難燃剤 三酸化アンチモン約50%の鉱石粉砕品，低コスト
Emerald 1000, 2000	ケムチュラ	ポリマー型臭素系難燃剤 耐熱性，高難燃性，リサイクル性 非ハロゲン（リン系）エポキシ樹脂硬化剤
X8362	日華化学	PET繊維用リン系難燃剤 リン含有率8.4%，融点80℃，化審法：白物質 HBCD相当難燃性付与可能
ExolitOP 1312, 1230, 1240	Clariant	ホスフィン酸金属塩 耐熱性，高熱分解型，耐熱エンプラ用，耐熱加水分解 高電気特性 熱分解温度＞300℃

3 難燃化技術の将来展望

電気電子機器,OA機器を中心とした産業は,今後ますます発展することは間違いなく,難燃材料の需要は増加傾向にあり,減少することは考えられない。特に現在難燃化が難しく研究過程にある産業材について,課題の解決による発展が期待される。その中で,透明性樹脂,薄厚フィルム,Liイオン2次電池用電解液の難燃化が重要なテーマとして挙げられる。その他では,自動車用内装材料,建築用材料,繊維の難燃化がこれに次ぐものとして挙げられる。ここでは,その中のいくつかを取り上げて現状と今後の展開のポイントを簡単に説明したい。

3.1 透明性樹脂の難燃化技術

ベース樹脂はPMMA,PCを使用し,次の方法で難燃化することが行われている。

① 難燃剤としてリン酸エステルを使用する(表8-2)[13]。その際,透明性を低下させないシリコーン芳香族系樹脂を難燃助剤として併用する。
② 無機難燃剤の水和金属化合物,表面活性シリカの表面に,MMAをグラフト重合し,リン酸と官能基を結合し,MMAをBPOの存在下で重合して透明な難燃性PMMAを製造する(図8-3)[14]。
③ MMTやシリカによるナノコンポジット化による難燃化(表8-3)。

表8-2 リン酸エステルTEP,DEMEP,DEAEPによるPMMAの難燃化

試験試料	HRR ($35\ kW/cm^2$)	酸素指数
PMMA	683	17.2
PMMA + TEP	500	22.7
PMMA + DEMEP	360	25.0
PMMA + DEAEP	360	28.1

注1) 難燃剤配合量は,リン含有量が3.5%になるように配合
注2) 各難燃剤の化学名は下記の通り
 添加型 TEP:トリエチルホスフェート
 反応型 DEMEP:ジエチル-2-(メタアクリロイルオキシ)エチルホスフェート
 反応型 DEAEP:ジエチル-2-(アクリロイルオキシ)エチルホスフェート

3 難燃化技術の将来展望

表8-3 PMMA, MMT, TPP配合ナノコンポジットの難燃性

試料添加量 (%)	着火時間 (秒)	最大HRR (kW/cm²)	最大HRR到 達時間(秒)	全HRR (mJ/m²)	平均重量減少時間 (g/se·cm²)
PMMA	18	1,058	105	88	31
+ MMT 0.39	23	973	115	97	30
+ MMT 0.74	22	987	122	94	30
+ MMT 1.46	19	917	126	99	29
+ MMT 4.6	16	841	102	81	26
+ TPP 6.8	23	959	109	80	33
+ TPP 19.2	18	901	97	65	35
+ TPP 23.8	17	907	97	59	36
+ TPP 28.2	18	827	110	60	36
PMMA					
TPP16.8 + MMT0.89	18	839	103	68	32
TPP16.1 + MMT1.68	18	784	91	70	31
TPP23.3 + MMT0.97	18	820	92	61	34
TPP21.0 + MMT1.92	18	718	100	51	30

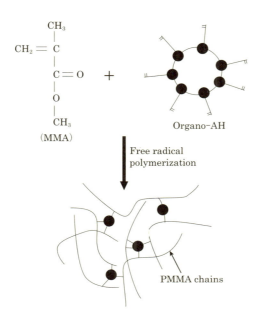

図8-3 表面処理水和金属化合物とMMA共重合による透明難燃PMMAの製造

第8章 難燃化技術に要求される今後の課題と将来展望

3.2 Liイオン2次電池用電解液の難燃化

ここで使用されている電解液は，可燃性の炭酸エステルを使用し，放電時には負極から正極に，充電時には正極から負極にLiイオンを運ぶ媒体として働くが，この際に起こる発熱現象が熱暴走に繋がり易い。そのため電解質に難燃剤その他安定剤が加えられている。その難燃剤には現在，図8-4に示すようなリン化合物，特にホスファゼン化合物が使われている。電池の効率，コスト，安全性を考慮してさらに少量で効果の高い難燃剤が望まれている。

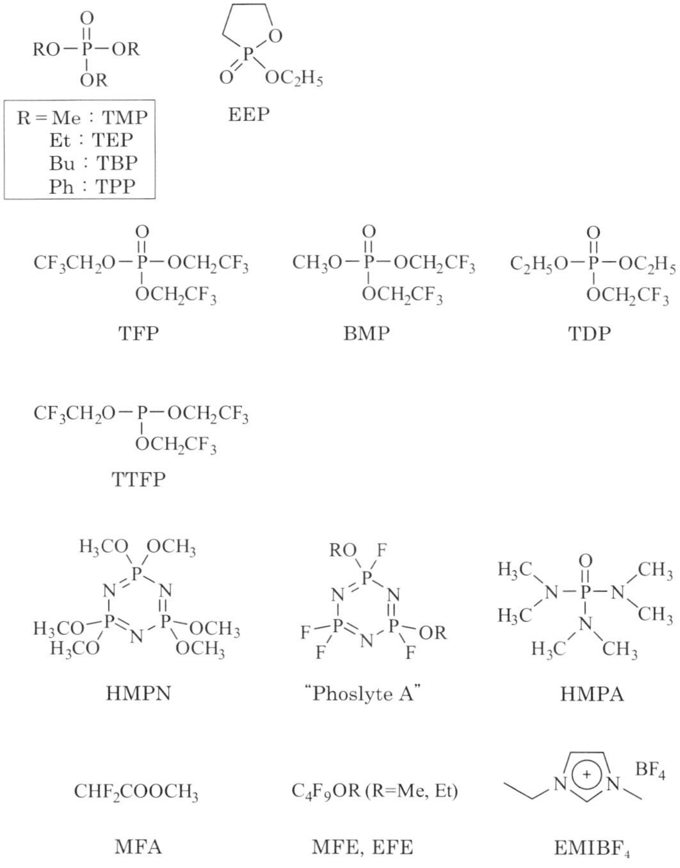

図8-4 従来検討されているリン系難燃剤の種類

3.3 薄厚フィルムの難燃化

最近，薄厚の難燃性フィルムの用途が増加しているが，ULVTM試験に合格するものを作ることが難しい。特に非ハロゲン系難燃剤で苦労している。特に高難燃性材料を作る必要があるが，現在，次ページの表8-4に示すような難燃系が検討されているが，さらに高性能が望まれている。

以上，現在，難燃化が難しい3つの例を示したが，今後，高難燃性が強く要求されており，技術のさらなる向上が必要になっている。

文　　献

1) 西澤仁, 難燃剤・難燃化材料の最前線, シーエムシー出版 (2015)
2) A. Howell, *Polym. Degr. Stab.*, **93**, 2052 (2008)
3) D. Ye *et al., Polym. Comp.*, **31**, 334 (2010)
4) K. S. Betts, *Environ. Health Pers.*, **116** (5), A213 (2008)
5) 宮野信孝, 難燃剤・難燃化材料の最前線, シーエムシー出版 (2015)
6) 米澤豊, 難燃剤・難燃化材料の最前線, シーエムシー出版 (2015)
7) 山中克浩, 難燃剤・難燃化材料の最前線, シーエムシー出版 (2015)
8) 小林淳一, 難燃剤・難燃化材料の最前線, シーエムシー出版 (2015)
9) 西谷崇昭, ペトロテック, **36** (7) (2013)
10) 新川桂太郎, ペトロテック, **36** (7) (2013)
11) 松見茂, ペトロテック, **36** (7) (2013)
12) 柘植好揮, ファインケミカル, **40** (8) (2011)
13) D. Price *et al., ACS Symposium Series*, p.252 (2006)
14) K. Daimon *et al., Polym. Degr. Stab.*, **92**, 1431 (2007)
15) S. Kim *et al., Polym. Adv. Technol.*, **23**, 625 (2008)
16) 宇恵誠, 未来材料, **9** (10), 12 (2009)

第8章 難燃化技術に要求される今後の課題と将来展望

表 8-4　薄厚難燃フィルムの材料設計

項目	材料設計		
難燃系	難燃剤，難燃系の選択 ・難燃元素の含有量の高い難燃剤の選択 ・ベース樹脂との熱分解温度，極性のマッチング ・可能な限り細かい粒子径，粒度分布の選択 ・分散性の向上，無機難燃剤の適正な表面処理		
	難燃系	適正配合量	適正難燃剤
	臭素系	臭素系難燃剤 　20〜25部 Sb_2O_3 　6〜7部	Sb_2O_3（微粒子） PS，ABS用（SR245，8010） PO用（BT93，8010） PET用（臭素化PS，重合型） 　Emerald1000〜3000 　PyroCheck68PB，FR1105 　臭素化エポキシオリゴマー 　PO-64P
	リン系	縮合リン酸エステル 　25〜30部 ホスフィン酸金属塩 　20〜25部 反応型リン化合物 その他リン化合物	縮合型（高分子量型） 　BDP，RDP，PX202，ノンネン73 OP1250，1240，930，935 　助剤併用（金属化合物） HCA，Daigard580，610， レオガード2000，ヒシガードセレクト M-M6E，ホスファゼン
	IFR系	APP + PER + 窒素化合物 　25〜30部 市販IFR 　FP2200，OP1312	PO用　FP2200（20〜25部） 汎用樹脂用　OP1312（20〜25部） 　　　　　　FC730 助剤併用　シリコーン + MMT 　　　　　活性シリカ，Al_2O_3
	無機系	水和金属化合物 　約150部 ナノ水和金属化合物 　（表面処理剤選択） ナノコンポジット 　MMT，CNT，シリカ	助剤併用（5〜8部） 　赤リン，シリコーン，MMT， 　芳香族系樹脂，アゾアルカン， 　ヒンダードアミン ナノタイプ 　Martinal Char，Magnifin Char
	その他	ドリップ防止剤 　PTFE，ナノフィラー 残炎，残じん防止剤	PC，PC/ABS（BDP + PTFE） 　エステル化反応 ホウ酸塩，活性ナノフィラー APP等リン化合物（生成チャーの品質の制御）

難燃化技術の基礎と最新の開発動向

2016年2月24日　第1刷発行

著　者	西澤　仁	（B1155）
発行者	辻　賢司	
発行所	株式会社シーエムシー出版	
	東京都千代田区神田錦町1-17-1	
	電話 03(3293)7066	
	大阪市中央区内平野町1-3-12	
	電話 06(4794)8234	
	http://www.cmcbooks.co.jp/	

〔印刷　日本ハイコム株式会社〕　　　　　　　© H. Nishizawa, 2016

落丁・乱丁本はお取替えいたします。

本書の内容の一部あるいは全部を無断で複写（コピー）することは，法律で認められた場合を除き，著作者および出版社の権利の侵害になります。

ISBN978-4-7813-1080-0　C3043　¥3200E